KB260037

많은 침략을 받으면서도 배달혼의 역사를 끈질기게 이어 온 민족,
세계에서 처음으로 금속활자를 사용했던 민족,
훈민정음을 창제하고 한글을 사용하는 민족,
세계 최초의 철갑선인 거북선을 만든 민족,
황무지에서 40년에 세계 1위의 조선(造船) 능력을 이루어 낸 민족,
산업화 40년에 세계 11위의 경제력을 이루어 낸 민족,
분단을 딛고 반세기에
자유 민주주의 시장경제의 나라를 이루어 낸 민족,

이 저력 있는 민족이 이제
태평양에서 가장 은밀하고 강력한
재래식 잠수함 전력을 이루어 나갈 것입니다.

이 책은 잠수함 기술의 발전 과정을 자세히 관찰할 수 있는 위치에 있었던 저자가 쓴 '잠수함 강국론'이다. 그는 한마디로 한반도 안보의 핵심은 독자적인 한국형 잠수함 획득이 관건임을 강력하게 시사하고 있으며, 잠수함 후발국인 우리 나라가 잠수함 선진국의 기술 수준을 따라잡을 수 있는 현실적인 대안을 신중하게 제시하고 있다. 그 중에서도 300명의 정예 잠수함 설계사를 양성하자는 발상은 잠수함 선진국의 첨단 수준을 따라잡는 첩경이 될 것이라고 믿는다.

특히 이 책을 통해 우리 해군의 탁월한 잠수함 운영 능력과 그동안 우리가 축적해 온 잠수함 관계 요원들의 무한한 잠재력을 보면서 한국형 잠수함 KSX의 개발이 우리 국토와 바다를 지킬 수 있는 가장 경제적이고 현실적인 수단임을 거듭 확신하게 한다.

— **김재창** (국제관계학 박사 · 예비역 육군대장)

이 책은 잠수함의 수출 경쟁력이 잠수함 최첨단 능력 구축의 성패를 좌우하는 관건임을 보여준다. 최첨단 기술 개발이 이루어지려면 국내외의 잠수함 수주 물량이 지속적으로 이루어져야 한다. 수주 물량 없이 최첨단 기술 개발에 대규모적인 투자를 계속하기란 사실상 불가능하기 때문이다. 이는 앞으로 한국형 잠수함 KSX를 국내에서 설계 건조하려는 우리 나라가 신중하게 받아들여야 할 사항이다.

우리 나라가 먼저 선진국의 잠수함 설계기술을 전수받고 그 설계기술로 세계 최고 성능의 한국형 잠수함을 독자 설계하여 핵심적인 안보 전력을 구축하며, 해외수출 물량 확보를 통하여 잠수함의 첨단기술 개발 투자를 계속하는 선순환 전력 증강 사업을 저자는 강력하게 제안하고 있다.

— **김홍열** (한국해양전략연구소 소장 · 전 해군참모총장)

선체가 작고 전투 생존성이 높은 재래식 공격 잠수함이야 말로 우리가 선택할 수 있는 최선의 한반도 방어 대책이라는 저자의 예리한 분석과 주장은 군이나 국방 관계자들 모두가 관심을 갖고 진지하게 검토하여야 할 과제이다. 바다의 중요성이 날로 높아가며, 해양영토, 해양주권, 해양자원 개발 등에 각국의 이해가 첨예하게 대립되어 가는 이때, 유사시 국가와 국민의 젖줄인 해상교통로를 보호할 이렇다 할 구체적 대책조차 없이 그냥 지나칠 수는 없다는 저자의 주장에도 전적으로 동감한다.

우수한 한국형 잠수함을 획득하는 과정에 선진 설계기술과의 공동설계를 통하여 설계기술을 습득하고 300명의 설계요원을 육성하자는 저자의 주장에도 공감하면서 이러한 주장이 관계기관들에 의하여 전향적으로 검토되어서 구체적 대안으로 채택되어 지기를 바란다.

— **박춘호** (국제해양법재판소 재판관)

군의 전력증강은 오늘과 내일의 국가 안보를 위하여 필요 불가결한 사항이며, 그중에서도 가장 신뢰할 수 있는 무기체계를 획득하는 것이야말로 초미의 관심사라 할 수 있다. 이런 의미에서 저자는 매우 주목할 만한 책을 펴냈다. 특히 오랫동안 잠수함 사업에 관여해 온 사업가로서 혹 있을지도 모르는 오해의 가능성을 무릅쓰고 이 책을 저술한 저자의 용기와 국가방위에 대한 진솔한 충정에 경의를 보낸다.

평자는 경제적이고 신뢰할 수 있는 비대칭적 전력인 잠수함 부대를 건설해야 한다는 저자의 논리에 전적으로 공감하며, 정책 담당자들도 그의 주장이 합리적이라면 기존의 준거의 틀을 넓혀 과감히 이를 수용해야 할 것이라고 생각한다.

— 안병태 (한국해양전략연구소 상임고문 · 전 해군참모총장)

오늘날 정보화 사회로의 진입 및 국가 안보 상황 등의 두가지 변화 요인을 고려했을 때 한국군이 얻을 수 있는 해답의 일말을 이 책에서 제시하고 있다. 즉 적을 제압할 수 있는 상대우위의 군사력 건설이 허용되지 않는다면 비대칭 전력을 보유하는 길이 하나의 방법이 된다. 그 비대칭 군사력의 대표적인 전력으로 저자는 한국형 잠수함 KSX를 주장하고 있는 것이다.

세계 최강의 KSX를 연구 발전시키고 핵심 전략으로 보유해야 된다고 하는 저자의 주장에 공감한다.

이 길이 앞으로 예상되는 주변국과의 군사적 충돌에서 국가 이익을 힘으로 뒷받침할 수 있는 대안이 될 수 있다고 본다.

앞으로 많은 사람들에게 이 책이 읽혀지고 국방력 건설을 위한 토론의 장이 이 책을 통해 마련되기를 기대한다.

— 이 준 (전 국방부장관 · 예비역 육군대장)

저자는 한국의 경우 잠수함이야 말로 현대 군사력 건설의 기본원칙, 즉 Leaner but Meaner(규모는 작지만 더욱 매서운)의 원칙을 가장 잘 충족시키는 무기체계라는 사실을 논리적으로 증거하고 있다. 더 나아가 이 책은 잠수함 발달의 역사, 잠수함전의 전략에 관한 전쟁사(戰爭史) 등에 대한 자료적 가치로도 매우 유용한 책이다. 특히 이 책이 가지는 또 하나의 학술적 기여는, 아직도 미진한 무기체계 획득 과정에 관한 좋은 사례 연구가 될 수 있다는 점이다.

한국 해군과 정부가 행한 잠수함 전력 구축 노력의 공과(功過)가 잘 정리되어 있어 무기체계 선정 과정을 연구하려는 학자는 물론 일반인들에게도 좋은 자료가 될 것이라 믿는다. 한마디로 이 책은 '머리로 쓴 책'이 아니라 그동안 저자가 세계 곳곳의 잠수함 건조 현장을 직접 찾아가 관찰하고 느끼며 '발로 쓴 책'이고 외침으로 얼룩져온 우리 민족의 한(恨)을 담아 "가슴으로 쓴 책"이다.

— **이춘근** (정치학박사 · 자유기업원 부원장)

한국형 잠수함 KSX

한반도 미래방위의 지렛대

한국형 잠수함 KSX

초판 1쇄 | 2006년 2월 25일
초판 2쇄 | 2006년 3월 27일

지은이 | 정의승
펴낸이 | 박건수
펴낸곳 | (주)고려원북스
편집장 | 설응도

판매처 | (주)북스컴, Bookscom., Inc.

출판등록 | 2004년 5월 6일(제16-3336호)
주소 | 서울 광진구 능동 221-5
전화번호 | 02-3436-0436
팩스번호 | 02-3436-0435
e-mail | koreaonebooks@bookscom.co.kr
홈페이지 | http://www.bookscom.co.kr

값 15,000원

ISBN 89-91264-48-4

한반도 미래방위의 지렛대

한국형 잠수함 KSX

(주)고려원북스

한국이 약소국에서 강소국으로 가는 길

세계사를 살펴보면 태생적으로 불리한 지정학적 조건을 타고 났기에 침략과 유린으로 시달리며 힘겹게 그 존립을 유지하거나, 혹은 아예 역사의 무대에서 흔적도 없이 사라져간 많은 약소 국가와 약소 민족들이 있다. 우리 한(韓)민족은 오늘 날 7,000만 명의 인구로 결코 소수 민족이 아닌 중견 국가를 이룰 수 있는 민족이나, 주변의 4대 강국에 대한 현저한 힘의 열세 속에 주변국들의 침략과 압제로 어려운 역사 속에서 살아왔다.

이 작은 책은 강대국들과 인접해 있으면서 힘겹게 생존하여야 하는 우리 나라가 지향하여야 할 전력 구축의 핵심은 잠수함이라는 것과, 나아가서는 잠수함 전력 구축의 핵심은 우수한 설계 능력의 확보라는 것을 밝히기 위하여 쓰여졌다.

필자는 사업상 잠수함과 관계가 있다. 그래서 이 책을 쓰게 되었지만 또한 바로 그 이유 때문에 이 책을 쓰기에 망설임도 있었다. 그러나 이 책이 이 시대에 우리들에게 분명히 도움이 되고 누군가는 반드시 써야 할 책이라는 믿음으로 그 망설임을 접었다.

이제 우리 민족은 분단을 넘어서서 나라를 통일하고 전통적 약소국(弱小國)으로부터 아니면 "No!"라고 말할 수 있는 강소국(强小國)으로 도약할 시점에 와 있다. 그것은 블레셋의 거장 골리앗을 단번에 쓰러뜨렸던 소년 다윗의 돌팔매처럼 주변국의 군사적 위협에 대하여 가슴에 비수를 품듯 매서운 보복 능력을 구비하여 확실한 억지 전력을 이루어 나아가는 것이다.

그것은 우리 손으로 설계하고 건조한 강력한 한국형 잠수함이다. 아무리 살펴보아도 오늘날 주변국의 해상교통로를 봉쇄할 수 있는 조용하고 강력한 잠수함 전력의 확보 이외에 우리에게 더 경제적이고 확실한 대 주변국 전쟁 억지와 유사시 결정적 대처 방안이 달리 보이지 않는다.

우수한 한국형 잠수함, 그것은 2차 세계대전 당시 대서양에서 이룩했던 독일 U-보트의 신화를 장차 태평양에서 이루어 나아갈 것이다. 그리고 그것은 한반도 안보의 지렛대로서 강력한 전쟁 억지력을 발휘하며 동북아의 평화 유지에 기여할 것이다.

필자의 소망이지만, 독자들께서 이 책을 처음부터 끝까지 정독해 주셨으면 한다. 혹시라도 시간에 쫓겨 이 책을 다 읽기가 어려운 형편이라면 우선 4, 7, 8장만 읽기를 권한다. 그것도 어렵다면 맺음말만 읽기를 권한다. 맺음말은 후기(後記)이기는 하나 이 책이 이야기하려고 하는 요지(要旨)가 대충 간추려져 있기 때문이다.

그리하여 독자들께서도 앞으로 잠수함 매니아가 되어 이웃 나라로 하여금 우리 나라를 침략하기에 두려워하리만치 강력한 잠수함 부대를 우리가 갖게 되도록 노력하는 대열에 합류해 주시기를 바란다.

필자의 소박한 바람은 우리 국민 모두가 잠수함 매니아가 되는 것이다.

이 책의 원고를 깊은 이해와 더불어 감수해 주신 김홍열, 안병태 두 분의 전 해군 참모총장님께 감사를 드린다. 또한 어지러운 원고를 차분하게 다듬어 주신 이기현씨와 부족한 글을 출판해 주신 고려원북스 박건수 사장님에게도 감사를 드린다.

아무쪼록 이 작은 책이 한반도와 그 주변 해역에서의 전쟁을 억제하고 평화를 증진하는 일에 기여가 되고, 우리 나라와 이 시대를 살아가는 우리들의 오늘과 내일에 조금이라도 도움이 되기를 간절히 기원한다.

2006년 새해 벽두에

정 의 승

차 례

6 | 우리 나라 잠수함 능력의 현주소

7 | 한반도 미래방위의 지렛대– 한국형 잠수함 KSX

8 | 싸우면 이기는 한국형 잠수함 KSX의 확보, 그것은 무엇을 의미하는가? ········ 288

1 일본의 진주만 기습공격과 정보전 시대의 군사력

진주만 기습공격은 아직 정보체계가 발달되지 않아 탐지 능력이
부족하고 정보에 어두웠던 과거 한때의 대표적 기습작전이다.
이러한 정규전 방식의 기습작전은 오늘날 막강한
강대국의 정보 능력 앞에서는 더 이상 발붙일 곳이 없다

나구모 기동함대의 진주만 기습공격

1941년 11월 26일 06 : 00시, 일단의 일본 해군 대규모 기동함대가
일본 북방의 쿠릴 열도 남단 에토로푸(擇捉) 섬 탄칸만으로부터 숨막히
는 긴장 속에 은밀히 출항하였다.

나구모(南雲) 해군 중장이 지휘한 기동함대는 항공모함 6척, 전함 2
척, 중 순양함 2척, 경 순양함 1척, 구축함 11척, 급유함 8척, 잠수함 30
척[1] 등 60척의 함정과 전투기, 수평 폭격기, 급강하 폭격기, 뇌격기 등
432대의 항공기로 구성되었다. 이 대규모 기동함대는 진주만의 미 태
평양함대 주력 세력을 일거에 궤멸시키기 위한 목표 아래 3,000마일
의 머나먼 거리를 무거운 긴장 속에서 삼엄한 경계망을 편 가운데 11

---

[1] 잠수함 30척 중 27척은 선견부대로 미리 출항하였고 기동함대의 본대에는 3척만 동행.
해양전략연구부 편, 『세계해전사』(해군대학, 1998), p. 287.

일 동안 항진하였다.

비록 기동함대가 통상적 항로를 벗어난 기만 항로를 택하기는 하였으나 이 거대한 함대가 장장 11일 간에 걸쳐 진주만을 향하여 태평양을 항진하는 동안 미국을 비롯한 전세계는 이를 전혀 눈치채지 못하고 있었다. 물론 그 동안 일본이 진주만을 기습할 것이라는 기미가 농후하였고, 그루(Joseph C. Grew) 주일 미 대사도 일본 해군의 진주만 기습 공격 가능성을 본국에 타전 보고한 바도 있었다. 그러나 오아후 섬의 미 태평양함대 사령부에는 통상적인 경계령만 내려졌을 뿐, 아무도 일본 해군이 그 엄청나게 먼 거리를 항해하여 진주만 기습공격을 감행하리라고는 생각지 못했다.

1941년 12월 7일(현지시간), 진주만 북쪽 230마일 해역에 무사히 도착한 기동함대 사령관 나구모 제독은 06 : 00시를 기해 공격 항공기 일제 발진의 역사적 명령을 내렸다.

만반의 준비를 갖추고 명령이 내려지기만을 기다리고 있던 후치타(淵田) 중령 휘하의 제1 공격대 소속 항공기 183대(수평 폭격기 49대, 뇌격기 40대, 강하 폭격기 51대, 엄호기 43대)가 차례로 모함을 떠나 남쪽으로 출격하였고, 한 시간 후에 제2 공격대 소속 항공기 163대가 이어 출격하였다.

선전포고도 없이 감행된 세계 해전 사상 초유의 대규모 기습공격으로, 그때까지 일요일 아침의 포근한 정적에 싸여 있던 진주만은 삽시간에 아비규환(阿鼻叫喚)의 지옥으로 전락하였다.

이 예기치 못한 일본 해군의 공격으로 미 해군 태평양함대의 주력인 전함 4척(Oklahoma, Arizona, California, West Virginia)을 비롯하여 기뢰 부설함 1척(Ogala)과 표적함 1척(Utah)이 침몰하였고 전함 4척(Nevada, Pennsylvania, Tennessee, Maryland), 경 순양함 3척, 구축함 3척, 수상기 모함 및 공작함 각 1척이 심한 손상을 입었다. 당시 태평양함대 소속 항공모함은 3척(Enterprise, Lexington, Saratoga)이었으나 공습 당시에는 모두 진주만을 떠나 있어 그나마 화를 면했다.

그뿐만 아니라 진주만의 해군기지와 정비창, 포드섬의 해군 항공기지, 카네오에의 해군 초계기 기지, 에와의 해병대 비행장, 히캄 공군 비행장, 힐로, 벨로우스의 육군 비행장 등이 피격되어 항공기 188대가 일시에 파괴되고 2,502명의 전사자와 행방 불명자, 그리고 1,382명의 부상자가 발생하였다.

이에 비해 일본 해군의 손상은 야마모토 일본 해군 총사령관의 예상보다 훨씬 미미하여 잠수함 1척, 항공기 29대, 소형 잠항정 1척 정도의 손실이 전부였다.

공격대장 후치타 중령은 나구모 사령관에게 작전 경과보고와 함께 한번 더 공격하기 위한 재출격을 건의하였다. 그러나 나구모 사령관은 재출격 명령을 내리지 않고 제2 공격대가 돌아온 후 서둘러 전부대의 귀환을 명령하였다.

제2차 공격은 당초의 작전 계획에도 없던 것이었다. 이때 만일 나구모 사령관이 2차 공격을 결단하여 진주만의 육상 항만 시설과 유류 탱크 등을 공격하였더라면, 진주만은 모항(母港)으로서의 기능을 상실하게 되어 결국 미 해군 태평양함대의 모항을 샌디에고(San Diego)로 옮길 수 밖에 없었을 것이고 그 후의 태평양 전쟁사는 크게 달라졌을 것이다.

이날 1시간 50분 동안의 기습공격으로 침몰되거나 파괴된 미 해군 함정들은 일부 손쓸 수 없는 함정들을 제외하고는 그 후 대부분 인양되고 진주만에 있는 정비창에서 수리되어 태평양 전쟁에 투입되었다. 그 함정들은 개전 후 6개월이 경과할 무렵부터 미 해군이 전력을 재정비하고 반격 작전으로 나설 때 중요한 역할을 담당하게 되었다.

일본 해군의 진주만 기습공격은 태평양 전쟁 초기에 미국을 수세에 몰아넣었고 이로 인하여 미국이 태평양에서의 전쟁 계획을 근본적으로 수정할 수 밖에 없도록 한 획기적 작전이었다.

오늘날도 그와 같은 기습작전이 가능한가?

60여 년 전 진주만에서 감행되었던 정규작전에 의한 대규모의 기습공격이 21세기 정보화 시대를 살고 있는 오늘날에도 가능할 것인가?

결론부터 말하자면, 우리 나라와 이웃하고 있는 미국·일본·중국·러시아 같은 강대국을 상대로 하는 기습작전은 탐지 및 정보 능력이 고도로 발달한 오늘날의 현실에서는 전혀 가능하지 않다.

범세계적 정보망(global intelligence network)이 눈부시게 발전하였고 강대국들이 다투어 정보 능력의 고도화와 세계화에 박차를 가하여 상황의 변화를 손바닥 들여다보듯 하며 상대방의 모든 움직임이 실시간으로 생생하게 포착되는 시대가 도래하였기 때문이다.

더욱이 우리 나라와 같이 사방이 강대국들로 둘러싸인 경우 대규모 기동함대는커녕 단 한 척의 함정이나 단 한 대의 항공기도 주변국의 감시체계를 벗어나 은밀하게 활동하거나 기습공격을 하는 것은 사실상 원천적으로 봉쇄되어 있다.

21세기를 맞으며 군사 분야는 물론이고 산업 분야에서도 시대의 총아로 등장한 정보기술(information technology)의 가공할 발전으로 나구모 기동함대의 진주만 공격과 같은 수상함과 항공기 위주의 기습작전은 상대가 고도의 정보 능력을 구비하고 있는 강대국일 경우 사실상 불가능해졌다.

육상, 해상과 공중에서 작전하는 기습부대의 움직임을 상대국의 정보망이 훤하게 꿰뚫어보고 있는 오늘날 진주만 식의 기습작전이 어떻게 가능하겠는가?

상대방의 정보망에 포착되지 않는 작전과 은밀하게 숨어서 행동하는 무기체계만이 오늘날 게릴라적 기습공격을 감행할 수 있을 뿐이다.

오늘날 비약적으로 발전된 선진 강국들의 군사 정보 능력과 첨단 공격력은 미국의 대 이라크 전에서 실증되고 있는 바와 같이 상대방의 동정을 손바닥 들여다보듯 정확하게 파악하고 있다. 그리고 원거리의 해상이나 공중에서 육상의 핵심 목표에 대하여 정확하게 선제공격(preemptive strike)을 가하고 있다. 이러한 실상은 미래전에서 강자와 약자의 차이를 과거보다 훨씬 더 심화시킬 것을 예상하게 한다.

우리의 힘이 기술적, 물량적으로 상대를 압도할 수 있는 절대적 우위에 선다면 다른 얘기가 될 수도 있겠으나, 주변국 즉 잠재적 적국의 정보 능력을 포함한 군사력이 우리보다 압도적 우위에 있고 우리의 힘이 부족한 현실에서는 상대방의 군사 정보 능력이 향상될수록 정보망에 탐지되지 않는 무기의 효용성이 더욱 더 중요해진다.

이런 측면에서 볼 때, 강력한 정보 능력을 보유하고 있는 세계 4대 강국들과 인접해 있는 우리 나라는 은밀성이 높은 무기체계, 은밀성이 유지되는 작전 능력의 확보가 다른 어느 나라보다 더 절실하게 요구되는 특별하고도 심각한 안보 환경 속에 놓여 있다.

2 │ 대 주변국 안보 현실의 어제와 오늘

역사는 늘 되풀이 된다.
우리 선조들은 힘이 없어 침략과 유린의 힘겨운 역사 속에서 살아왔으나
외침에 대한 야무진 대응 능력은 오늘날에도 역시 존재하지 않는다.
그리고 그 사실이 우리로 하여금 국제사회에서 늘 주눅들게 한다.

주변국들의 침략으로 얼룩진 한(恨)의 한(韓) 민족사

역사를 뒤돌아볼 때 우리 민족은 평화를 사랑하는 민족이었다. 단군 이래 수백 회의 크고 작은 전쟁이 있었으나 우리 선조가 이렇다 하게 이웃 나라를 침공한 예는 없었다. 그와는 반대로 우리 조상들은 줄곧 이웃 나라의 침략을 받기만 하면서 힘겹게 살아왔다.

고려 고종시대인 1231년 8월에 몽고군이 처음 내침하여 세기에 걸쳐 지속되었던 몽고군의 고려 침략사를 열었다. 고려는 삼별초의 항쟁을 위시하여 조정을 강화도로 옮기면서까지 항전하였으나 역부족이어서 명목상의 화친을 통하여 원나라의 속국이 되었다.

그 결과 충렬왕 이후의 모든 고려왕은 원나라에 의하여 책봉이 되었으

며 세자는 몽고에서 교육되었고 세자빈은 몽고인이어야 했다. 뿐만 아니라 왕과 신하들은 반드시 변발(辮髮)에 호복(胡服)을 착용하여야 했다.

더욱이 원나라 세조 쿠빌라이의 일본 정벌 의지는 집요하였다. 일본 정벌을 위한 함선을 마련하고 전쟁 준비를 하는 것은 허약한 고려인의 몫이었고 그 과정 중에 정동행성(征東行省)의 횡포는 극심하였다. 1274년과 1281년 두 차례에 걸쳐 감행되었던 여몽(麗蒙) 연합군의 일본 정벌은 거센 태풍으로 두 번 다 그 뜻을 이루지 못했으나 그로 인한 고려 백성의 희생과 민생의 고난은 극에 이르렀다. 반세기에 걸친 몽고의 거듭된 침략과 수탈로 고려인들은 암담한 시대를 살아야만 했다.

조선조에 이르러 선조 25년인 1592년 5월 13일, 임진년에 일어난 20만 병력의 일본군 내침은 우리 민족의 역사에서 가장 참혹한 시련기를 가져왔다. 당시의 조선은 학문만 숭상하고 무력은 경시하는(崇文賤武) 사상이 뿌리깊게 박혀 있었고 전쟁에 대한 대비는 거의 없었다. 당시 시대적 선각자 이율곡이 경연(經延)을 통하여 10만 양병론(十萬 養兵論)을 주창했지만 조정의 무관심 속에서 빛을 보지 못하였다.

침략 후 20일만에 한양이 함락되었고 평양으로 피난하였던 선조는 평양까지 연이어 함락되자 의주로 피난하는 수모를 겪기도 했다. 그후 각 지역에서 의병이 봉기하고 명나라의 원군이 참전함으로서 서서히 전세가 역전되어 다음해 2월에 평양을 수복하고 4월에는 드디어 한양을 수복하기에 이르렀다. 그런 가운데 왜군은 전라도와 평안도 일부를 제외한 전 국토를 점령하고 분탕질하며 소중한 문화재들을 닥치는 대로 약탈하고 불살랐다.

그러나 당시 전라 좌수사였던 이순신 제독의 눈부신 활약으로 해전에서는 왜병들이 참패를 거듭하여 왜군의 전라도 진출은 좌절되었다. 결국 왜군은 침략의 뜻을 이루지 못하고 명나라 사신 심유겸의 농간 속에 아리송한 강화 조건을 협상하며 철수하였다.

그 후 강화 조건의 실상이 드러나면서 그 내용에 분통을 터뜨린 도요토미 히데요시(豊臣秀吉)는 1597년 정유년 1월에 15만 병력을 보내 조선을 재침하였다. 재침에 즈음하여 히데요시는 침략군 사령관이었던 가토 기요마사(加藤淸正)에게 조선인의 코를 베어서 병사 1인당 한 되씩 바치라는 희대(稀代)의 명령을 하달하였다.

카토 기요마사의 건의로 코베기 의무량이 병사 1인당 한 되에서 세 개로 줄기는 하였으나 이 잔인한 명령으로 충청 이남의 조선 방방곡곡에는 피비린내가 진동하였다.[2]

임진왜란에 이어 정유 재침에서도 다행히 바다에서는 불세출의 명장 이순신이 있어 왜군을 격퇴하고 반도의 서남 해안에서 제해권을 장악하여 적의 서해 진출을 막았다.

이때 이순신의 활약은 어두운 밤을 깨는 태양의 용솟음처럼 언제나 한국인의 가슴에 뿌듯한 감격을 준다. 그의 연전연승은 탁월한 전략,

---

2 한기홍, 세계철(鐵) 기행⑧ "구마모토와 도쿄에서 만난 일본도", 「월간중앙」, 2002년 10월호, p. 354.

전술에 더하여 우수한 함선과 함포의 개발, 남해안 일대의 조류 흐름에 대한 상세한 정보수집 등 용의주도한 사전 대비가 있었기 때문에 가능하였다.

정유 재침 때에는 이미 임진왜란을 겪으며 강화된 조선군과 명군의 거센 반격으로 일본군은 끝내 충청도를 넘지 못했다.

7년 간의 임진왜란 및 정유재란으로 이 땅의 수많은 문화 유산들이 소실되었고 심지어 한반도에서 서식하던 호랑이마저 씨가 마르다시피 자취를 감추었다. 일본 침략군이 할퀴고 간 조선의 모습은 거의 폐허가 되다시피 참혹하였다.

17세기 초 쇠퇴해 가는 명나라와 신흥 세력인 후금 간에 줄타기 외교를 펼치며 실리를 추구하였던 광해군을 내쫓고 즉위한 인조는 시대의 흐름을 읽지 못하고 명나라와 친하려는 사대주의(親明事大)에 치우쳐 있었다. 이에 불만을 품은 후금(後金)은 임진왜란과 정유재란으로 국토와 민족이 황폐해 질대로 황폐해 진지 반세기도 되지 않는 1627년 정묘년에 3만 병력으로 조선을 침략하였다.

후금을 형님의 나라로 섬기겠다는 강화조약을 맺고 침략군은 일단 철군하였으나 현실 감각이 부족하였던 인조와 조정 대신들은 친명정책을 계속하였다. 이에 분통을 터뜨린 청나라(후금의 나중 국호)의 태종 누루하치는 1636년 병자년 12월 1일 12만 군사로 압록강을 다시 건너왔다. 인조는 강화도로 파천(임금이 도읍을 떠나 피난하는 것)하려 했으나 청군의 진군 속도가 너무 빨랐다. 왕은 남한산성에서 발이 묶여 40여 일을 항전하다가 결국 항복하고 만다.

1637년 1월 30일 인조는 남한산성에서 내려와 삼전도(지금의 서울시 송파구)에서 청태종에게 세 번 절하고 아홉 번 머리를 땅에 찧어 신하의 예를 갖추게 되는데 이것이 바로 삼전도의 국치(國恥)이다. 청군은 점령국으로서 철저하게 양민의 가정과 재산을 유린하고 철수하면서 소현세자를 비롯한 왕자들을 인질로 데려갔고 척화론자인 오달제 등 재상들도 잡아갔다.

그뿐 아니라 청군은 일부 남자들과 수십만 명의 여자들을 전리품으로 끌고 갔다. 끌려간 조선인들은 속가(贖價)를 치루면 귀환이 되었고 찾는 이가 없으면 심양(할빈) 변두리 등 노예시장에서 노예로 매매가 되었다. 사대부와 부유층의 젊은 부인이나 딸들이 끌려간 일이 많았고 이들은 귀환하였어도 이미 버려진 정조 문제로 환향녀(還鄕女, 속칭 화냥년)라 하여 가문과 사회에서 용납이 되지 못하는 큰 문제가 되었다.

숙종조에 이르러 조정은 이 문제를 더 이상 방치할 수 없게 되어 생각 끝에 서글프고도 기발한 칙령을 내렸다. 즉, 홍제천은 맑고 영험이 있는 물이라 환향녀는 누구나 홍제천에서 목욕을 하면 몸이 깨끗해지니 그리하라는 칙령이었다. 모든 환향녀들은 다투어 홍제천에서 목욕을 하였고 그 후에는 환향녀의 전력을 흠잡는 사대부는 조정에서 엄히 다스리기도 하였다.

삼전도 이후 청에 복속된 조선은 1895년 청일전쟁에서 청이 일본에

패할 때까지 258년의 긴 세월 동안 청의 속국으로 온갖 수탈과 좌절의 세월을 지속적으로 겪는다.

임진왜란 때 왜구는 조선 남녀를 무차별로 끌고 가서 나가사키(長崎)의 노예시장에서 팔았는데 장정 한 명에 나락 1,000속(束)으로 매매가 되었다. 이는 소 한 마리 값을 넘지 못하는 가격이었다.

병자호란 때 가족을 납치당한 사람들은 담배 한 짐을 지고 가거나 중 송아지 한 마리를 몰고 가면 심양까지 가는 동안에 소가 자라서 어른 소가 되어 가족 한 명을 속환(贖還)해 올 수 있었다고 한다.[3] 조선인 노예의 가격은 이래저래 소 한 마리 값을 넘지 못했다는 비참한 이야기다.

조선은 청일·러일전쟁을 비롯한 19세기 말 열강의 각축 속에서 주권을 지킬 아무런 힘도 없어, 이리저리 정신없이 휘둘리다가 급기야 1910년에 이르러 한일합방으로 나라의 주권을 일본에 빼앗겨 일본의 식민지가 되고 말았다.

3.1 만세운동, 정신대, 조선인 생체실험, 허다한 애국지사들의 투옥, 고문, 살해 등으로 이어진 끔찍한 박해와 탄압 뿐만 아니라 1923년 관동지진 당시의 조선인 대량 살해 사건, 허울좋은 내선일체(內鮮一體) 정책에 따른 조선의 언어, 성씨(姓氏)와 문화 전통의 말살 시도 등 일제 치하의 우리 조상들은 세계 역사에서도 그 유례를 찾아보기 어려운 숱한 민족적 고난과 유린을 당하여 왔다.

---

3 「조선일보」, 2003년 7월 14일자, A-30면.

오늘날의 대 주변국 안보 현실

왜 우리 선조들은 그렇게 비참한 유린과 박해의 고난 속에서 수탈의 역사를 살아왔는가?

그것은 힘이 없었기 때문이다.

상대가 우리를 침략하고 짓밟을 때 대응할 수 있는 힘과 수단을 가지지 못했었기 때문이다.

침략국으로 하여금 우리 나라를 침범하면 필연적으로 뼈아픈 대가를 치르게 될 것이라는 두려움을 갖게 할 수 있는 결정적인 힘, 즉 보복 능력과 대응 무기가 우리에게 없었기 때문이다.

그러면, 오늘날 우리가 살고 있는 이 세대에서 있을 수 있는 주변국의 무력 행사에 대한 대응 능력 현실은 어떠한가?

우리는 오늘도 세계 4대 경제 및 군사 대국인 미국·일본·중국·러시아의 막강한 힘에 둘러싸여서 조심스러운 생존을 지속하고 있다.

더군다나 일본의 식민지 상황으로부터 해방이 되었던 1945년에 우리 민족의 의사와는 전혀 관계없이 이루어진 강대국 간 국제 정치의 산물로서 한반도는 남과 북 두 쪽으로 나뉘어졌고, 오늘날까지 동족 간의 대립과 갈등으로 엄청난 국력의 낭비를 계속하는 안타까운 현실 속에서 살고 있다.

2차 세계대전의 패전국 독일은 전후에 연합국들의 분할 점령으로 동

서독으로 갈라져 뼈아픈 분단의 역사를 겪었다. 그러나 태평양 전쟁을 일으켰던 전쟁의 당사자요 패전국인 일본은 전후에 미군만이 진주함으로써 민족 분단의 아픔 없이 오히려 번영을 구가하고 있다.

얄타회담에서 소련의 대일(對日) 전쟁 참전 및 38선 이북의 일본군 무장해제를 합의했으나 소련은 기회주의적으로 계속 참전을 미루었다. 1945년 8월 6일 히로시마에 원자탄이 투하되고 일본의 항복이 기정사실화되자 비로소 소련은 일본 항복 일주일을 앞둔 8월 9일 나가사키에 원폭이 투하되기 몇시간 전에야 대일 전쟁에 참전했다. 소련의 북한 지역 진입은 한민족 분단이라는 쓰라린 아픔의 씨앗이 되었다.

타의에 의해 이루어진 민족 분단으로 말미암아 우리가 치르고 있는 불행과 대가가 얼마나 엄청난가.

북녘 땅에서는 봉건시대의 왕조처럼 부자(父子)가 절대 권력을 세습하면서 지구상에서 유일하고 이상스러운 1인 독재체제로 반세기를 지나오고 있다. 경제는 붕괴되고 많은 동포들이 굶어 죽는 최빈국으로 전락한지 이미 오래이다. 해마다 식량 구걸에 급급하면서도 체제 유지와 한반도 적화를 위하여 100만 명이 넘는 병력을 유지하면서 생화학 무기, 미사일, 핵개발을 지속하고 있다. 또한 마약의 밀조와 밀매, 위조지폐의 발행과 유통, 대규모 정치범 수용소의 운용, 테러 등 일반 범죄 집단들이나 할 수 있는 행위들을 거침없이 자행하고 있어 국제 사회의 문제아가 되고 있다.

다행히 남녘 땅은 1960년대 이후 몇 차례 거듭해서 추진된 '경제개발 5개년계획'과 '새마을운동'을 통하여 산업화에 성공하였다. 그 결과 우리는 2차 대전 후 서독이 이룩했던 '라인강의 기적'에 버금가는 '한강의 기적'을 이루며 역동적이고 위대한 국가 발전을 성취하였고 역사상 처음으로 절대 빈곤과 배고픔에서 해방이 되고 잘사는 나라를 이루어 내었다.

'하면 된다!'는 슬로건과 더불어 추진되었던 경제개발 계획과 근면, 자조, 협동의 새마을운동은 주변국들의 압제 아래서 얼룩진 오랜 역사를 통해 우리 민족을 계속 짓눌러 왔던 좌절 의식과 무력감을 걷어내고 "우리도 할 수 있다"는 자신감과 더불어 민족 도약의 새로운 꿈을 갖게 했다. 그리고 그 꿈을 차근차근 실현하여 왔다.

1960년 1970년대의 같은 시기에 국가 지도자를 잘못 만난 동양의 필리핀이나 남미의 아르헨티나 같은 나라들은 우리보다 훨씬 더 잘 살던 나라였으나 경제가 퇴락을 거듭하면서 어렵게 사는 나라로 전락하였다.

반면에 우리 나라는 각박한 남북 대치 상황 아래서도 같은 시기에 지도자의 비전과 집념 그리고 국민들의 근면성에 힘입어 기적적인 경제 발전을 이루었다. 우리의 경제력은 도약을 거듭하여 세계의 열강 중에서 11위 권으로 OECD 국가의 반열에 올라섰다.

그러나 주변 국가들이 워낙 격차가 큰 세계의 4대 강국들이라 만일 그들과 국가적 이해가 상충되는 일이 있어 군사적 힘겨루기에 들어간다면 한국은 그들 중 어떤 나라와도 힘을 겨룰 수 있는 상대가 되지 못한다.

1945년 2차 세계대전 종식과 한국전 이후 동북아 지역에서 반세기 동안 평화가 지속되어 왔으나 근년에 들어 국제 해양법에 의거한 EEZ[4]의 획정, 독도, 조어도(釣魚島, 일본명 : 尖閣列島), 남사군도(南沙群島) 등 해양에서의 영유권과 해양자원 분쟁으로 국가 간 이해가 첨예하게 대립되고 있다.

동북아 지역에서 앞으로 국가 간의 군사적 충돌이 발생한다면 이는 육지보다는 해양에서의 이해 관계 때문일 것이고, 그 충돌은 필연적으로 바다에서 일어날 것이며, 비록 그 분쟁이 육지에서 발생하더라도 삼면이 바다인 한반도의 특성상 그것은 곧 바다에서의 분쟁으로 이어질 것임을 대부분의 전략가들이 일치되게 주장하고 있다.

국제 사회의 윤리 감각이나 국제 관계의 흐름은 약자의 편에서 볼 때 2차 세계대전 이전과는 많이 다른 것이 사실이다. 다시 말해 힘이 있다고 하여 일방적인 자국 이익이나 영토욕만을 앞세워 힘없는 이웃 나라를 침공하고 점령하고 지배하였던 19세기 이전의 구시대적 국제 질서는 이제 많이 호전된 것이 사실이다.

그러나 오늘도 국제 관계에서는 여전히 무력과 경제력을 앞세운 힘이 정의인양 지배하고 있다. 쿠르드족 · 티베트족 · 체첸족 · 몽골족 등

---

4 EEZ : Exclusive Economic Zone, 배타적 경제수역. 1994년 11월 16일(한국은 1996년 8월 8일)에 발효된 유엔해양법 협약에 의거 영해기선으로부터 200해리까지의 해역을 말한다.

많은 소수 민족들이 강대국의 지배욕과 강대국 간 타협의 희생양이 된 채 지금 이 시간에도 주권을 잃은 채 신음하고 있다.

오늘은 소강 상태의 평화가 지속되고 있으나, 내일의 세계는 아무도 예측할 수가 없다. 오늘날 국제 사회의 냉엄한 현실은 "힘이 정의이고 역사는 되풀이된다"는 것을 실감하게 한다.

지난 반세기 동안 남북 분단과 군사 대치 상황 속에서 남북한은 상당한 정도의 군사력을 보유하기에 이르렀다. 특히 북한의 미사일은 일본까지도 사정권 안에 두고 있다. 그러나 남북한이 보유하고 있는 군사력은 기본적으로 남북 간의 전쟁에 대비하여 구축된 것으로 무엇보다도 지상전 위주로 구성되어 있다고 보는 것이 옳을 것이다.

오늘날 남한의 국가 경제력은 북한에 비하여 30여 배에 이르며 이 격차는 시간이 갈수록 당분간 더 심화될 것으로 예상된다. 이러한 남북 관계로 볼 때 우리는 지금 남북 대치 개념 위에서 이루어온 우리의 군사력이 통일 후 대 주변국 안보의 관점에서 어떻게 달라져야 할 것인가를 심각하게 생각해야 할 시점에 놓여 있다.

만일 우리 나라가 주변국과 무력 분쟁을 겪게 된다면 그것은 앞서 언급한 바와 같이 해양에서의 무력 분쟁이 될 가능성이 다분하다. 그렇게 될 경우, 현재 대북 지상전 위주로 구성되어 있는 우리의 군사력을 가지고 주변 해양 강국들과 바다에서 부딪혀 그들을 효과적으로 견제할 수 있는 가능성은 사실상 없다.

중국 해군은 비록 구식의 무기체계를 근간으로 하는 해군이라고 하나, 전략 미사일 핵잠수함(SSBN)을 위시하여 핵잠수함 6척을 포함한 70여 척의 잠수함과 20여 척의 구축함을 보유한 대규모의 해군이며 대양해군으로 나아가고자 힘차게 발돋움하고 있다.[5] 중국의 국방비 지출 내역은 다른 나라들과 달리 매우 복잡하여 가늠하기 어려우나, 발표되는 내역보다는 훨씬 많은 액수로서 이미 GDP의 1% 선을 고수하고 있는 일본의 국방비 수준을 넘어섰다고 보는 것이 일반적인 시각이다.

한국이 속해 있는 동아시아 지역 대부분의 국가들은 중동으로부터의 에너지 수입을 위시한 생존 수단의 중요 부분을 남중국해의 해상교통로를 통한 무역에 의존하고 있다.

이 해역에 위치한 말라카 해협(Malacca Straits), 순다 해협(Sunda Straits), 롬보크 및 마카싼 해협(The Straits of Lombok and Makassan), 옴바이 웨타르 해협(Ombai-Wetar Straits)과 토레스 해협(Torres Straits) 등은 우리 나라는 물론이고 동아시아 여러 나라의 생명선이다. 특히 동북아시아 3국(한국·중국·일본)의 에너지 수입량 대부분이 말라카 해협을 통과하고 있기 때문에 말라카 해협에 관한 안전 항해권 확보는 동북아 3국을 포함한 역내 국가들의 사활이 걸린 심각한 문제가 되고 있다. 이 해역에 대한 중국의 영향력이 해군력의 증강과 남사군도의 영유권 분쟁 문제와 더불어 앞으로 점차 강화될 것이라는 점은 쉽게 예측할 수 있다.

---

5 「제인스 함정연감(*Jane's Fighting Ships*)」, 2002~2003, pp. 116~120.

남중국해의 해상교통로(SLOC)[6]에 대한 중요성과 이 해역에 대한 중국의 영향력 증대 가능성은 수년 전부터 이미 국제적 관심과 우려의 대상이 되어 왔다. 예를 들어 1995년에 크리스토퍼(W. Christopher) 미국 국무장관이 남중국해에서의 영토 분쟁 당사국들은 동일 해역내의 해상교통로를 방해해서는 안된다고 경고한 사실에서도 이를 엿볼 수가 있다.[7]

대양해군을 지향하는 중국 해군이 장차 동아시아에서 어떠한 입장을 취할 것인지, 그리고 한국의 해상로 보호에는 어떤 영향을 미칠 것인지 우리로서는 초미의 관심과 더불어 예의 주시하여야 할 사항이다.

세계 2위의 경제력과 그에 버금가는 과학 기술력을 자랑하는 일본은 강력한 이지스 구축함과 잠수함, 대잠수함 초계기(P3C) 등을 앞세운 첨단 정예 해군을 보유하고 있고 미국과의 합의에 따라서 1982년 이래 1,000해리까지의 해상교통로 보호 임무를 수행하고 있다.

일본은 미국과 강력한 동맹 체제를 유지하면서 미국의 해외 군사 활

---

6 해상교통로(SLOC : Sea Lines / Lanes of Communication) : 미국의 해양 전략가 마한(A. T. Mahan) 제독은 19세기 말에 'Lines of Communication' 이라는 용어를 사용했는데 이는 수송선박이 지상전 지원용 군수 보급품을 후방기지로부터 작전지역까지 수송하는 해상 이동로를 의미하였다. 현재는 국가 간의 교역이 확대되고 주요 교역 품목 수송 항로는 국가의 생존과 직결되어 있기 때문에 군사적 의미를 넘어 포괄적인 해상 수송로의 영역까지 의미하게 되었다. 그러므로 해상교통로(SLOC)란 전쟁 수행을 위한 인원 및 물자의 수송과 식량, 에너지, 산업물자 등 주요 교역 품목의 수송을 위한 포괄적 해상 이동로의 개념으로 통용된다.
7 김덕기, 『21세기 중국해군』 (한국해양전략연구소 학술총서-15, 2000), p. 403.

동을 지원한다는 명목으로 일본 헌법과 자위대법에 금지되어 있던 자위대의 해외 활동을 가능하게 하는 전향적 법률을 단계적으로 통과시키고 있다. 즉, 1999년에 제정된 〈신방위협력지침(new guide line)〉에 따른 〈주변사태법〉과 2003년 6월에 일본 국회를 통과한 〈유사관련 3법안〉 중 〈무력공격사태법〉 등 전후 헌법을 개정하여 보통 국가를 지향하기 위한 개헌 논의를 활발하게 진행하고 있는 것 등이 자위대의 해외 활동 문호를 넓게 하는 일련의 입법 조치들이다.

일본 해군의 1,000해리 방어 개념은 남서항로(阪神-필리핀)와 동남항로(京濱-괌) 등 두 개의 주요 항로를 보호하는 것이나 거기에서 머물지 않고 두 항로 사이의 부채꼴 모양을 한 광대한 해양에 대한 해상교통로 보호, 즉 제해권의 확보를 목표로 한다. 일본이 이 해역에 대한 1,000해리 방위 의지를 실천에 옮길 경우 유사시에 우리 선박의 자유로운 항해가 불가피하게 침해받을 것이다.[8]

일본의 군사 전문가들은 부채꼴 해역 방위를 위해서 수상 호위함정 75척, 잠수함 25척, 대잠수함 초계기 125대, F-15 전투기 100대가 소요된다고 시산(試算)하고 있다.[9] 일본은 잠수함 전력 증강에 심혈을 경주할 뿐만 아니라 주변국 잠수함의 대일(對日) 전력에도 매우 민감하여

---

8 김종두, "일본 해상교통로 방위에 대한 연구", 『Strategy 21』 Vol. 3, No. 1(한국해양전략연구소, 2000), pp. 152, 160.

9 조성렬, "미국의 해양전략과 미·일 안보협력", 『미국의 해양전략과 동아시아 안보』 (한국해양전략연구소 학술총서-30, 2005), p. 203.

대잠수함 초계기만해도 100대를 보유하는 등 강력한 대잠수함 능력 구축에 많은 투자를 하고 있다.

일본은 전후 수십 년 간 GDP의 1%만을 국방비로 쓰면서도 우리 나라보다 양과 질 모두에서 몇 갑절의 월등한 국방력과 정보력을 보유하고 있다. 지금도 큰 차이가 나지만 일본이 만일 정책을 바꾸어 국방비를 우리 나라 수준인 GDP의 2%나 3%로 증액할 경우 월등한 경제력과 이미 발달해 있는 과학 기술력에 힘입어 엄청난 방위력의 격차를 보이며 우리가 도저히 따라잡을 수 없을 만큼 멀리 앞서가게 될 것이다.[10]

현실적으로 중국의 실질 국방비의 지속적 증액과 대양해군을 지향하는 해군력의 현저한 증강은 일본의 국방비 증액 의욕을 유발시킬 요인이 될 수 있다. 동북아 해역에서 장차 예견되는 미국의 역할 감소와 일본의 역할 증대 가능성은 지역 해양 패권 문제와 더불어 일본과 중국

---

10 한국과 주변국의 방위비 규모

국가	GDP(억$)	국방비(억$)	GDP:국방비(%)	1인당 국방비($)
한국	4,760	131	2.8	266
미국	104,460	3,485	3.3	1,138
일본	40,000	395	1.0	290
중국	12,370	510	4.1	37
러시아	10,690	508	4.8	333
북한	200	50	25.0	227

출처 : 국방부, 『미래를 대비하는 한국의 국방비 2004』.
The Military Balance 2003-2004 (기준년도 2002). 단, 한국은 정부통계 기준 (중국의 공식발표에 따른 국방비는 200억 불 내외이나 2003년 미 국방부가 발표한 〈중국의 군사력 보고서〉에 의하면 중국의 실 국방비는 발표된 금액의 3배가 넘는 650억 불 선인 것으로 추정한다).

간에 매우 민감한 긴장 요인이 되고 있다. 우리의 입장에서 볼 때, 그것은 미·일·중국 간의 문제가 아닌 바로 우리들 자신의 문제이다.

우리 나라가 처해 있는 지정학적 입장을 볼 때 우리는 대 주변국 관계에 있어서 도저히 어떻게 해볼 수 없는 약소국의 처지에 있음을 뼈저리게 느낀다. 이웃 나라 일본과 중국은 오직 앞만 보면서 약진을 거듭하고 있는 터에 지금 우리의 현실은 어떠한가? 이념의 차이로 나라는 두 동강이 났으며 반쪽인 북한은 국제적 불량국가(rogue state)집단으로 전락되면서 갈 길 바쁜 우리들의 뒷덜미를 잡고 있다. 더욱이 이런 상황에서 우리는 건실한 자유민주주의와 시장경제체제의 통일 국가를 이룩해야 할 힘겨운 역사적 과제를 안고 있다.

막대한 경비와 노력을 들여서 해군력을 구축하는 이유 중의 하나는 유사시 적의 공격으로부터 우리의 바다, 특히 해상교통로를 보호하여 식량, 에너지, 공산품 등 국가 전략물자의 수송이 지속되도록 보장하는 것이다. 그것이 보장되지 않으면 국가 경제를 지탱하기 어렵고 조만간 파국을 면할 수 없게 되기 때문에 유사시의 해상교통로 보호는 국가와 국민의 생존과 직결되는 주요 사안이다.

우리의 가장 중요한 해상교통로인 말라카 해협으로부터 남중국해와 류큐(琉球) 열도 근해를 거치며 한반도에 이르는 남중국해 항로는 중국과 일본의 앞마당이라고 할만큼 주변국들의 깊은 영향 아래 있다. 주변국과 충돌이 발생한다면 그 나라는 제일 먼저 우리의 해상교통로를 차단하여 우리 나라의 생존을 위협할 가능성이 높다.

그렇다면 유사시 우리의 젖줄이자 생명선인 해상교통로를 보호할 힘이 과연 우리에게 있는가? 그것은 오늘날 우리 해군력으로는 도저히 가능하지 않다. 나아가서 우리의 해군력이 주변국 해군력을 훨씬 능가하게 되어 힘의 원거리 투사 능력을 확보하고 우리의 해상교통로를 보호할 수 있게 될 가능성도 높지 않다고 보는 것이 더 현실적이다. 그렇다고 유사시 우리의 생명선인 해상교통로를 지켜낼 아무 대책도 없다면 그것은 더욱 안될 말이다. 어떤 방법으로라도 유사시 우리의 해상교통로를 확실하게 보호할 대책을 세우는 것은 우리 나라가 할 수 있는 한 빠른 시일 내에 이루어야 할 큰 과제 중의 하나이다.

이 심각한 문제에 대해서 우리는 1,000해리 전수방어 개념[11]을 도입

---

11 일본의 1,000해리 전수방어 개념 : 평화헌법을 구실로 자국 방위를 대폭 미국에 의존해 오던 일본은 남지나해에서의 중국 영향력 증대와 1979년 소련의 아프가니스탄 침공에 즈음하여 중동 석유지대에 대한 소련의 영향력 증대 가능성에 위기감을 느끼고 그 이전부터 있어 왔던 해상교통로 안전 문제의 논의를 활발하게 진행하였다. 1980년 초에 미·일 당국자들에 의한 1,000해리 전수방어 개념이 점진적으로 정리되어 1982년 8월의 미·일 안전보장 실무회의에서 미국 대표 비글리 해군 중장이 "해상교통로(sea-lane)방위에는 미·일이 협력할 필요가 있다. 일본은 1,000해리 이내의 씨레인 방위를 주도적으로 수행하고 미국은 공격적 작전과 1,000해리 이원(以遠)의 씨레인 방위에 협력한다."라고 천명하였고, 1983년 《일본 방위백서》는 일본의 1,000해리 해상교통로 전수방위와 1,000해리 이원의 방위는 일반적으로 미국에 의존할 것임을 분명히 하였다. 일본은 석유 수송 항로인 말라카 해협까지는 2,900해리, 철광석 수입선인 호주까지는 4,500해리, 대미 안보협력 거점인 하와이까지는 3,400해리로서 일본 중심의 1,000해리는 해상교통로의 대략 3분의 1이며 이 해역은 일본으로서는 1순위 해역이나 미국으로서는 2순위 해역이다.
김종두, "중국의 해군력 증강과 일본의 안보 전략", 『중국의 해양전략과 동아시아 안보』 (한국해양전략연구소 학술총서 - 27, 2003), pp. 227~240. 정호섭, 『해양력과 미·일 안보관계』 (한국해양전략연구소 학술총서-18, 2001), p. 304. 1,000해리 전수방어 방침은 그 후 일본의 확고한 정책으로 견지되고 있으며 2004년도 『일본 방위백서』, p. 138. 역시 1,000해리 해상교통로 전수방어 정책을 분명히 하고 있다.

하는 한편, 1,000해리를 넘는 원해(遠海)의 해상교통로 보호를 우방인 미국에 의존하고 있는 일본의 해상교통로 보호 대책을 자세히 연구할 필요가 있다. 그리고 우리 입장에 맞는 유사 모델을 개발할 필요가 있다. 즉 우리 해군의 임무 수행 능력을 극대화해서 그 한계까지는 우리 해군이 담당하고 그 한계 밖의 원해 해상교통로 보호 임무는 우리의 동맹이며 세계 최강의 해군력을 보유하고 있는 미국에 의존하는 방식이다. 나아가서는 한국·미국·일본 3국이 미국을 중심으로 한 해상교통로 보호와 해양평화 유지(OPK : Ocean Peace Keeping)를 위한 협력체계를 구축해 나가는 것이 바람직하다.

그 길 이외에 유사시 우리의 해상교통로를 방어할 또 다른 방안이 있을 것 같지는 않다. 그러나 가능하다면 그 외의 방안들도 다각적으로 검토하고 최선의 대책을 세워야 할 것이다. 유사시 해상교통로의 보호가 얼마나 심각하고 중요한 국가적 과제인가를 생각할 때, 그리고 그것이 미국의 도움 이외에는 해결책이 달리 없을 것 같은 현실을 생각할 때, 우리에게 있어 한·미 동맹 관계가 얼마나 중요한 것인가를 다시금 생각하게 된다.

이웃 나라 일본은 우리보다 훨씬 앞선 자주국방 능력을 구비하고 있으나 독자적 안보 노선이나 자주국방을 슬로건으로 내세우는 일이 없이 묵묵하게 그리고 우리보다 더 철저하게 미·일 동맹에 힘을 실으면서 "미국과 더불어 하는 일본의 안보 유지"에 주력하고 있다. 그것이 가장 확실하고 가장 경제적인 안보 대책이기 때문이다. 그러면서 다른 한편으로는 내실 있는 자주국방을 지향하며 꾸준히 힘을 축적해 나가고 있다.

우리도 지난 반세기 동안의 미·소 냉전 체제 속에서 미국을 동맹국으로 하는 한·미상호방위조약을 우리 안보의 핵심 축으로 견지하여 왔다. 최근 우리 나라의 일각에서 한·미 동맹체제나 한·미 우호의 중요성을 간과하고 북한에 대한 주적(主敵) 개념이 흔들리는 분위기가 확산되고 있는데 이는 매우 우려할 현상이다.

동맹이란 원래 이념이나 사상을 공유하는 개체 사이의 협력체제가 아니고 동일한 적(敵)을 공유하는 협력체제이다. 나와 너가 동일한 적을 가지고 있을 때 나와 너는 동맹이 될 수 있다. 나와 너가 동맹 관계에 있을 때 나와 너의 적이 어느 날 너의 친구가 되어버리면 나는 더 이상 너와 동맹 관계를 지속할 수 없게 된다. 나의 적이 너의 친구가 되었기 때문이다. 이렇듯, 우리가 북한을 적으로 보지 않고 친구로 본다면 북한을 적으로 보는 미국과 우리 나라가 동맹 관계를 유지하기는 어렵게 될 것이다.

북한 문제를 말할 때 북한 동포와 북한의 정권 실체는 엄연히 구분되어 다루어져야 할 것이다. 한국전쟁을 일으켰고 지금도 남한의 적화통일을 그들의 최고 목표로 하여 군사 대치와 대남 공작을 계속하고 있는 북한 정권과 북한 군사력은, 주적이라는 말을 피해 어떤 용어로 표현하든 관계없이 현실적으로 우리 대한민국의 주된 위협이다.

안보의 기초는 튼튼한 경제력이다. 해외 자본의 국내 투자 등에 의한 경제의 건전한 발전을 위해서는 초강대국인 미국과의 굳건한 우호관계 유지와 안보협력 체제에 기초한 안정이 관건이다. 한·미 동맹 관계가 흔들리면 국가 신용 등급과 해외 자본의 국내 투자에 즉각적인 영향을 미칠 것이고 이는 국가 경제 발전에 심각한 장애 요소가 될 것이다. 따라서 앞으로도 우리 나라는 한·미 간 유대강화와 한·미 안보협력 체제에 힘을 기울이는 것 이외에 다른 길을 갈 수가 없을 것이다.

한편으로는 한·미 안보협력 체계를 굳건히 하면서 다른 한편으로 끊임없이 우리 자신의 독자적 자위 능력을 길러가는 것만이 강대국들로 인한 각축의 중심에 서 있는 우리가 가야 할 길이다.

군사력에 있어 과거보다 우리의 힘이 비교적 향상되었다고는 하나, 유사시 절실하게 필요할 때, 우리가 상대방에게 치명적 보복을 가할 수 있는 이렇다 할 전쟁 억지 능력과 대응 수단이 없기는 오늘날도 과거와 크게 다를 바가 없다. 우리가 확보하고 있는 무기체계는 거의 전부가 상대방과 동일한 유(類)의 정규전용이고, 차이가 있다면 규모면에서 상대방보다 훨씬 열세하고 취약하다는 것뿐이다.

특히 현대전의 절대적 요건인 군사 정보력에 있어서는 주변 강대국들에 비하여 그 열세의 정도가 훨씬 더 심각하다.[12] 1 : 1의 대칭적 군사력으로 우리가 주변국에 대항 능력을 구비하기에는 기본적 경제력이 역부족이고, 계속 그런 정책을 중점적으로 추구한다면 심각한 국방비 지출의 압력으로 인하여 우리는 결국 소기의 목적을 달성하지도 못하고 엄청난 경제적 부담으로 주저앉고 말 것이다.

해상교통로 문제, 해저 에너지, 독도 영유권 분쟁, 그리고 그 외에 언제라도 발생할 수 있는 산적한 국가 간 이해 관계의 엇갈림과 분쟁으로 국지전이든 전면전이든 주변국과의 군사적 대치 상태는 언제든지 일어날 수 있다. 적이 침략해 온다면 오늘도 이렇다 할 확실한 대책이 없이 여전히 부서지고 패퇴당할 수 밖에 없는 것이 주변 4강에 비하여 약소국(弱小國)인 우리 나라의 현실이다.

오늘날 주변국의 군사력 위협에 대한 야무진 대응력을 갖고 있지 못하다는 현실이 우리로 하여금 국제 사회에서 늘 주눅이 들게 한다.

---

12 한반도 주변은 강대국들이 보유하고 운용 중인 정보 능력의 밀림지대이다. 세계 최강의 정보 탐지 능력을 보유하고 있는 미국은 더 말할 것도 없고 중국은 80개의 각종 위성, 도입 중에 있는 7대의 조기경보 통제기, 한반도와 오키나와 전역에 대한 감시 능력이 있는 7개의 레이더 기지, 수만 명의 첩보원이 활약한다. 일본은 정찰위성 2기(2003년 3월 발사), 조기경보기 17대, 각종 첨단 레이더, 해상초계기 100대를 운용 중이고 2008년까지 해상도 0.5m의 첩보위성을 띄울 계획을 추진 중이다.
러시아는 해상도 0.5m의 군사위성 61개, 조기경보 통제기 20대, 공중전술 정찰기 226대, 해상 정보수집함 17척, 지상 장거리 조기경보체계 (탐지거리 6,000km) 21개소를 운영 중이다. 한국은 정보수집 위성이 전무한 실정이고 해상도 1m의 정찰위성을 불원 운용할 예정이다. 앞으로 조기경보 통제기 4대를 2011년까지 도입 추진 중이고 그 외에 정찰기와 UAV 약간이 있을 뿐이다 (「조선일보」, 2004년 10월 4일자, A-4면).

3 | 비정규전, 수중 게릴라전의 총아 – 잠수함[13]

약소국(弱小國)으로부터 강소국(强小國)으로 도약하게 할 핵심적 힘,
21세기 한국 안보의 지렛대 – 그것은 침략국에 대한 무제한
통상파괴로 해상교통로를 봉쇄하고 육상전략 거점을
공격할 수 있는 고도로 은밀한 공격 잠수함이다.

주변 강대국의 군사력에 효과적으로 대항할 최선의 길은 게릴라 전략이다

과거와 현재 그리고 미래를 막론하고 국가 간의 분쟁이 야기되었을 때, 분쟁의 쌍방이 어느 정도 대등한 힘의 균형을 이루고 있거나, 또는 일방의 군사력이 상대방을 압도하는 강세에 있다면 그 분쟁의 유형이 국지전이든 전면전이든 국방력을 총동원하고 모든 전략과 전술을 망라한 정규전이 유용하다.

그러나 우리 나라와 같이 세계 굴지의 초강대국만을 이웃하고 있는 지정학적 현실에서 주변국과의 군사적 분쟁 시나리오를 상정해 볼 때 주변 강대국들과의 1 : 1 대칭적 정규전에서는 승산이 전혀 없다. 정규

---

13 잠수함 전력은 사실상 게릴라적 특성을 띠고는 있지만, 일반적으로 정규 전력 범주에 포함시킨다. 본서에서는 잠수함의 작전 특성 측면을 더 크게 보아 비정규전 전력, 게릴라 전력으로 본다.

전은 국가 총력전이고 소모전이며 상당 기간 동안 전쟁을 지속할 수 있는 국방력, 정보력, 경제력, 과학력 등의 전반적 국력이 승패의 관건이기 때문이다.

국력이 모자라는 나라가 보다 월등한 나라의 압박에 직면하여 외교적으로 해결이 되지 않는 심각한 분쟁에 휘말리게 되면 굴욕과 손실을 감내하든지 아니면 결사 항쟁을 하든지의 막다른 기로에 다다르게 되는데, 이 때 전쟁이 불가피하게 된다면 선택할 수 있는 현실적 대안은 게릴라 전략이다. 만약 힘의 차이가 너무 커서 게릴라전도 할 수 없는 불가항력적 형편이라면 마지막 대항 수단은 21세기에 들어와 새로운 국제 문제로 떠오른 테러 항쟁이다.

게릴라전은 행동 의지와 위치를 감추고 있다가 결정적 위치와 결정적 시간에 나타나 작은 규모의 힘으로 강력한 상대방에게 치명적 타격을 가하여 힘의 열세에도 불구하고 전세를 유리하게 이끄는 가장 경제적이고 효과적인 전술이다. 강대국과의 항전에서 게릴라전이 총아가 되는 이유는 적은 군사력으로 강력한 적을 억제, 교란하고 위협할 수 있기 때문이다.

또한 게릴라전은 그 특성상 상대방이 막강한 정보 능력을 발휘할 기회를 사실상 무기력하게 한다. 게릴라 전략은 강대한 적의 전력을 분산시키고 전쟁 비용의 낭비를 유도하여 적으로 하여금 전력과 정보력의 효과적 운용을 어렵게 한다. 근세사에서 미군을 위시한 강력한 연합군에 맞서서 끝내 승리한 호치민(胡志明)의 월맹군과 소련에 맞서 끈질기게 항쟁한 아프가니스탄 군이 게릴라 전략의 뛰어난 효용성을 입증한 좋은 사례들이다.

상대가 군사력이나 정보력 등에서 우리보다 훨씬 약한 나라일 때는 다른 얘기가 되겠으나, 우리 나라의 주변국들과 같은 강대국과의 대결에서 상대방의 정보망에 탐지될 수 밖에 없는 무기들로는 오늘날 효과적으로 싸울 수가 없다. 이는 상대방이 이 쪽의 작전과 그에 수반하는 무기체계의 내용을 손바닥 보듯 환하게 알고 있을 뿐 아니라, 그에 대한 효과적 대응 수단을 확실하게 갖출 수 있기 때문이다.

우리가 어려운 국가 경제 형편 속에서 막대한 재원을 투자하여 획득하고 있는 주요 무기체계들, 예컨대 전차, 자주포, 장갑차, 항공기, 헬리콥터 그리고 구축함 등 각종 수상함 전력들 대부분이 바로 정보망에 탐지되는 무기의 범주에 속한다. 이들 주요 무기체계들은 국가 필수의 무기들로서 국가 방위의 근간이고 전쟁을 억지하는 중추적 역할을 한다. 따라서 그 무기체계를 획득하고 유지하기 위하여 나라마다 막대한 국방비를 지출한다.

하지만 오늘날 과학이 발달하고 정보력과 무기의 파괴력이 첨단화됨에 따라 이러한 정규전용 무기체계들은 상대방의 탐지 능력에 노출되어 있다. 따라서 그 무기체계들은 상대방을 앞서는 정보력을 바탕으로 질과 양에 있어 모두 상대방을 압도하는 공격력과 파괴력을 구비하여야 한다. 즉 상대가 나를 사전에 탐지하고 나의 행동을 알고 있는 것에 구애받음이 없이 강한 전력을 앞세워서 상대방을 밀어붙이고 제압할 수 있는 능력이 요구되는 것이다.

상대가 강대국일 경우 국력이 약한 나라가 정규전 방식 위주로 이웃 나라에 대응하려 하면 과학기술의 낙후와 투자 재원의 부족으로 늘 적을 뒤쫓아 다니기에 바쁘다. 계속되는 열세에서 벗어나지 못하고 감당하기 어려운 방위비 조달에 허덕이며 결국 싸우면 질 수밖에 없는 상태에 머물게 된다.

강대국들은 그들의 정보력으로 사전 탐지가 가능하고 대응할 능력이 충분하기 때문에 주변 약소국이 보유한 정규전력 위주의 군사력에 대하여 심각하게 두려워하지 않을 것이다. 반면에 대응하기 어려운 게릴라 전력에 대하여서는 필연적으로 두려워 할 것이다.

따라서 우리는 방위비의 대부분을 점유하는 대칭적 정규전 대응 능력에 조화롭게 병행하여 비대칭적 게릴라전 수행 능력도 가능한 한 힘써 배양함으로 유사시에 대비하여야 할 것이다.

유사시 한국이 의존할 수 있는
게릴라적 전략무기는 단연 잠수함이다

잠재적 적성국들에 대하여 전쟁을 억지하고 유사시에는 나라를 방어할 만한 수준의 대등한 군사력을 대칭적 정규전 세력으로 양성하고 유지하는 것이 어차피 어렵다면, 우리는 국가방위의 근간인 대칭적 정규 전력 양성뿐만 아니라 상대 국가들의 막강한 정보력과 군사력의 위협에도 불구하고 유사시 상대 국가에게 치명적 공격을 가할 수 있는 게릴라적 군사력을 중점적으로 구축하여야 한다.

전술한 바와 같이 오늘날 한반도에서 국제 분쟁이 발발한다면 바다에서의 분쟁일 가능성이 가장 높다. 분쟁이 지상에서 시작되어도 삼면이 바다로 둘러싸여 있는 한반도의 특성상 그 분쟁은 곧 바다에서의 충돌로 발전할 것이다. 잠재적 적성국들은 모두 지정학적으로 그들의 생존을 바다에 의존할 수 밖에 없기 때문에 그들을 바다에서 견제할 수 있는 힘이 중요하다.

바다에서 주변국과 충돌할 때 대칭적 정규전력 성격의 수상함 전력으로 나라를 지키기는 사실상 어려울 것이다. 우리는 당연히 정보 사각지대인 수중으로 들어가서 바다에서의 게릴라 전력인 잠수함으로 대응하여야 한다. 우리가 잠수함 전력을 강화하여야 하는 이유가 바로 여기에 있다. 특히 우리 나라의 현실과 같이 주변국들이 월등한 정보력을 보유한 강대국일 경우 잠수함의 효용성은 다른 무기체계들을 확실하게 압도한다. 이는 잠수함만이 갖는 특유의 은밀성 때문이다. 은밀성이라는 타고난 이점을 지닌 잠수함은 이상적인 게릴라 전력의 특성을 구비하고 있다.

국가 간에 갈등이 깊어지고 바다에서의 긴장 상태가 고조되거나 분쟁이 발생할 때 해군이 수행해야 할 가장 중요한 임무는 해양통제(sea control)[14]이다. 그런데 우리 나라와 주변 강국 사이에 분쟁이 발생했을 때 우리 해군이 영해를 포함한 주변 해역에 대한 해양통제를 확실하게 할 수 있을까? 오히려 주변국 해군이 우리의 영해와 이해해역(利害海域)에 대한 해양통제를 시도해 오지는 않을까? 이 문제는 사실 우리 국민 모두가 생각해야 할 주요한 사안이다.

해양통제에는 수상은 물론이고 수중과 항공에 걸친 대규모의 입체적 첨단 전력이 요구된다. 또한 강력한 정보 능력도 요구된다. 전 해역에 대한 정밀 감시체계를 지속적으로 운용하여 적 세력이 출현하면 대응 전력을 현장에 급파하여 적을 제압할 수 있어야 한다. 그러기 위해서는 질적으로 적보다 더 우수해야 함은 물론이고 양적으로도 적을 압도하는 전력을 이해해역에 항시 유지하고 있어야 한다.

오늘날과 같이 수상과 공중의 모든 군사 활동이 적의 감시체계에 낱낱이 탐지되는 상황 아래서 기습공격이란 불가능하기 때문에 질과 양 면에

---

14 해양통제(sea control) : 우군의 해양 사용을 보장하고 적의 해양 사용을 거부하는 해군 작전. 이때의 해양 사용이란 군함과 상선의 자유로운 활동과 항해를 보장함을 뜻한다.

서 적을 제압할 강력한 힘이 없이는 해양통제가 불가능하다.

결국 주변 강국과 분쟁이 발생했을 때 우리의 주변 해역에서 상대적으로 약세에 놓여 있는 우리의 해군이 해양통제를 이루어 낼 가능성은 사실상 없다고 보아야 할 것이다. 반면에 강력한 적국의 해군이 우리 해역에 대한 해양통제를 시도하면서 밀고 들어올 가능성은 매우 높은 것이 현실이다. 유사시 우리의 주변 해역이 적의 해양통제 아래 들어간다면 우리 나라는 해상교통로의 단절로 대외 무역이 중단되어 전쟁 수행 능력과 국가 생존력을 급격하게 상실할 것이다.

그렇다면 우리가 할 수 있는 일, 우리의 대안은 무엇인가?

그것은 우수한 잠수함 전력을 앞세운 해양거부(sea denial)[15] 전략을 펼쳐 나가는 것이다. 잠수함은 본질적으로 해양거부 작전에 뛰어난 무기체계이다. 앞에서 언급한 바와 같이 정보 능력, 함대의 전력 규모, 공격 및 방어 능력 모두에서 현저히 열세한 우리의 수상과 항공 전력으로 적의 해양통제 시도를 분쇄한다는 것은 사실상 불가능하다. 그러나 그 일을 해낼 수 있는 무기가 바로 잠수함이다. 그것은 앞서 말한 바와 같이 잠수함만이 갖는 은밀성과 게릴라적 특성 때문이다.

잠수함은 적에게 노출되지 않은 채 적의 수상 함정들과 수송선을 공

---

15 해양거부(sea denial) : 자국 해군의 세력이 열세하여 해양통제를 할 수 없고 적이 아 해역 또는 중립 해역에 대한 해양통제를 시도할 때 그 해역에 대한 우리들의 해양 사용이 봉쇄된 가운데 같은 해역을 적도 사용할 수 없게 거부하는 작전. 1, 2차 세계대전시 연합군 해군이 대서양에서 해양통제를 하고 있는 상황 아래서 독일 U-보트가 통상파괴를 통하여 펼쳤던 작전은 해양거부의 대표적 예이다.

격하고 격침할 수 있다. 그리하여 에너지나 식량, 군수품과 생필품을 수송하는 적의 주요·해상교통로를 차단하고 적국의 생존에 치명적 위협을 가할 수가 있다. 또한 적의 우세한 수상함 세력이 우리의 해상교통로를 위협할 때 이를 공격하여 우리의 해상교통로를 보호할 수 있는 것도 우리의 현실에서는 사실상 잠수함 밖에 없다. 수중 발사 미사일로 적의 전략 목표에 근접하여 공격할 수 있는 것도 잠수함뿐이며 바다에서의 도발 위협을 사전에 억제(deterrence)[16]하여 전쟁을 예방하는 능력도 다른 어떤 무기체계들 보다 잠수함이 가장 뛰어나다. 1, 2차 세계대전이나 포클랜드(Falkland)[17]전 등 20세기에 있었던 크고 작은 전쟁

---

16 억제(deterrence) : 상대방이 우리를 향하여 도발을 감행해 올 때 우리로부터 필연적으로 엄청난 보복을 당할 것이라는 인식을 갖게 함으로써 도발 의욕을 저지하는 것. 이는 상대방이 두려워할 만한 또는 두렵게 생각할 수 밖에 없는 힘의 뒷받침이 선결 요건이다.

17 포클랜드전(1982. 4. 1 ~ 6. 14) : 영국으로부터 7,000해리 아르헨티나로부터는 400해리에 위치한 포클랜드 제도와 거기서부터 동남쪽으로 780해리에 위치한 사우드 조지아(South Georgia) 섬의 영유권을 둘러싼 영국과 아르헨티나 간의 영토 전쟁.
전쟁이 고조되어 가던 5월 1일 아르헨티나의 209급 잠수함 San Luis가 영국 해군 기동함대의 대형 수상함에 대하여 SUT 어뢰 공격을 감행하였으나, 평소에 훈련과 어뢰 정비가 부실하였던 듯, 어뢰가 작동되지 않아 공격에 실패하였다. 일부 전략가들은 이 때의 어뢰 불발이 전쟁의 승패와 국가의 운명을 갈라 놓았다고 평가한다. 당시 아르헨티나 잠수함이 영국 해군의 항공모함 Invincible이나 Hermes 등 주요 수상함들을 공격하여 침몰시켰더라면 포클랜드 전쟁의 양상은 전혀 다른 방향으로 전개되었을 것이다. 아르헨티나는 당시 4척의 잠수함을 보유하고 있었으나 구형 2척 중 1척(Santa Fe)은 개전 초기인 4월 25일에 수상 항해를 하던 중 영국 구축함의 공격을 받고 해안에 좌초하였고 신형인 209급 2척은 어뢰의 신뢰성에 문제가 있어 특기할 전과가 없었다. 반면 영국은 핵추진 잠수함(SSN) 5척이 참전하였는데 5월 2일 16:00시경 포클랜드 남서방 220해리에서 SSN Conqueror가 아르헨티나 해군 순양함 General Belgrano에게 2발의 MK-8 어뢰 공격을 가하여 침몰시켰다. Belgrano가 침몰되자 영국 잠수함에 겁을 먹은 아르헨티나 수상함 세력들은 모두 자국의 연안 해역으로 철수하여 이후 전쟁이 끝날 때까지 아무런 역할도 하지 못했다. 그것이 아르헨티나 패전의 주요 원인이 되었다. 오직 San Luis 1척만이 영국 해군 기동함대 주변에서 작전을 계속하여 영국 해군으로 하여금 대잠전에 많은 경계와 노력을 기울이도록 압박하였다. 해양전략연구부 편, 앞의 책. pp. 384 ~ 400.

들이 한결같이 해양거부 작전에 있어서 잠수함의 위력을 입증하고 있다. 주변 강국들에 비해 약소국이며 해군력 역시 현저하게 비교 열세에 놓여 있는 우리로서는 잠수함의 이러한 강점을 반드시 기억해야 할 것이다.

아무리 거대한 항공모함이나 핵추진 잠수함, 또는 각종의 첨단 수상함이라 할지라도 고도로 은밀한 잠수함 앞에서는 항시 노출되어 있고 어뢰 한 발에 침몰되는 취약성을 가지고 있다. 오늘날 상상을 초월할 정도로 발달한 선진 강대국들의 정보체계와 대잠 탐지 능력도 광활한 수중에서 암약하다가 은밀하게 접근하여 공격하는 잠수함 앞에서는 속수무책이라 할 만큼 무기력하다.

수중에서 활약하는 잠수함을 탐지하는 방법에는 자기탐지 (magnetic detection)와 음파탐지 (acoustic detection)의 두 가지 방법이 있다. 전파탐지 (radar detection)나 적외선탐지 (infra-red detection) 방법으로는 잠항 중인 잠수함을 탐지하지 못한다. 레이더파나 적외선파가 물속을 뚫고 진행할 수 없기 때문이다. 레이저 광선 (laser beam)[18]으로 수심이 낮은 곳에 부설되어 있는 기뢰를 탐색하는 기술이 개발되고 있기는 하지만 이 기술이 성공하더라도 깊은 바닷속을 은밀하게 움직이는 잠수함을 탐

---

18 레이저 광선(laser beam)으로 수중에 있는 기뢰를 탐색하는 기술이 개발되고 있다. 그러나 해수 심도에 따라 급격하게 증가하는 해수밀도와 잠수함의 이동성과 작전심도 변화 등으로 레이저 탐지가 잠수함 탐색에는 유효하지 못하다.

지하는 것은 대단히 어려울 것이다.

자기탐지는 대잠항공기에 자기탐지 장비를 탑재하고 저공 비행을 하면서 잠수함을 탐색하는 방법으로 잠수함의 상공을 통과할 때 자기탐지 장비에 자장 변화가 발생하는 원리를 이용한다. 그러나 잠수함의 직상공을 정확히 통과하지 않으면 거리 관계로 자기탐지 장비가 반응을 일으키지 않는다. 또 잠수함의 직상공을 통과한다 해도 통과한 후에는 즉시 접촉을 잃게 된다. 항공기가 한바퀴 빙 돌아서 다시 접근하면서 정확히 잠수함 직상공을 통과해야만 또다시 잠깐 접촉하게 된다. 즉 지속적인 접촉 유지가 쉬운 일이 아니다.

가장 많이 가장 효과적으로 이용되는 방법이 음파탐지 방식이다. 음파탐지는 능동음탐기(active sonar)에서 음파(ping)를 보내어 그 음파가 잠수함에 부딪쳐 되돌아오는 반향음(echo)을 청취하는 방법이다. 문제는 바닷속에서 음파가 직선으로 진행하지 못한다는 것이다. 음파는 물의 온도, 염도 등의 변화에 따라 굴절하는데 그 중 온도의 영향이 가장 크다. 특히 해수의 표면 온도와 심해 온도의 차이가 많은 여름철에는 음파의 굴절이 매우 심하다. 음파의 굴절 현상 때문에 음탐기의 탐색 능력이 많은 제한을 받는다.

또 수중에는 여러 가지 소음이 많다. 파도, 바람, 물고기, 그리고 해저 요철에 대한 해류의 충돌 등으로 인한 소음, 바다에서 활동하는 크고 작은 선박들이 발생하는 소음 등이 있는데 이 소음들이 음탐기의 탐지 효율을 제한하는 요인들로 작용한다. 이러한 여러 가지 방해 요인 속에서 음향으로 잠수함을 접촉하기란 쉬운 일이 아니다.

한편 수동음탐기(passive sonar)를 이용하여 적 잠수함에서 발생하는 방사소음(radiated noise)을 탐지해서 잠수함을 접촉하는 방법이 있는데 마찬가지로 위와 같은 음파 굴절, 수중 소음 등의 영향을 많이 받게 된다.

이와 관련하여 잠수함들이 적함의 수동음탐기에 접촉되지 않도록 잠수함 자체에서 발생하는 소음을 최소화시키는 설계기술을 발전시키고 있다. 우리가 보유하고 있는 209급이나 곧 보유하게 될 214급 잠수함이 바로 이 방면에서 가장 앞서 있는 잠수함, 다시 말하면 세계에서 가장 조용한 수준의 잠수함 중 하나인 것으로 알려져 있다.

그 외에 소노부이(sonobuoy)와 가변 수심음탐기(VDS : Variable Depth Sonar)를 이용하여 잠수함을 탐지하는 방법이 있는데 위에서 설명한 탐지 방식들이 갖는 한계를 극복하지 못하고 있다.

한반도 주변 해역은 해양 환경, 조류, 수온 등 여러 가지 자연 조건에 있어 잠수함을 탐색하기가 대단히 어려운 특성을 가지고 있다. 이 해역에서 잠수함을 찾아 공격하기란 보통 어려운 일이 아니다. 한반도 주변 해역은 수중 세계에서는 가히 잠수함 작전의 천국이라 할만하다.

피아(彼我) 간에 잠수함을 가장 효과적으로 탐지하고 견제하는 궁극적 수단은 각양각색의 대잠 무기들 중에서, 역시 잠수함이다. 해수의 수온은 심도에 따라 다르다. 일반적으로 심도가 깊어질수록 수온이 낮아지는 수온 경사 현상이 발생한다. 반면 수면 근처에서는 수온 경사 현상이 없는 등온층(等溫層)이 형성된다. 이 등온층에서는 음파의 굴절 현상이 거의 없으므로 이 등온층이 두터울수록 수상에서 잠수함을 탐지할 가능성이 높아진다. 그러므로 잠수함은 가능한 한 이 등온층 아래에서 활동함으로써 수상함이 자기를 탐지하기 어렵게 한다.

반면에 아군 잠수함이 적 잠수함과 비슷한 심도로 잠항하면 수온이 비슷하기 때문에 음파 굴절의 발생률이 훨씬 적어 적 잠수함의 탐지 확률이 높아진다. 그러므로 잠수함이 잠수함을 탐색하는 것이 수상함이 잠수함을 탐색하는 것보다 훨씬 더 성공할 가능성이 높다.

그러나 문제는 우리 잠수함 역시 같은 조건 아래에서 적 잠수함에게 노출이 된다는 것이다. 여기서 잠수함의 생과 사를 갈라 놓는 것이 바로 잠수함의 전투 생존성 즉, 잠수함의 은밀성과 공격 능력(전투체계, 탐지장비, 어뢰 등)의 비교 우수성이다. 아군 잠수함이 잠재적 적 잠수함에 대비하여 정숙도와 공격 능력의 우위를 확보하여야 한다는 것은 타협의 여지가 없는 절대적 요구 요건이다. 그것은 또한 앞으로 우리가 한국형 잠수함(KSX)을 획득함에 있어 고려되어야 할 최우선적 과제이다.

오늘날 우리의 잠수함이 상대방의 잠수함보다 더 우수한 은밀성과 전투체계 그리고 공격무기를 보유한다면, 이러한 잠수함은 주변 강대국들이 온갖 수단을 동원하여도 대응하기가 지극히 어렵고 가장 두려워할 수 밖에 없는 상대이다.

뒤에서 다시 자세하게 언급하겠지만 잠수함의 결정적 제한점이었던 수중 잠항 지속능력 확대를 위하여 각국은 꾸준한 노력을 기울였다.

그 결과 1950년대에 핵추진 잠수함이 출현하였고 1990년대에는 공기불요 추진체계(AIPS)[19]가 개발되었다. 그 결과 강대국들의 무기인 전략 미사일 핵잠수함(SSBN)은 말할 것도 없거니와 재래식 잠수함도 획기적인 발전을 이룩하였다.

재래식 잠수함은 1, 2차 세계대전을 통하여 이미 그 위력이 입증된 바 있지만 오늘날의 재래식 잠수함은 그 당시에는 상상도 못했을 정도로 가공할 만한 무기체계로 변모해 가고 있다. 우선 은밀성과 AIPS에 의한 수중 잠항 지속능력의 눈부신 발전이 이루어지고 있고 전투체계와 어뢰 등 무기의 공격 정확도와 파괴력이 엄청나게 향상되고 있다. 수중에서 수상함을 공격하는 잠대함 미사일도 이미 실용화되었고 또한 수중에서 대잠 헬리콥터를 공격하는 잠대공 유도탄[20]도 개발이 완료되어 실용화 단계에 있다.

앞으로 우리 나라에도 잠대지 미사일[21]을 탑재한 재래식 AIPS 잠수

19　AIPS : Air Independent Propulsion System (공기불요 추진체계). 독일의 Fuel Cell, CCD, 스웨덴의 Stirling engine, 프랑스의 MESMA 등이 있다. 세기에 걸친 잠수함 관계자들의 숙원은 잠항 지속능력의 증대로서, 핵을 사용하지 않고 잠수함의 수중 지속능력을 증대하기 위한 공기불요 추진체계를 추구하여 온 잠수함 건조 국가들의 연구는 연료전지의 개발과 더불어 획기적 전기를 맞고 있다. 일반적으로 AIP라 통칭하며 자세한 개발 역사는 다음에 기술한다.

20　독일 BGT사에서 개발한 IDAS (Interactive Defense for Air-attack Submarine). Imaging Infra-Red(IR)에 의한 탐지와 고체 로켓트 추진체를 가진 잠대공(潛對空) 유도탄. IR Seeker가 탐지한 정보는 광섬유(fiber-optic)를 통해 잠수함의 전투체계에 연동된다. 독일 정부와 계약되어 실용 단계에 있다. 주로 대잠 헬리콥터 공격용이며 IDAS 이외에도 유사한 잠대공 미사일의 연구개발이 선진 각국에 의해 추진되고 있다.

21　현재 한국 해군은 유효 사정거리 xx km의 대함용 수중 미사일 발사체계(UMLC-Underwater Missile Launching Capability)를 보유하고 있으며 근년에 발사시험을 성공리에 수행한 바 있다. MTCR(Missile Technology Control Regime)상 유효 사정거리 300km까지의 미사일 보유는 허용되어 있다.

함이 깊은 해저에서 소리도 없이 육상의 전략 목표를 정확하게 공격할 능력을 보유할 날이 올 것이다. 이렇듯 재래식 잠수함은 발전을 거듭하며 점점 더 '결정적 무기'로서의 위상을 높이고 있다.

뒤에 자세히 언급하겠지만, 두 차례의 세계대전에서 확인된 바와 같이 통상파괴를 통하여 해상교통로를 봉쇄함에는 잠수함을 능가하는 무기체계가 없다. 또한 한 국가의 존망을 위협함에는 그 상대가 임해국가(臨海國家)일 때 해상교통로를 봉쇄하여 식량, 에너지, 군수품과 생필품을 포함한 각종 전략 물자의 유통을 차단하는 것이 가장 효과적이다.

오늘날 에너지가 갖는 전략적 의미가 날로 더 중요해지고 있는 가운데 특히 동북아 3국(한·중·일)은 모두 국내 석유 비축량의 증가에 비상한 관심을 모으고 있다. 이는 유사시에 에너지가 동북아에서 국가의 운명을 좌우할 결정적 관건이 될 것임을 말해 준다.

중국은 1994년까지는 에너지가 자급되었으나 급격한 산업화의 여파로 에너지 소요가 가파르게 증가하면서 1994년 말 이후부터 원유를 수입하기 시작하여 2004년에는 에너지의 대외 의존도가 40%였고, 2005년에는 50%까지 이를 것으로 전망되고 있다.[22] 중국은 급증하는 에너

---

22 중국의 에너지 해외 의존도가 상식선을 넘어 지나치게 급증하는 배경에는 중국이 미국과 같이 에너지 고갈 및 고유가 시대의 도래에 대비하여 자국의 석유자원 사용을 가급적 억제 및 유보하고 수입 의존도를 정책적으로 높이고 있기 때문이라는 분석도 있다.

지 소요의 증가와 이에 따른 대외 의존도의 증가가 전략적으로 심각한 안보 취약점이 될 것을 우려하고 있다.

최근에 이르러 중국은 2010년 준공을 목표로 4개 임해 지역에서 공사 중에 있는 30일 분 1,400만 톤의 원유 비축시설과 국내 원유 저장량을 당초 목표였던 30일 분에서 60일 분, 90일 분으로 늘리는 단계적 증가 계획을 세우고 이에 소요되는 900억 위안(110억불)의 예산 확보를 추진하고 있다.[23] 중국 당국은 원유의 국내 재고 증가가 안보 전략 때문만은 아니며 국제적 에너지 파동(panic buy)에 대비한 완충 재고를 확보하여 범세계적 원유 수급의 원활을 기하는 데 기여할 목적이라고 해명한다. 그러나 중국의 원유 국내 저장량 증가 노력은 다분히 안보 목적이라는 것에는 재론의 여지가 없다.

일본의 경우 1970년대부터 에너지, 특히 석유가 국가 안보에 미치는 전략적 중요성에 착안하여 국내 석유 비축량의 증가에 꾸준한 노력과 재정을 투입하여 왔고 2005년 1월 현재의 비축량은 무려 172일 분인 9,189만 킬로리터(국가 비축 91일 분 4,844만 킬로리터, 민간 비축 81일 분 4,345만 킬로리터)이다. 일본의 석유 비축량은 호주와 더불어 세계 최고 수준이다.[24]

---

23 Ian Talley 기자, *The Asian Wall Street Journal*, 26~28 November, 2004.

24 일본은 1975년에 제정(2001년 개정)된 〈석유의 비축과 확보 등에 관한 법률〉에 따라 석유 수입업자, 정제업자, 판매업자들에게 소정의 비축 의무량을 부여하고 있다(일본 경제 산업성 산하 자원공사 자료, 2005년 3월).

우리 나라 역시 많은 비용이 들더라도 유사시에 대비하여 핵 발전량을 크게 증가시키거나 에너지 비축을 위한 특단의 대책이 실현되지 않을 경우 에너지, 특히 원유 수입 문제가 산업 전반과 민생을 단시일 내에 무너지게 하는 국가적 재난의 무서운 뇌관이 될 것이다.

특히 동북아 3국에 있어 에너지가 갖는 중요한 전략적 의미를 볼 때 잠수함을 앞세운 통상파괴와 그로 인한 원유 수입 차단을 비롯한 무역의 봉쇄는 1, 2차 대전 때 독일 U-보트로 인하여 영국이 직면했던 상황보다 훨씬 더 단기적이고도 결정적으로 심각한 결과를 초래할 것이다.

어떤 주변국이 우리 나라에 대하여 침략적 무력 행사를 해온다면, 그 침략의 장(場)이 바다이건 육지이건 하늘이건 관계없이 우리는 강력한 공격 잠수함 부대를 앞세워 상대국에 대한 해상교통로 봉쇄, 그리고 육상 전략 목표를 타격하는 것이 최선의 방어 대책이다.

왜냐하면 잠수함을 앞세운 해양 봉쇄는 도발국의 식량, 에너지, 군수품 및 생필품 등 전략물자의 고갈을 유발하여 경제를 붕괴시킴으로써 전쟁 지속 능력을 결정적으로 저하시키기 때문이다. 상대방이 아무리 강력한 정보력과 군사력을 보유하고 있더라도 은밀성을 기본으로 하는 잠수함의 해상교통로 봉쇄 작전에 대응하기는 지극히 어려울 것이다.

장차 우리가 잠수함 능력을 구축함에 있어서 가장 유의해야 할 사항은 우수한 설계 능력을 확보하는 것이고 나아가서는 잠수함 자체의 은밀성과 우수한 전투 능력 확보뿐만 아니라 어뢰를 비롯한 탑재무기들의 첨단화와 후방 지원체제를 포함한 잠수함 기지를 분산하고 철저하게 요새화하는 것이다.

1, 2차 세계대전 당시 독일 U-보트의 사례에서 보듯이, 해군력이 취약하고 해양통제권이 적의 수중에 있는 상황에서도 잠수함은 큰 역할을 수행할 수 있었다. 그러나 잠수함이 보다 더 결정적 역할을 수행하기 위해서는 수상함과 항공 세력 등 잠수함 이외의 입체적 해군력이 뒷받침되어야 함은 물론이다.

우수한 잠수함 부대의 구축, 그것은 우리 나라 국방예산 가운데서 비교적 적은 액수를 투입하면서도 주변 강대국들의 잠재적 불특정 위협에 대비한 가장 경제적인 군사력 건설이며 전쟁 억지 대책이 될 것이다.

4 | 잠수함 기술 개발과 세계대전에서의 잠수함의 역할

양차 세계대전에서 눈부신 활약상을 보인 독일 해군의 U-보트는,
강대국의 도전에 직면한 약소국이 강대국에 맞설 수 있는
최선의 길은 잠수함을 이용한 게릴라적 통상파괴와
해상교통로 봉쇄에 있다는 강한 교훈을 후세에 남겼다.

수중에서 마음껏 활동하고 싶은 소망은 공중에서 드높게 날고 싶은 소망과 더불어 오랜 세월에 걸쳐 인류가 꾸준하게 추구해 온 꿈이었다.

근세사의 군사 분야에서도 인류의 이러한 꿈은 '더 높게 날고 더 깊게 헤엄치는 능력'을 끈질기게 추구하면서 항공기와 잠수함의 놀라운 발전을 가져왔다.

잠수함 개발 초창기의 선구자들

16세기 이전에도 인류는 잠수함에 대한 부단한 꿈을 추구하여 온 것이 분명하나 그에 대한 기록은 현재 전해지고 있지 않다.

1575년부터 1765년까지 190여 년 동안 많은 선구자들이 잠수함 설계에 전념한 바 있으며 당시 작성된 잠수함 설계 도면 중 최소한 17종

이 오늘날까지 전해지고 있다. 그들 중에서 특히 몇 사람의 활동이 두드러지는데 이들은 영국인 윌리암 보온(William Bourne), 화란인 코르넬리우스 반 드레벨(Cornellius van Drebbel), 미국인 데이비드 부쉬넬(David Bushnell)과 로버트 풀톤(Robert Fulton), 그리고 독일인 빌헬름 바우어(Wilhelm Bauer) 등이다.

1578년 영국인 윌리암 보온은 유사 밸러스트 탱크(ballast tank)[25] 개념을 적용한 최초의 잠수정을 설계하였다. 1620년에 화란인 반 드레벨은 비록 인력으로 구동되기는 했지만 자체 추진력을 가진 최초의 잠수정을 설계 건조하여 수면하 15피트까지 잠항하여 3시간 동안 2마일을 항진하였으며 제임스 1세가 시승하고 테임즈 강을 항주했다는 기록이 남아 있다.

이어서 1653년에는 프랑스인 드 송(De Son)이 반잠수 공격 잠수정을 설계하였고 이탈리아 사람인 보렐리(Borelli)는 1679년 잠수함에서 가장 중요한 부분인 밸러스트 탱크에 대해 처음으로 본격적인 실험 설계를 하였다. 특히 미국인 부쉬넬과 풀톤은 잠수함 발전에 남달리 눈에 띄는 기여를 하였다.

---

25 밸러스트 탱크(ballast tank) : 통상 잠수함의 함수와 함미에 설치되어 있고 잠수함의 잠수와 부상 기능을 담당한다. 즉, 밸러스트 탱크에 해수를 투입하면 잠수함은 가라앉아서 잠수를 하고 반대로 압축 공기를 투입하면 잠수함은 부상한다. 중량보상 탱크(compensating tank) 및 수평유지 탱크(trim tank)와 더불어 잠수함에서 가장 긴요한 탱크이다.

부쉬넬은 1742년에 출생하여 미국 독립전쟁 (1776~1783)이 발발하기 한 해 전인 1775년에 예일대학을 졸업하였다.

영국에 대한 적대 감정이 강했던 청년 부쉬넬은 영국의 막강한 해군력에 대처할 수 있는 독립군의 해군력이 전무했던 당시에 영국 해군

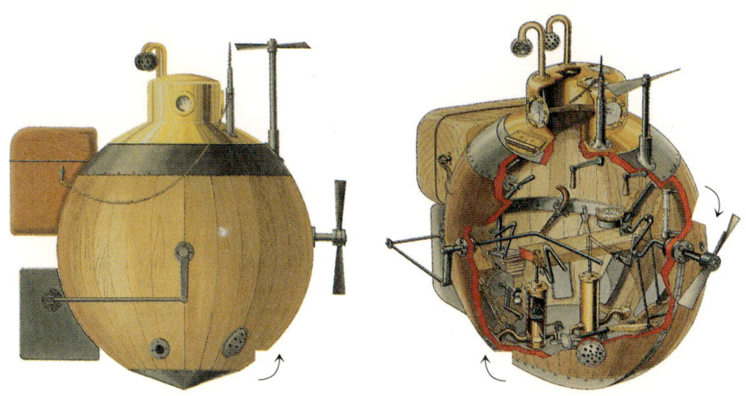

【그림1】 잠수함 역사상 최초로 '작전'에 투입된 데이비드 부쉬넬(David Bushnell)의 '터틀(Turtle)'. 승조원은 1명이고, 수직·수평 추진은 수동작으로 이루어졌다. 목조 선체 외부의 참나무 박스에 150파운드(58kg)의 폭약을 장착하였고, 폭약 상자는 나사못으로 표적함의 수면하에 부착하게 설계되었다. 미국 독립전쟁 당시인 1776년 9월 뉴욕 항에 기항중인 영국 해군함대의 기함 '이글(Eagle)'에 잠수하여 접근하였으나 나사못박기에 실패, 폭약을 장착하지 못하여 공격 작전에 실패하였다.

함정에 수중 공격을 가할 수 있는 수단의 필요성을 절실하게 느끼고 반 잠수정 '터틀 (Turtle)'을 설계 건조하였다.

1776년 9월에 부쉬넬의 터틀(Turtle, 그림1)은 에즈라 리 하사(Sergeant Ezra Lee)가 조종하여 뉴욕 근해에 정박 중이던 영국 함대의 기함인 이글(Eagle)함에 수중으로 접근해서 탑재한 58kg의 폭약으로 공격을 시

도하였다.[26] 당시 영국 군함이 추진기(screw)[27]의 부식 방지용으로 두꺼운 구리판을 선체에 부착해 두었던 탓에 수동 나사로 폭약을 적함의 선저에 부착하는 데에 실패하여 공격의 뜻을 이루지는 못하였다. 부쉬넬의 터틀은 계란형이었고 수동 추진 방식으로 추진기를 구동하였다.

독립전쟁 기간 중에 부쉬넬은 두 번 더 영국 해군에 대한 수중 공격을 시도하였으나 모두 실패하였다. 그는 1782년에 잠수정에 대한 꿈을 접고 의사가 되었다. 그의 터틀은 비록 1인 탑승용의 반 잠수정에 불과하였으나 군사 목적으로 설계되었고 실전에서 적함에 접근하여 공격을 시도했던 군사용 잠수함의 효시(嚆矢)로서 잠수함 개발사에 귀중한

【사진1】【사진2】 브라운 부부 교수의 주관으로 목수와 관련 기술자들이 모여서 '터틀(Turtle)'을 복원하고 있다. 통나무를 두쪽으로 쪼개어 속을 파내고 두쪽을 다시 맞추어서 원형을 복원하고 스너그 항에서 실험에 성공하였다. (출처 : 내셔널 지오그래픽)

---

26 초창기의 잠수함 공격은 목표함에 수중으로 접근하고 수동 나사로 폭약을 선저에 부착하여 목표함을 폭파하는 방식이 일반적이었다.
27 추진기(screw, propeller) : 모든 선박의 수면하 뒷부분에 위치하며 엔진이나 터빈 등 원동기의 힘을 받아 수중에서 고속으로 회전하여 추진력을 발생시킨다.

자료 가치를 지닌다.

부쉬넬의 터틀은 그 후 계속 기억되며 미국인의 애국심과 도전 정신, 독창성을 대표하는 상징이 되었다. 최근 2002년 겨울에 보스턴 소재 매사추세츠 대학의 부부 교수인 릭과 로라 브라운(Rick and Lora Brown) 내외가 부쉬넬의 터틀 복원 작업에 나서 성공적으로 복원하여(사진1) 인근의 스너그 항에서 시험 운항도 마치고 (사진2), 미국 전역의 유수 박물관에 순회 전시되고 있다.

1765년에 출생한 풀톤은 잠수정에 대한 광신적 정열을 가진 사람이었다. 영국을 거쳐서 프랑스에 간 그는 당시 영·불 간 군사적 긴장의 틈바구니에서 나폴레옹을 설득하여 잠수정 개발 자금으로 일만 프랑을 하사받았다. 1800년에 건조된 풀톤의 잠수정 노틸러스 (Nautilus, 그림2)는 6.4m 길이

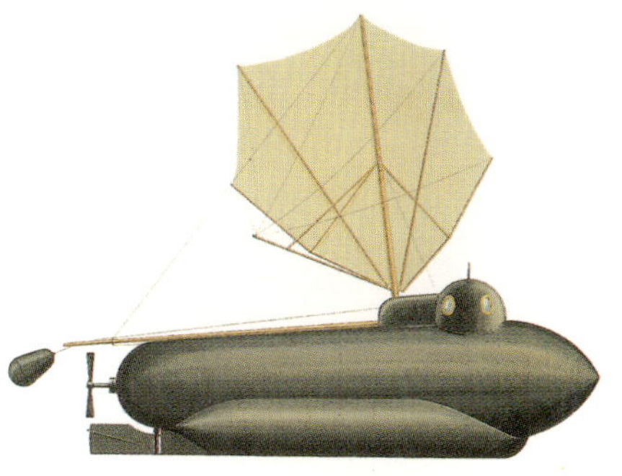

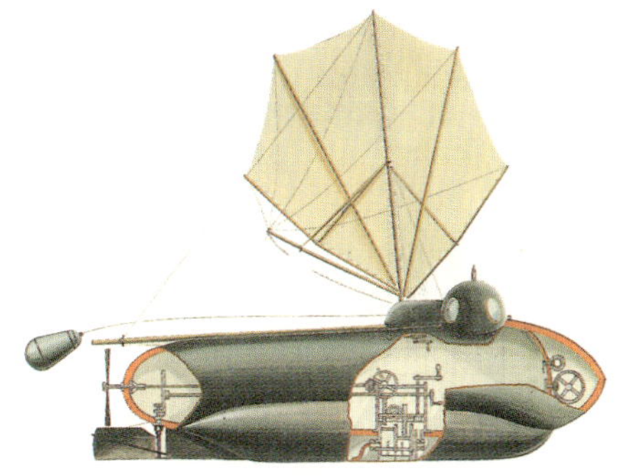

【그림2】 로버트 풀톤(Robert Fulton)이 설계하고 1800년에 건조된 노틸러스(Nautilus)호. 승조원 3인이 탑승하였고 수동 추진 방식이었으나 추진력을 증가하기 위하여 가변 마스트(mast)와 돛을 병용하였다. 노틸러스호는 당시로서는 경이적인 수준이었던 최대 6시간 잠수에 성공한 기록을 낳았다. 공격무기는 역시 폭약을 적함의 선저에 수동으로 부착하는 방식을 채택하였다.

에 최대폭은 2.13m였고 수상에서는 가변 마스트(collapsible mast)와 돛으로, 수중에서는 수동 추진 방식으로 추진되었다. 우여곡절 끝에 미국으로 돌아간 풀톤은 1812년의 대영전쟁에 자기가 창안한 잠수정을 투입하였으나 영국 해군에 의하여 침몰되었다. 그 후 풀톤은 증기기관으로 관심을 돌려 그 분야에 정진하여 결국 증기기관의 선구자가 되었다.

【그림3】 빌헬름 바우어가 설계 건조했던 브란타우커. 덴마크의 침공에 대비하여 실전 상황에서 킬 항의 방어 임무를 수행하였고, 승조원 탈출의 효시가 되었다.

또 독일인 빌헬름 바우어(Wilhelm Bauer)는 1851년에 브란타우커(Brandtaucher : Fire Diver, 그림3)를 제작하여 덴마크로부터 킬(Kiel) 항을 방어하는 임무를 수행하였는데 임무 도중 장비 고장으로 잠수함이 부상력을 잃고 가라앉게 되는 사태가 발생하였다. 강한 수압으로 해치(hatch : 수밀개폐문)를 열 수 없게 되자 바우어는 펌프로 잠수함 내에 해수를 끌어들여 내외부의 압력을 같아지게 하여 해치를 열고 무사히 탈출하였다. 브란타우커의 탈출 사례는 최초의 것으로 그 후 잠수함 승조원의 탈출 탱크 사용법과 특수 작전요원 탈출 등의 효시가 되었다.

그 후 잠수함은 미국 · 프랑스 · 영국 · 독일 · 이태리 · 러시아 · 일본 등 선진 제국에 의해 꾸준하게 개발되었다. 독일에서 1885년에 고트리브 다임러(Gotlieb Daimler)에 의한 내연기관 개발이 성공하고 이어서 칼 마이바하(Karl Maybach), 루돌프 디젤(Rudolf Diesel) 등에 의한 엔진 기술이 개발되자 추진용 엔진의 발전과 더불어 자동차와 일반 선박이 그러

【그림4】 막심 로붸(Maxime Laubeuf)가 설계하고 프랑스 해군에 의하여 1899년에 취역된 '나르발(Narval)'. 근대 잠수함의 효시로 본다. 2중 격벽, 220hp(164kw) 스팀엔진(steam engine)과 80hp(59.6kw) 전동모터로 추진되었고 수상 10노트, 수중 5.3노트의 속도를 내며 선체 외부에 4발의 어뢰를 탑재하였다.

하였듯이 19세기 말부터 잠수함 개발에 가속도가 붙기 시작하였다.

1886년에 프랑스 해군은 구스타프 체데(Gustave Zede)의 설계로 해군용 잠수함 짐노트(Gymnote)를 탄생시켰다. 그로부터 10년 후인 1896년에 역시 프랑스 해군은 설계공모를 통하여 보다 더 본격적인 잠수함 획득을 추구하였는데 프랑스인인 막심 로뷔(Maxime Laubeuf)의 설계가 채택되어 배수량 168톤, 86마력 추진기의 나르발(Narval, 그림4)을 건조하였고 1899년에 취역시켰다. 나르발은 짐노트에 이어 세계 최초의 본격적인 해군용 잠수함으로 간주된다.

잠수함 발전의 근대사에서 미국인 존 홀랜드(John P. Holland)[28]의 탁월한 업적을 빼놓고 잠수함 개발사를 이야기할 수는 없을 것이다. 잠수함 개발에 남달리 집념하였던 홀랜드는 그의 창의력과 기술력으로 19세기 말에 뛰어난 시험 잠수함들을 시리즈로 개발하여 홀랜드 시리즈(Holland series)를 건조하였다. 개발이 거듭 진전되어 홀랜드 8호(Holland-8)에 이르러서는 수상 항해용으로는 가솔린 엔진을, 수중 항해용으로는 전기 엔진을 사용하였다. 그의 잠수함은 당시 세계에서 가장 앞선 잠수함으로 미국·영국·일본 등 여러 나라가 이모저모로 그의 설계를 원용하고 채택하여 근대 해군 잠수함의 효시가 되었다.

1900년에 미 해군은 홀랜드 9호(Holland-9)를 SS-1으로 명명하여 미

---

28 존 홀랜드(John P. Holland) : 아일랜드 출신의 교사로서 1841년에 출생하였고, 1873년 미국에 이민 갔던 잠수함 개발의 선구자. 미 해군을 설득하여 1877년에 4마력 엔진을 장착한 전장 14피트의 1인용 잠수함 홀랜드 1호를 건조한 것을 시작으로 초기의 잠수함 발전에 큰 업적을 남겼다.

해군 선적부에 등재함으로써 미 해군 최초의 공식적 잠수함이 되었고 그 후 각국은 드러내지 않은 채 제각기 잠수함 기술 개발에 진력하여 많은 군사용 잠수함들이 명멸하였다.

1906년에 독일 U-보트의 효시인 U-1[29]과 곧 이어 U-19[30]가 출현하면서 잠수함이 양차 세계대전에서 결정적 역할을 하게 되는 20세기가 열린다. 그로부터 50여 년이 지난 1954년, 최초의 핵추진 잠수함인 노틸러스(사진3)가 미국 해군에 의하여 진수되었고 20세기가 막을 내리려 하는 1990년 대에 들어서 AIP 잠수함인 스웨덴의 A-19 (스털링 기관 : Stirling engine)와 독일의 212급(Class-212, Fuel Cell engine)이 선을 보임으로써 21세기에 들어서는 핵추진 잠수함에 AIP 잠수함이 더해져 잠수함 발달사의 새로운 지평을 열게 되었다.

한편 잠수함용 수중 무기는 영국의 엔지니어인 로버트 화잇헤드(Robert Whitehead)가 개발한 어뢰(torpedo)가 1867년과 1869년 사이의 실험에서 획기적 성공을 거두어 잠수함을 개발하던 각국에 급속하게 확산되었다. 아직 미흡한 상태에 있던 어뢰의 유효 사거리, 속력, 방향

---

29 U-1 : 1906년에 독일 해군에 의하여 취역. 전장 42.37m, 19인승, 283톤, 각기 400hp 출력의 가솔린과 전기 엔진을 장착하였고 수상 10.7노트, 수중 7노트, 17.7″(450mm) 어뢰관 1개 장착.

30 U-19 : 1913년 한 해 동안 단치히(Danzig) 조선소에서 4척 취역, 독일 해군 최초로 디젤엔진 4기를 장착하여 1,700hp 출력을 내었고 전동모터 출력은 1,200hp, 승조원 39명, 배수톤수 837톤, 수상 15.5노트, 수중 9.5노트. 갑판상에 105mm deck gun 1문과 수중 발사 무기로 4개의 450mm 어뢰관을 장착. 1906년의 U-1에서 1913년의 U-19까지 불과 7년 사이에 잠수함 성능의 발전이 얼마나 빠르게 진전되었는가를 볼 수가 있다. 당시는 독일뿐 아니라 잠수함 선진 각국 모두가 눈부신 속도로 잠수함 기술을 향상시켜 나갔다.

【사진3】 1954년에 진수한 세계 최초의 핵추진 잠수함 노틸러스(Nautilus)호

유지 능력 등은 1881년에 때마침 이루어진 오브라이(Obry)의 자이로(gyroscopic system) 개발에 힘입어 장족의 발전을 이루어 나갔다.

최초의 어뢰는 영국의 울위치(Woolwich) 소재 왕실연구소에서 1870년에 제작되었고 유효 사거리는 속력 7노트에서는 1,000야드, 속력 12.5노트에서는 300야드였다. 어뢰 기술도 급속히 발전되어 1차 대전이 일어났던 1914년에 이르러서는 직경 18″와 21″의 상당히 진전된 어뢰들이 선보이기 시작하였다.

1차 세계대전과 잠수함의 활약상

잠수함이 해군의 작전 임무 수행에 중요한 효용 가치가 있을 것임을 인지한 이래 선진국 해군들은 잠수함의 개발과 전력화에 주력하였고, 그 결과 제1차 세계대전이 발발할 즈음인 1914년에는 선진 16개국에서 이미 400여 척의 군사용 잠수함을 보유하고 있었다. 이 수의 거의 절반을 영국과 프랑스가 차지하였으나 두 나라의 잠수함들은 300톤* 미만의 해안 경비용들이었다. 반면에 독일 잠수함만은 유독 U-19급과 같이 수중 850톤 내외의 보다 더 큰 규모로서 공해상의 작전에 유리한 입장을 선점하고 있었다.

1차 대전 개전 당시, 영국 해군은 잠수함 71척을 보유하였고 31척은 건조 중이었으며 독일 해군은 33척 보유에 28척이 건조 중에 있었다. 그러나 이 나라들은 아직 잠수함 작전에 대한 경험이 없었던 탓에 잠수함의 용도에 대한 뚜렷한 개념을 갖고 있지 못하였다. 영국 등 대부분의 국가들은 잠수함이 정찰을 비롯한 수상함 작전의 보조 역할을 담당할 것으로 보았으나 오직 독일만은 잠수함이 공해상에서 수상함과는 별도로 독립적 기습 작전을 할 수 있고 또 그렇게 하여야 한다고 믿고 있었다.

1914년 7월, 1차 세계대전이 발발한 후에도 잠수함의 용도에 대한 각국의 관심은 그리 높지 않았다. 영국 해군의 대함대(Grand Fleet) 사령

---

* 본서에서 표기되는 잠수함 배수톤수는 특기하지 않는 한 수중 배수톤수임 (잠수함은 수상에 부상할 때와 수중에 잠수할 때 중량이 다르며 수중 배수톤수가 더 많다).

관 젤리코 제독(Admiral Sir John Jellicoe) 역시 당시 대부분의 해군 지휘관 들이 갖고 있던 개념과 같이 잠수함은 수상함을 위한 정찰 등 보조적 임무만을 수행할 것으로 믿고 있었다.

대함대 소속의 일부 함대가 스캐퍼 플로우(Scapa Flow) 모항으로부터 스코틀랜드 서안의 로쉬 유(Loche Ewe)로 이동하던 1914년 9월 5일, 같은 해역을 초계하던 독일 해군의 U-21(오토 헤르싱 소령, Otto Hersing)에 탐지되어 어뢰 공격을 받았고 그 결과 영국은 순양함 1척(Pathfinder)과 승조원 296명 중 259명을 잃는 큰 피해를 입었다. 이 사건은 역사상 수상함이 잠수함 공격에 의하여 침몰된 최초의 기록이 되었다.

17일 후인 1914년 9월 22일에는 독일 잠수함 U-9(오토 베디겐 대위, Otto Weddigen)의 공격에 의하여 세계 해군 사상 최초로 단 한 시간 동안에 영 국 순양함 3척(Hogue, Aboukir, Cressy)이 침몰되었고 그로부터 3주 후에 는 영국 순양함 1척(Hawke)이 또다시 U-9의 공격으로 침몰되었다. 영국 해군은 U-9의 공격으로 총 4척의 순양함과 1,600여 명의 장병을 잃었 다.[31] 이로 인하여 영국의 대함대는 모항을 스캐퍼 플로우에서 300마일 떨어진 로쉬 유로 이전하지 않을 수 없는 수모를 당하였고, 반면에 베디 겐 대위는 독일 최초의 잠수함 에이스(submarine ace) 칭호를 받았다.

독일 잠수함에 의한 영국 해군 함정의 계속된 피해 사례는 영국 해군 뿐 아니라 세계 각국의 해군으로 하여금 잠수함에 대한 새로운 경각심

---

31 Christopher Chant & Illustration by John Bachelor, *Twentieth Century War Machines-SEA*, Graham Beehag Books, 1999, p. 149.

을 갖게 하였고 잠수함으로 인하여 장차 바다에서 종래에 없었던 새로운 전쟁 상황이 전개될 것임을 예견하게 했다.

해양전략을 이야기 할 때 예외 없이 언급되고 인용되는 미국의 해양전략가 마한(Alfred Thayer Mahan)은 19세기 말에 그때까지의 해양 세계를 지배했던 사상들과 구별되는 해양전략 이론인 기동 전투함대(battle fleet)에 의한 함대결전(decisive fleet battle) 이론을 펼쳤다. 즉 해양국가의 젖줄은 해상교통로(SLOC)이므로 해양국가 간에 분쟁이 발생하면 강력한 기동 전투함대를 투입한 함대결전을 통해 상대국의 해군력을 제압하여 제해권을 장악하고 상대국 해안에 차단선을 형성, 통상로를 완전히 봉쇄(blockading)함으로써 상대국의 경제를 붕괴시키고 궁핍에 빠트려 궁극적으로 전쟁의 승리를 이끌어내는 이론이다.

한편 마한은 위의 전략 이론, 즉 함대 결전론과 반대의 개념으로 약한 국력과 약한 해군력을 보유한 국가가 선택할 수 있는 전략도 제시하였다. 대규모의 기동 전투함대 대신에 소규모의 기습전력으로 상대국의 수송선단에 대한 통상파괴전(commerce raiding operation)을 감행하는 전략이 그것인데 마한에 의하면 이러한 소규모 기습전에 의한 통상파괴 전략은 결코 기동 전투함대의 함대결전을 통한 제해권 확보와 해양통제 효과를 능가할 수 없다는 것이다.[32]

당시 영국은 양면적 전략 환경에 처하여 있었다. 즉, 함대결전을 통

---

32 Peter Padfield, 이진규 역, 『태평양 잠수함전(*War Beneath the Sea*)』(한국해양전략연구소 학술총서-13, 1998), p. 26.

하여 독일의 대양함대(High Sea Fleet)를 격파해야 한다는 결전론(決戰論)과, 대함대의 존립이 국가적 존립과 대등하리만큼 국가 생존의 절대적 요소이니 어떤 상황에서도 그 세력을 손상하거나 제해권을 상실하게 하는 위험 없이 함대를 보존해야 한다는 신중론(愼重論) 사이에서 갈등하게 된다. 그래서 영국의 대함대는 시종 독일의 대양함대에 대한 함대결전을 추구하기는 하였으나 발트해까지 진출하는 등의 모험을 감수하지는 않았다.

한편 독일의 대양함대 사령관 쉐르(Reinhart Scheer) 제독은 함정 척수와 화력 등 전력에서 영국 대함대에 비하여 현저한 열세에 놓여 있었으므로 함대결전을 피하면서 현존함대(現存艦隊) 전략을 취하여 발트해와 북해에서의 제한된 해역에 대한 제해권을 유지하였다. 따라서 영국의 대함대와 정면 충돌은 피하고 수시로 대서양에 출몰, 영국 해군의 함정 세력을 부분적으로 유인하여 분리, 차단시켜 격파하고자 하였다.

집중된 적 함대는 피하고 적의 주력 함대에서 분리된 파생 전력을 찾아 섬멸하려는 신중한 전략은 영국 해군도 마찬가지였으므로 유틀란트 해전(Battle of Jutland)을 포함한 대전 중 벌어졌던 세 차례의 영·독 간 해전[33]은 모두가 유인과 역유인의 결과로 나타난 접전들이었다.

유틀란트 해전은 영국 군함 150척과 독일 군함 99척이 접전했던 해전 사상 최대의 해상 포격전이었다. 뜻밖에 영국의 대함대와 정면으로

---

33 Battle of Heligoland Bight (1914. 8. 28), Battle of Dogger Bank (1915. 1. 24),
  Battle of Jutland (1916. 5. 31).

조우하게 되었던 독일 대양함대는 시종 후퇴하면서 영국 함대를 공격하고 영국 대함대는 추격하면서 독일 대양함대의 퇴로를 차단하는 노력을 하는 전투 양상이 벌어졌다. 약 12시간 동안 지속된 포격전에서 영국 해군 피해는 인명 손실 6,999명과 군함 격침 14척 111,980톤이고 독일 해군 피해는 인명 손실 2,921명과 군함 격침 11척 62,233톤이었다. 독일 대양함대는 후퇴하면서 훨씬 더 우세한 대함대를 맞아 열세에 놓였음에도 불구하고 포격전에서 유리한 전투를 하여 전술적 승리를 거두었음을 자부하였다.

그러나 그 후에도 교전 이전과 같이 독일의 대양함대는 영국의 대함대와의 교전을 계속 피하였고 독일 주변의 발트해와 북해의 제한된 해역에만 갇혀 있는 양상이 지속되어 영국의 대함대는 전쟁 기간 동안 대서양의 제해권과 독일에 대한 해양 봉쇄 상황을 유지할 수가 있었다. 결과적으로 유틀란트 해전에서 독일은 전술적 승리를, 그리고 영국은 대서양에서의 우세를 확인하고 대독(對獨) 해상 봉쇄를 더 확실하게 하는 전략적 승리를 거두었다.

한편 독일 해군은 대서양에 대한 제해권을 장악하지도 못한 상대적으로 약한 해군력이었지만, U-보트를 앞세운 과감한 통상파괴 작전을 펼쳐서 대영(對英) 무역 봉쇄를 밀고 나가 영국으로 하여금 미국의 협력이 없었더라면 항복의 위기에 직면해야 할 만큼 궁지로 밀어넣는 크나큰 전과를 거두었다. U-보트에 의한 독일의 대영 통상파괴와 무역 봉쇄 작전은 그 당시에는 전혀 예측할 수 없었고 종래에는 없었던 새로운 전쟁 양상이었다.

　일부의 해군 전략가들은 당시의 영국 해군이 상선단의 호송 (convoy)에 전념하지 않고 독일 U-보트의 소탕 (hunting)에 집착했던 것이 패착(敗着)이었다고 지적한다. 일리 있는 지적이기는 하지만, 같은 현상 즉 독일 U-보트에 의한 영국 상선단의 대량 격침 현상은 그 후 호송에 많은 노력을 집중했던 2차 대전에서도 동일한 양상으로 재현되었다. 이는 수많은 상선단에 대한 철저한 호송이 용이하지 않을 뿐 아니라 잠수함과 같은 게릴라적 무기에 의한 통상파괴 작전은 당시의 영국과 같이 강력한 해군을 보유한 강대국도 대응하기가 지극히 어렵다는 사실을 입증한다.

　대서양에서의 1차, 2차 세계대전을 이야기 한다면, 누구나 우선 독일 잠수함에 의한 무제한적인 통상파괴 공격으로 해상교통로가 차단되면서 영국을 비롯한 연합국이 입었던 심각한 파국을 먼저 상기할 것이다. 1차 대전 초기의 독일 잠수함 공격은 주로 영국 해군의 수상함들에게 집중되어 있었다. 그 후 독일은 영국과 같이 자원이 부족하여 해외로부터 생필품과 대부분의 전쟁 물자를 바다를 통하여 수입하여야 하는 섬나라에게는, 해상교통로 보호가 국가의 운명을 결정짓는 요소임에 유의하게 되었다. 그래서 독일 잠수함 부대는 작전 방향을 바꾸어 군함 공격으로부터 상선 공격에 의한 통상파괴에 주력하였다.

　당시만 하여도 상선에 대한 군함의 공격은, 정선(停船), 검색 및 인원의 안전 대피 과정을 거친 후에야 가능하도록 국제법이 규정하고 있었다. 그 예로, 1914년 10월 13일 영국 기선 글리트라(Glitra)호를 공격한 독일 잠수함 U-17은 그런 국제법을 철저하게 준수하여 인원을 가까운 노르웨이로 대피시킨 다음에야 상선을 침몰시켰다.

그러나 그 후 벨기에의 피난민을 수송 중인 애미럴 과텀(Amiral Guataume)호를 병력 수송선으로 오인하여 독일 U-24가 경고 없이 공격하여 침몰시키자 연합국 측은 이를 국제법 위반으로 거세게 항의하였다. 반면에 독일 수뇌부는 그와 같은 경험들을 통해 잠수함에 의한 통상파괴가 전세를 호전시킬 것이라는 확신을 얻게 되었다. 1915년 2월, 독일은 영국 근해를 일괄적 전쟁구역(War Zone)으로 선언하고 해당 해역 안에서는 영·불 선박은 물론이고 중립국 선박의 안전도 책임질 수 없음을 천명하였다.

독일의 전쟁구역 선언은 즉각적인 변화를 보였다. 1915년 1월에는 영국과 프랑스의 상선 침몰이 47,900톤이었으나, 전쟁구역 선언 후에는 월간 상선 침몰이 185,000톤으로 급격하게 증가하였다.

독일 잠수함의 무차별적 통상파괴 작전에 대한 영국과 프랑스 해군의 대책은 거의 속수무책이었다. 한편 영국과 프랑스 상선에 대한 독일 잠수함의 통상파괴는 필연적으로 전쟁과 무관한 다수 민간인의 희생도 초래했고, 그 중에는 미국인을 포함한 중립국 민간인들이 불가피하게 포함되어 있었다.

이로 인하여 미국을 위시한 전세계 여론이 독일에 극심한 비난과 항의를 제기하였다. 그 결과 미국 국민들의 항독 참전 여론이 고조되었고,

이는 미국의 참전을 열망했던 영국의 기대와 더불어 급기야 미국이 참
전을 결정함에 있어 촉매제의 역할을 하였다. 미국은 독일의 무제한적
잠수함 작전이 계속 발전될 경우 궁극적으로 자국에 대한 심각한 잠재
적 위협이 될 것임을 인식하였다.

미국이 참전한 1917년 4월의 영국은, 독일 잠수함의 무차별적인 통상
파괴 작전으로 인하여 해상 수송이 대부분 차단되어 대륙과의 무역이 거
의 중단된 상태였고, 군수품, 연료, 생필품 등이 고갈되어 몇 주만 같은
사태가 계속되면 항복하지 않을 수 없는 막다른 상황에 몰려 있었다.[34]

독일 U-보트의 상선단 공격으로 영국이 국가 존망의 위기에 몰렸던
1917년 초에 영국 해군 사령관 제리코 제독은 해군성 장관에게 다음과
같은 보고서를 제출하였다.

"우리 영국 해군은 기동 전투함대의 활약으로 완전한 해양 통제권을
장악하고 있는 것 같이 보이지만 실상은 그렇지 못합니다. 수상에서
벌어지는 전투는 우리가 완전히 승리하고 있지만 독일 U-보트들은
우리의 해상교통로에 침입하여 우리 수송 선박들을 마음대로 공격하
고 있습니다. 우리는 이 사태의 심각성을 분명히 인식하고 적절한 대
책을 조속히 수립해야 합니다."

---

34 미국이 참전할 당시인 1917년 4월 영국의 식량 비축량은 6주 분에 불과했고 (C. Chant & Illustration
by J. Bachelor, 앞의 책, p. 172), 연료 비축량은 8주 분이었다 (김혁수, 『잠수함 탐방』, 을유문화사,
1999, p. 37).

영국은 심지어 생존에 필수적인 물자 이외에는 수송을 금지하는 조치까지 취함으로써 어떻게든 U-보트 공격으로 인한 상선단 손실을 줄이고자 했으나 그것만으로는 충분한 해결책이 되지 못하였다. 그 즈음 제리코 제독은 또 다른 보고서를 해군성에 제출하기도 하였다.

"……그러나 우리 영국이 보유하고 있는 능력만으로 독일 U-보트에 의하여 야기되고 있는 이 문제를 해결할 수 없으며 즉각적인 미국의 지원이 필수적입니다. 만약 제가 제시한 지원을 미국으로부터 얻어내지 못한다면 결국 영국 해군은 국가와 굶주림으로 고통을 받는 국민들로부터 책임을 면하지 못하게 될 것입니다." [35]

1917년 4월 미국의 전면적 참전으로 전열을 가다듬은 연합군 측은 방대한 대잠 입체작전을 전개하였고, 영국은 간신히 기사회생(起死回生)의 기회를 잡게 되었다. 반면에 독일측은 크게 확대된 전장에 적응할 잠수함 척수의 절대 부족으로 급속하게 전열이 흐트러지면서 패전의 늪에 빠져들었다.

독일은 1918년 11월 1차 세계대전이 종결되기까지 811척의 잠수함 건조를 결정하고 종전되기까지 768척을 발주하였다. 전쟁이 종식되자 그 중에서 400여 척은 건조 중에 폐기되었고 178척은 전쟁 중 손실되

---

35 Peter Padfield, 이진규 역, 앞의 책, p. 27.

어 47%의 장비 손실율을 보였다. 한편, 인원 피해 면에서는 장교 515명, 사병 4,849명이 전사하여 40%의 인원 손실을 보였다. [36]

그러나 그 대가로 치루어진 연합국 측의 손실은 실로 막대한 것이었다. 연합국 측은 선박 1,200여 만 톤의 손실을 입었는데 특히 주전국이었던 영국은 선박 2,000여 척(900만 톤)이 침몰되고 14,000여 명의 승조원이 희생되었다.[36] 이 무렵 영국의 대외무역은 거의 궤멸 상태였음은 말할 것도 없다.

여기서 무엇보다 주목해야 할 점은 독일 잠수함에 대항하기 위하여 연합국은 함정 5,000여 척, 항공기 2,000여 대와 병력 70만 명이라는 엄청난 전력을 투입할 수 밖에 없었다는 사실이다.[37]

이는 제해권이 적국의 손에 있는 어려운 상황 아래서도 적국의 상선단에 대한 통상파괴 및 해상교통로 봉쇄와 이로 인한 경제의 붕괴를 이끌어내는 일에 잠수함이 얼마나 무서운 위력을 발휘하는가 하는 것과 자원이 빈곤한 섬나라에게 해상교통로가 얼마나 중요한 것인가를 여실하게 입증한 역사적 교훈을 남긴다. 이는 또한 게릴라적 특성을 지닌 잠수함이 얼마나 위력 있고 경제적인 전쟁 수단인가를 단적으로 보여주는 생생한 교훈이다.

반도 국가이기는 하나 실질적으로 섬나라와 같은 오늘날 우리 나라의 현실, 또한 이웃 나라 일본도 전형적인 자원 빈국형 섬나라라는 점,

---

36 C. Chant & Illustration by J. Bachelor, 앞의 책, pp. 171, 172, 175.
37 김혁수, 앞의 책, p. 37.

그리고 중국 역시 국가 경제 운영의 절대적 무게를 해양에서의 수송에 의존하고 있다는 점 등을 고려할 때 우리들은 이러한 교훈에 깊이 유의하여야 할 것이다.

절박했던 1차 세계대전의 경험을 소홀히 한 전후의 영국 해군

   1차 세계대전 종전 후 패전국인 독일 해군 잠수함 176척은 각기 지정된 중립국 항구에 집결되었고, 연합군은 한때 자기들을 거의 패전의 위기로 몰아 넣었던 독일 잠수함에 대한 신속한 분석 평가를 실시하였다. 105척의 독일 잠수함이 영국에 투항하였고 영국 해군은 그 중 3척을 평가 목적으로 사용했다. 46척은 프랑스에 투항하였고 프랑스 해군은 그 중에서 10척을 현역에 편입하였다. 그밖에 이태리에 10척, 일본에 7척, 미국에 6척이 배당되었고 영국에 투항한 잠수함 105척 이외의 추가 2척은 그 후 다시 벨기에로 이관되었다.[38]

   연합국 간의 합의에 따라 프랑스를 제외한 각국의 독일 잠수함들은 1922년과 1923년 사이에 모두 폐기 처분되었다.

   베르사이유 협약에 따라 잠수함의 건조와 보유가 금지되었던 독일

---

38 C. Chant & Illustration by J. Bachelor, 앞의 책, p. 175 ; Dorr Carpenter and Narman Polmar, *Submarines of the Imperial Japanese Navy*, 1986, p. 71.

은 패전 후 연합국의 심한 감시 속에서도 화란에 유사 조선소를 마련하고 잠수함 건조 기술과 승조원의 운용 능력을 유지하기에 안간힘을 썼다. 반면 1차 대전 중 독일 잠수함으로 인하여 국가 존망의 막다른 위기로까지 몰렸던 영국은 승전감에 도취된 나머지 또다시 독일의 잠수함으로 인한 국가 재해가 오리라는 것은 상상도 인정도 하지 않았다. 그에 더해서, 당시에 개발하여 실용화된 대잠 음탐기(音探機)인 ASDIC(Allied Submarine Detection & Investigation Committee)에 대한 과신으로 잠수함은 이제 더 이상 위협이 되지 못한다는 근거 없는 낙관에 젖어들었다.

그 뿐만 아니라 유효 탐지거리 4km인 Type-271 레이더(radar)와 독일 잠수함 간의 통신을 포착하여 400m 이내의 잠수함 위치를 확인하

【사진4】 독일 해군 제1잠수함 전단(1st Submarine Flotilla) 소속 잠수함들과 잠수함 지원함(depot ship)이 2차 대전 발발 전인 1937년 킬(Kiel) 항에 평화롭게 정박하고 있다.

는 Huff-Duff 통신기도 개발하였다. 이런 기술적 발전이 영국의 대잠 전 능력에 힘을 더한 것은 사실이나 영국 해군의 대잠수함 경계심을 해이하게 하는 역기능으로도 작용하였다.

잠수함의 중요성을 여전히 간과했던 영국 해군은 1차 대전 후 신형 잠수함의 개발에 관심을 경주하기는 했지만, 여전히 잠수함은 수상함의 보조 수단으로서 특수 정찰 임무를 수행한다는 제한적 개념에서 벗어나지 못하였다.

1935년 6월 18일에 조인된 영국과 독일 간의 해군협정[39]으로 독일의 모든 수상함 세력은 톤수에 있어 영국의 35%를 초과하지 못하나, 잠수함만은 45%에서 상호 합의 아래 100%까지 증가할 수 있도록 허용한 사례만 보아도, 영국이 한때 국가의 존망이 흔들릴 정도로 혹독하게 혼이 났던 독일 잠수함에 대하여 얼마나 느슨한 경계심을 가졌던가를 단적으로 보여준다.

1939년 2차 세계대전이 발발하였을 당시 독일 해군은 56척의 잠수함을 보유하고 있었던 반면(사진 4) 영국 해군은 겨우 38척의 잠수함만이 가용하였다. 그나마도 이들 잠수함들은 독일 해군 수상함에 대한 정찰 임무에 주로 투입되고 있었다.

---

39 1935년 영·독 해군협정으로 독일측에 허용된 함종별 톤수 : 전함-184,000톤, 중 순양함-51,000톤, 경 순양함-67,000톤, 항모-47,000톤, 구축함-52,000톤, 잠수함-24,000톤. Karl Dönitz, 안병구 역, 『10년 20일(*Ten years and Twenty Days*)』(도서출판 삼신각, 1995), p. 23.

2차 세계대전과 태평양에서의 잠수함 작전

1941년 12월 7일 일본의 진주만 공격은 필리핀, 말레이시아, 싱가폴, 홍콩 등 동남아시아 도처에 주둔하고 있던 미국과 영국군에 대한 거의 동시 공격으로 이어졌다. 전술한 바와 같이 진주만 공격으로 입은 피해가 너무 심각하여 미 해군은 태평양에서의 대일 전쟁 수행에 수세적 입장에 서게 되었고 대폭적 전략 수정이 불가피한 상황이었다.

당시 진주만을 떠나 있었던 덕에 기습공격을 모면한 항공모함 3척과 잠수함 51척이 전쟁 초기 태평양함대가 사용할 수 있었던 주력 함정들이었다. 대전 개시 직전인 1930년대 말에 미 해군은 P급(P-Class) 10척, S급(S-Class) 16척, T급(T-Class) 12척의 잠수함을 건조하였고 이들을 포함하여 미 해군 잠수함은 모두 113척이었다. 그 중 64척은 1차 세계대전에 참전하였던 노후 잠수함으로 거의 사용 불가 상태였고 9척의 순양 잠수함(submarine cruiser) 역시 사용 불가 상태여서, 실제 사용 가능한 잠수함은 모두 전쟁 직전에 건조하였던 40척에 불과하였다. 다행히 전쟁 발발 당시 73척의 잠수함 건조가 승인되어 그 중 32척의 건조가 진행 중이었다. 미 해군은 태평양 전쟁 발발 후 즉각적으로 민간 조선소 2개소와 해군 공창 1개소를 잠수함 조선소로 개조하고 잠수함 건조에 전력을 투입하였다.

GM, 페어뱅스 모르스(Fairbanks & Morse) 같은 기업의 활약으로 엔진, 전동모터 등 주요 잠수함 기자재들의 성능 개량과 공급이 매우 원활하여 잠수함의 건조는 순조롭게 진행되었다.

2차 대전 기간 중 미 해군의 잠수함 확보는 확실한 표준화 개념을 근간으로 추진되었다. 그래서 2,400톤 내외의 가토(Gato)급 73척, 발라오(Balao)급 132척, 텐치(Tench)급 30척 등 주력 잠수함들의 표준화에 성공하였고 이로 인하여 건조, 작전운용, 군수지원 등 모든 효율 면에서 확실한 성공을 거두었다.[40]

한편 태평양 전쟁이 개시된 1941년 12월, 당시 일본 해군은 연합함대 14척, 3함대 4척, 4함대 9척, 6함대(잠수함 함대) 31척, 쿠레(Kure) 해역사 5척 등 모두 63척의 잠수함을 보유하고 있었다.[41] 전쟁 개시 후 일본 해군의 잠수함 세력 구축 노력은 표준화를 앞세웠던 미국과는 판이하였다. 일본 해군은 전쟁 중 다양한 잠수함을 설계 건조하였는데,[42] 대표적인 잠수함형으로서 K-6급 18척(1,446톤, 계획량 88척)을 위시하여 KS급 18척(782톤, 계획량 27척), B-2급 6척(3,600톤, 계획량 14척), B-3급 3척(3,668, 계획량 32척), C-2급 3척(3,564톤, 계획량 10척), C-3급 3척(3,644톤, 계획량 45척), D-1급 12척(2,215톤, 계획량 104척), A-1, A-2급 4척(4,172톤), STo급 4척(6,560톤, 계획량 18척) 그리고 인간어뢰(human torpedo)로 호칭되는 4종의 카이텐(Kaiten)급 소형(Midget) 잠수정과 여기에 열거되지 않은 기타 함형도 다수 건조하여

---

40 C. Chant & Illustration by J. Bachelor, 앞의 책, p. 207 ; Naval Submarine League, *United States Submarines* (Barnes & Noble Books. Inc., 2004), p. 116 : Gato급 77척, Balao급 119척, Tench급 25척.

41 D. Carpenter and N. Polmar, 앞의 책, p. 12.

42 C. Chant & Illustration by J. Bachelor, 앞의 책, p. 208.

다분히 갈짓자 걸음을 연상하게 하는 잠수함 전력 구축을 추구하였다. 이와 같은 비표준적 잠수함 전력 증강 노력은 대전 중 일본 해군 수뇌부의 부적절한 잠수함 확보 전략을 여실히 엿보이게 한다.[43]

태평양 전쟁 발발 초기 미국과 일본 해군 양 진영의 대전략(grand strategy)에는 공통점이 있었다. 그것은 함대결전(decisive fleet battle)을 거쳐 상대방 함대의 주력 전투 세력을 격파하고 기선을 제압한 후 기동함대 전력으로 제해권을 장악한다는 것이었다. 이는 해양 전략가 마한의 전략이론과 맥락을 같이 한다.

일단 제해권을 장악한 후의 미국 전략은 일본 열도를 완전히 봉쇄하고 일본의 항복을 유도하는 것인 반면에 일본의 전략은 미국을 협상 테이블에 끌어내어 일본이 그 당시에 이미 확보하고 있던 원유 등 해외 자원 공급원이 되는 식민지들에 대한 기득권을 굳히는 것이었다.

당시 미국은 이미 세계 최강의 산업 국가로 발전해 있었고 신기술과 강력한 공업력을 바탕으로 국민 총생산량이 일본의 10배를 넘고 있었다.[44] 따라서 일본의 대미(對美) 전쟁 도발은 양국의 국력 차이와 당시의 상황을 비교해 볼 때 처음부터 무리한 측면이 많았다. 연합함대 사령관 야마모토 이소로쿠(山本五十六) 제독 등 일부 일본인들은 대미 전쟁을 최종 결정했던 1941년까지 전쟁 반대 의사를 굽히지 않았다.

---

43 다음에 언급하겠으나 일본 해군이 2차 대전 후 1950년대부터 시작한 잠수함 증강 노력은 철저한 표준화 계획을 근간으로 한 점진적 개량 및 발전 모델을 추진하고 있다. 그것은 2차 대전의 실패에서 얻은 교훈 때문일 것으로 보는 시각이 있다.
44 P. Padfield, 이진규 역, 앞의 책, p. 54.

기본적 국력이 미국에 비해 절대적으로 열세인 일본의 입장에서 전쟁의 장기화는 궁극적으로 패전을 의미하기 때문에 일본 해군은 함대결전을 통한 태평양에서의 힘의 우위 확보와 미국에 대한 우월적인 협상 위치를 최대한 빠른 시일 내에 실현하여야 한다는 현실적 요구에 쫓기고 있었다.

양국 해군은 그와 같은 대전략을 위해 잠수함 전력을 함대결전에 기여가 되는 방향으로 교육하였다. 이에 따라 두 나라의 잠수함 승조원은 상대방의 결정적 전력(critical forces)인 전함, 항공모함, 순양함 등 대형 함정 공격에만 치중한 훈련을 받았다.

그 후 미국 해군은 그런 전략에 오류가 있음을 인정하고 곧 전략을 수정하여 잠수함 전력을 구축함, 군수 지원함 등에 대한 공격과 특히 일본 상선단에 대한 통상파괴에 광범위하게 투입하였다. 이로 인하여 일본은 전쟁 전반에 걸쳐서 결정적 손실을 보게 되었다.

미국과는 달리 일본 해군은 그들 특유의 경직성으로 인하여 함대결전에 초점을 둔 전략에서 벗어나지 못하였다. 그 결과 일본 잠수함은 전쟁 내내 미국의 상선단에 대한 통상파괴에서는 이렇다 할 전과를 거두지 못하였다. 상부 지시를 엄격하게 준수했던 일본 잠수함 함장들은 표적 목록(target list)에 수록되어 있지도 않은 미국 상선단 공격은 생각조차 할 수 없었다.

일본 해군 수뇌부는 대규모의 함대결전에만 초점을 맞추어 모든 준비를 이에 집중시켰다. 그러나 4년 간에 걸쳐 수많은 해상 전투가 벌어졌지만 전함, 항공모함, 순양함, 구축함, 잠수함 등 전 함대 주력이 집결된 대규모 함대결전은 단 한번도 일어나지 않았다. 결론적으로 일본 해군의 대전략은 완전히 빗나갔고 그에 따른 적절한 전략 수정도 적시에 뒤따르지 못했다.

일본 해군은 전쟁 초기에 미 해군에 비하여 전체적으로 더 우세한 전력을 보유하고 있었다. 또한 자국 잠수함이 세계 최강의 성능을 보유하고 있고 승조원의 훈련 수준도 최고 수준이라는 강한 자부심을 가지고 있었다. 그러나 1945년 종전 후 미국 해군 조사팀의 조사 보고에 의하면 당시 일본 해군의 잠수함 성능이나 전술, 교육훈련 수준은 사실상 미 해군의 수준보다 훨씬 뒤떨어져 있었다고 한다. 더욱이 미 정보국에서는 일본 해군의 작전 통신을 거의 완벽하게 감청하고 있었으므로 미 해군은 일본 함대와 잠수함의 행동을 사전에 파악하고 대비책을 강구할 수 있었다.[45]

1942년 6월의 미드웨이(Midway) 해전[46] 에서 일본 해군은 세계 최강을 자랑하던 제1기동함대의 항모 4척을 순식간에 잃는 결정적 패배를 당하였고 1942년 가을의 과달캐널(Guadalcanal) 전투에서도 참패하자

---

45 P. Padfield, 이진규 역, 앞의 책, p. 62.
46 미드웨이 해전에서의 일본 해군 항모 전력(카가, 소오류, 아카기, 히류) 손실은 진주만 공격 이래 그때까지 함대 세력의 우세를 유지하면서 공세를 지속하였던 일본 해군의 기세가 꺾이고, 수세에 몰려 있던 미 해군이 해상작전의 주도권을 잡기 시작하는 일대 전기를 가져왔다. 미드웨이 해전을 함대결전이라 할 수도 있겠으나 그것은 항공모함 위주의 해전으로서 주력함대가 대거 참전하여 제해권을 판가름하는 전통적 개념의 함대결전으로는 보지 않는다.

수적으로 우세한 전력을 가지고 있으면서 태평양 전쟁에서의 승리를 믿었던 일본 해군 수뇌부는 뜻밖의 결과에 당황하지 않을 수 없었다.

이들 주요 해전들을 자세히 살펴보면, 일본 해군이 조기 결전의 조바심 속에서 함대결전에 지나치게 편중하는 전략적 패착(敗着)을 저질렀음과 전술적으로도 두 가지 작전에서 결정적 실패가 있었음을 관찰할 수 있다. 그 첫째는 정보전에서의 실패이고, 둘째는 잠수함전에서의 실패이다. 만약 일본 해군의 작전계획과 행동에 대한 통신 보안이 유지되어서 통신 감청으로 야기된 엄청난 작전 손실이 예방되고, 당시에 강력한 전력을 가지고 있던 일본 해군 잠수함 부대가 잠수함 고유의 특성을 살려 독자적 작전을 펴면서 상대국의 수상함과 상선단 파괴 등 잠수함 본연의 임무를 활발하게 수행하였더라면 주요 해전에서 일본 해군이 결정적 승리를 거둘 수도 있었을 것이라고 보는 것이 해군 전략가들의 지배적 견해이다.[47]

전황이 불리하게 전개되어 일본군이 태평양 도처의 도서에 고립되는 심각한 사태가 빈발하자, 일본 해군은 전투용 잠수함들을 도서에 고립된 일본군을 위한 수송작전에 투입하기 시작하였다. 수송작전에 대한 잠수함 지휘관들의 반발이 심하자 일본 대본영은 1942년 11월에 이르러 가용한 모든 I급 (I-Class)[48] 주력 잠수함들로 하여금 현재의 작전을 중

---

47 D. Carpenter and N. Polmar, 앞의 책, p. 27.
48 일본 해군 잠수함은 대형 I-Class, 중형 RO-Class, 소형(해안 방어용) HA-Class로 분류하였다.

단하고 수중 수송작전에 참가할 것을 명령하였다.

그리하여 처음에는 과달캐널 한 섬에만도 16척의 전투용 잠수함이 수송작전에 투입되었다. 6,560톤의 초대형 STo급 잠수함은 한번 왕래할 때마다 이 섬에 주둔하는 전 일본군이 2일 간 지탱할 수 있는 보급품을 수송할 수 있어 인기가 높았다. 그러나 잠수함 승조원들은 수송임무를 달가와 하지 않았고 그로 인하여 승조원들의 사기는 심각하게 저하되었다.

기존 전투용 잠수함에 의한 수송작전 수행이 한계에 이르자 아예 수송용 잠수함의 건조 의견이 제기되어 일본 해군 특유의 수송 잠수함(transport submarine) 계획이 현실화되었다.

109척 건조를 계획하였던 D-1급(I-361~I-372, 2,215톤) 12척이 모두 1944년에 취역되었고, D-2급(2,240톤)은 6척(I-373 ~ I-378)이 건조에 들어갔으나 I-373만 1944년에 취역되었으며 기타 5척은 1945년의 종전까지 완성되지 못하여 폐기되었다. D-1급과 D-2급은 수송용으로 설계되었으므로 어뢰 발사관(torpedo tube)이 없는 잠수함이다. SS급(HA-101 ~HA-112, 493톤) 12척도 1944년과 1945년에 취역되었고 대부분 종전과 함께 투항하였다. 이들 '수송 잠수함'들은 계획부터 수송용으로 설계되어 과달캐널 등 도처의 고립된 도서들에 잔류하는 일본군들을 위하여 식량 등 군수품과 약품을 수송하고 귀로에는 부상병들을 실어 날랐다. 예컨대 D-1급 수송 잠수함은 110명의 인원과 22톤의 군수품 적재능력을 보유한 전형적 수중 화물선이었다.

이와 같은 일본 해군의 본격적 수송 잠수함 계획은 다른 나라들의 잠수함 역사에서는 볼 수 없는 독특한 것이다.[49] 일본군이 직면했던 당시의 절박했던 정황은 이해가 되지만 잠수함을 수송선으로 전락시킴으로써 잠수함 고유의 엄청난 잠재력을 활용하지 못한 것과 수송 임무가 잠수함 승조원들의 사기를 심각하게 저해했던 점 등이 지적된다.

그 외에도 STo급 잠수함과 소형 잠수정은 일본 해군의 독특한 잠수함 작전 개념의 일단을 여실하게 보여준다.

승조원 144명 6,560톤의 STo급(I-400 series)은 역사상 존재했던 재래식 잠수함 중 최대형으로 어뢰 4발과 폭탄 15발을 탑재한 특수 공격용 비행정(飛行艇) 3대와 비행정 1대를 완성할 수 있는 반조립 비행정 자재 1set, 20발의 어뢰, 5.5″포 1문, 25mm 대공포 10문 등을 탑재하였다. 일본 해군은 STo급 잠수함 탑재 비행정으로 미 본토 전략 거점을 공격[50] 하고 또한 파나마 운하를 파괴함으로써 미 해군의 대서양과 태평양 간의 단축 항로를 차단하여 대서양 해군 세력이 태평양으로 이동하는 것을 지연시키려 하였다. 그러나 STo급 잠수함은 설계와 건조에 투입된 막대한 재원에도 불구하고 수송용 잠수함으로서 일시 두각을 나타내

---

49 D. Carpenter and N. Polmar, 앞의 책, pp.29, 139.

50 1942년 8월에 I-25(메이지 타가미 중령) 잠수함은 미국 본토인 오리건(Oregon)주의 케이프 블랑코 (Cape Blanco)에 근접해서 항공 준위 노부오 후지타와 사병 쇼지 오쿠다의 조종 아래 탑재 항공정을 발진하였고, 그 항공정은 오리건 주의 밀림지대에 두발의 방화탄(fire bomb)을 투하하고 무사히 모함인 I-25에 귀환하였다. 이것은 2차 대전 중 일본 항공기가 미 본토를 공격한 유일한 기록이 되었다. 전반적으로 STo급 잠수함 탑재 항공정의 활약은 미미하였다(위의 책, p. 21.).

었던 것 외에는 이렇다 할 전과가 없었다.

　오직 일본 해군에만 있고 또 있을 수 있는 독특한 잠수함 계획의 또다른 예로 인간어뢰라 불리는 자살 공격용 잠수정 카이텐급이 있다. 일본 해군은 1943년 이후 전세가 기울자 소형 잠수정과 자살용 잠수정의 양산에 몰두하였다. 이 잠수정들은 코류(Koryu)급 D형(540척 계획, 115척 건조, 59 2/3톤, 사진5)과 카이류(Kairyu)급 (760척 계획, 244척 건조, 19 1/4톤), 그리고 카이텐급(18 1/3톤) 자살 공격용 잠수정 등이며 모두 1943년과 1944년에 건조되어 1944년부터 1945년에 전투에 투입된 소형 잠수정들이다.

　카이텐급은 카이텐-1에서 카이텐-10형에 이르기까지 모두 400여

【사진5】 코류(Koryu)급 소형 잠수정. 종전 후 미 해군은 일본 해군 소형 잠수정 계획의 방대함에 놀랐으나, 전쟁 중 소형 잠수정 역할은 매우 미미하여 작전 현장에서는 그 존재조차도 이렇다 하게 부각되지 못하였다.

척이 건조되었다. 큰 기대와 더불어 1945년 1월부터 7월까지 6개월간 아홉 차례에 걸쳐 대대적인 카이텐 자살 공격이 전개되었으나 이렇다 할 전과를 거둔 바는 없다.[51] (사진6)

카이텐 자살공격은 항공기에 의한 카미카제 공격과 더불어 패전의 늪에 점차 깊게 빠져들던 일본 해군의 한 가닥 희망을 건 마지막 작전 수단이었다. 일본군은 훈련 중인 카이텐 승조원들에게 사명감을 고취 시키기 위하여 작전이 펼쳐질 때마다 "x척의 전함, x척의 항공모함, x

---

51 당시 일본 해군은 항모 탑재 항공기에 투입될 다수의 파일럿을 양성하고 있었으나 1942년 6월 이후의 해전에서 항모부대가 크게 괴멸되어 이들 파일럿들의 당초 목적에 따른 임무 부여가 불가능하게 되었 다. 이들 젊은 파일럿 지망생들 중 상당수가 그 후 카이텐 자살공격 잠수정 요원으로 지원하였다.

척의 순양함을 카이텐 x호가 침몰시켰다”는 식의 터무니없는 발표를 계속하여 승조원들의 미국의 항공모함 등 대형 함정에 대한 격침 의욕을 고무시켰다.

그러나 실상은 1945년 6월 24일 I-54에서 발진한 카이텐이 2척의 미국 수송함에 손상을 입히고 한 척의 호위 구축함(Underhill)을 격침시킨 것이 카이텐 작전 성과의 전부였다. I급 잠수함은 통상 6척의 카이텐을 대동하고 출격하였는데 이들을 작전 해역까지 접근시키기 위하여 모(母) 잠수함들이 무리하게 미 해군의 대잠 경계망을 뚫고 들어가다가 오히려 모 잠수함 자체가 발각되어 피해를 입는 사례가 빈발하였다.[52]

같은 예가 코류급이나 카이류급 소형 잠수정의 경우에도 적용된다. 다수의 소형 잠수정이 건조된 것은 사실이나 전투에 투입되어 미 해군에게 공격을 가하여 피해를 입힌 사례는 별로 알려진 바가 없다.

STo급 초대형 잠수함이나 카이텐급을 위시한 소형 잠수정 모두 특수 목적을 위하여 구축한 일본 해군 특유의 잠수함 전력이었으나 소기의 목적을 달성하지 못한 실패 사례로 기록되고 있다.[53] (사진7)

앞의 사례에서 보듯이 일본 해군은 잠수함을 미국의 수상함 공격과 상선단에 대한 통상파괴 등 독자적인 작전을 수행하는 전략적 무기로 보지 않고 시종 수상함 작전의 보조 수단으로 운용함으로써 잠수함으

---

52 P. Padfield, 이진규 역, 앞의 책, p. 292.
53 D. Carpenter and N. Polmar, 앞의 책, pp. 54~62.

로부터 거둘 수 있는 막대한 이점을 상실하였다.

태평양 전쟁 기간 중 일본 잠수함 부대는 항모 2척, 순양함 2척을 포함하여 15척의 연합국 해군 함정과 연합국 상선 179척, 90만톤을 격침시켰다. 반면, 일본 잠수함의 피해는 매우 심각한 수준으로, 독일과 이태리가 제공한 6척의 잠수함(소형급은 제외)을 포함한 정규 잠수함 참전 169척 중 131척을 상실하고 일부는 퇴역도 하여 종전 시에는 44척의 잠수함만이 잔류하였다.[54]

상선단의 경우 1939년 태평양 전쟁 발발 당시 일본은 2,337척을 보유하였으나 1945년 8월 종전 당시에는 231척의 상선만이 잔류하여 처절하였던 태평양 전쟁의 단면을 보여준다.[55] 일본 상선 중 일부는 미국

【사진7】 2차 세계대전 당시 세계 최대의 잠수함이었던 일본 해군의 STo급(I - 400함)이 일본이 항복함에 따른 함 인도를 위하여 1945년 8월 미 해군 잠수함 모함인 'Proteus'함에 접근하고 있다. 미 해군은 I - 400 잠수함을 분석·평가한 후 1946년 미국으로 이관하여 폐함 처리하였다.

항공기 공격으로 희생되었고 85%에 달하는 대부분의 상선들은 미 해군 잠수함에 의하여 침몰되었다. 상선단의 붕괴에 따라 해상 수송 능력이 거의 소멸되자 그로 인하여 자원 빈국인 일본은 경제가 붕괴되면서 급속히 패전의 길로 빠져들어갔다.[56]

일본 해군과는 달리 미 해군 잠수함 작전은 효율성이 높았다. 개전 초기에는 잠수함 탑재용 디젤엔진과 어뢰의 성능이 별로 좋지 않아 난항을 겪었고, 전과도 부진하였으나 개전 1~2년 사이에 이들 기술적 문제들을 모두 극복하였다. 미국 잠수함은 독일 해군 잠수함 전술과 유사한 늑대떼(wolf-pack) 작전을 구사하기도 하고 대 수상함전, 통상파괴전 이외에도 잠수함이 수행 가능한 정찰, 인명구조, 특수전, 상륙전 지원 등 다양한 작전을 활발하게 펼쳤다.

---

54 D. Carpenter and N. Polmar, 앞의 책, pp. 153~155. 한편 C. Chant & Illustration by J. Bachelor, 앞의 책, pp. 211~214의 기록에는 일본의 정규 잠수함 참전 245척, 손실 149척, 잔류 96척, 그리고 김혁수, 앞의 책, p. 42에는 일본 잠수함 참전 187척, 손실 129척, 잔류 58척. 일본 잠수함의 전쟁 중 손실 척수는 공식적으로도 그 숫자가 일치하지 않으며 많은 경우에 잠수함 침몰 일자도 불명확하다. 일부 일본 잠수함은 전쟁 중 계획에 따라 퇴역된 경우도 있고 I-33 같이 1942년에 항공기 공격으로 침몰(sunk)되었으나 다시 구난되어 재참전한 후 1944년에 완전히 침몰(operationally lost)되어 두 차례 침몰로 기록된 사례도 있다.

55 C. Chant & Illustration by J. Bachelor, 위의 책, p. 221 ; P. Padfield, 이진규 역, 앞의 책, p. 313 ; 미 해군 잠수함은 일본 상선 525만 톤 1,300척을, 그리고 항공기(육상과 항모 발진)는 250만 톤 750척을 격침시켰다.

56 태평양 전쟁 개전 당시 일본의 자원 해외 의존도는 식량 20%, 석탄 24%, 철광석 88%, 유류 90%, 고무, 주석 등 기타 산업용 필수 자원 100%였다(C. Chant & Illustration by J. Bachelor, 위의 책, p. 210). 인구와 산업 규모의 획기적 증가로 인해 일본의 자원 해외 의존도는 오늘날 훨씬 더 심화되어 있을 것으로 추측된다.

미 해군 잠수함은 개전 초기에 113척(태평양 51척), 전시 취역 177척 등 290척이 참전하여 60척이 희생되었다. 반면, 항모 8척을 위시하여 침몰 군함의 55%와 2,000여 척이나 되는 일본 침몰 상선의 85%가 미 잠수함에 의하여 격침되었다.[57] 미 해군은 자국 잠수함 손실을 60척으로 공식 집계하고 있는데 반해 일본 해군 측은 무려 486척의 미 해군 잠수함을 격침했다고 주장하였다.[58]

2차 세계대전과 대서양에서의 잠수함 작전

1939년에 접어들자 히틀러 집권하의 독일과 영국은 계속 평화롭게 지낼 수 없는 여러 가지 정치적, 군사적 징후가 짙어졌다. 독일이 체코슬로바키아를 점령하자 영국은 폴란드 지원을 확약하고 나섰고, 그 결과 영·독 간의 소강 상태는 어느 한 순간에라도 붕괴될 것이 명약관화했다.

드디어 1939년 4월 26일, 히틀러는 1935년에 조인되었던 영·독 해

---

57 김혁수, 앞의 책, p. 42. 한편 2차 대전 후의 미 육해군 합동조사위원회 (Joint Army Navy Assessment Committee) 보고서는 일본의 2차 대전 중 함선 손실 (Japanese WWII Maritime Losses)을 2,535척에 8,897,393톤이고 그 중에서 잠수함에 의한 손실은 1,152척에 4,861,317톤으로 결론 짓고 있다. 또한 미 해군 잠수함 연맹 (U.S. Submarine League)의 통계는 2차 대전 중 미 해군 잠수함 손실 척수를 52척으로 확인하고 있다 (Naval Submarine League, 앞의 책, p. 129).

58 D. Carpenter and N. Polmar, 앞의 책, p. 211.

군협정의 이행을 거부하겠다고 선언하여 영국에 대한 적대적 정책을 밀고 나갈 것을 분명하게 하였다. 뒤이은 1939년 9월 1일, 독일이 폴란드를 침공하자 9월 3일에 영국과 프랑스가 독일에 선전포고를 하면서 2차 세계대전이 발발하였다.

당시 해군성 장관이던 처칠은 개전 초부터 영국 선박에 대한 독일 잠수함의 통상파괴 작전에 지대한 우려를 표명하였다. 그는 모든 상선들로 하여금 독일 U-보트 공격에 대비하여 무장을 할 것과 U-보트와 조우하면 들이받아 충돌할 것을 방송으로 촉구했다.

개전 당시 독일은 해군 전력 증강 계획인 젯-플랜 (Z-plan)을 수립하여 비스마르크 (Bismarck)와 티르피츠 (Tirpitz) 호에 추가하여 50,000톤급 전함 6척, 20,000톤 급 순양함 8척, 20,000톤 급 항모 4척, 경 순양함 이하의 수상함 다수, U-보트 233척을 10년 후인 1948년까지 확보하는 계획을 추진 중이었다.

독일 잠수함 부대장인 칼 되니츠 (Karl Dönitz) 제독은 1938년 전운이 감돌기 시작할 때부터 Type VII-b와 IX 두 종의 U-보트 300척을 3 : 1 비율로 건조해야 함을 수차 역설하고 요구하였으나, 개전 당시 독일 해군은 56척의 U-보트를 보유했을 뿐이었다. 그 중 작전 투입이 가능한 U-보트는 46척이었으며 대서양 작전에 가용한 잠수함은 22척 뿐이었다. 정비, 보급, 훈련, 작전해역 왕복 항해에 소요되는 시간을 고려할 때 실제로 대서양에서 동시에 작전할 수 있는 U-보트 전력은 8척 내외에 불과하였다.

전쟁이 발발하자 독일 해군 수뇌부는 젯-플랜을 수정하여 대형 수상함 건조계획을 일시 중단하고 되니츠 제독이 주창한 대로 가장 빨리, 가장 많은 수의 U-보트를 건조하도록 명령하였다. 그러나 필요한 산업시설과 물자의 공급량 할당이 뒤따르지 못했다. 예컨대 독일 해군은 전체 철강 생산량의 5% 이내를 할당받았으나 그것만으로는 필요한 수의 잠수함 확보가 불가능하였다. 잠수함 건조를 위한 조함시설과 조함용 기자재 제작 등 산업시설의 배정 또한 부족하였다.[59]

잠수함 척 수 증가를 어렵게 했던 이러한 문제들이 결국 독일을 패전으로 몰고 간 주요한 원인 가운데 하나가 되었다.

1940년부터 1945년까지의 독일 U-보트의 월간 건조 척수는 아래의 표와 같다.(표1)

연 도	월간 건조량	배수량
1940	4.1척	2,650톤
1941	16.3척	13,142톤
1942	19.9척	16,380톤
1943	23.6척	19,055톤
1944	19.5척	18,374톤
1945(3개월)	26.0척	28,632톤

【표1】 1940~1945년 기간의 독일 U-보트 월간 건조 척수 [60]

---

59 K. Dönitz, 안병구 역, 앞의 책, p.118.
60 위의 책, p.333.

　　1940년 8월 히틀러가 잠수함에 의한 대 연합국 무제한 통상파괴 작전을 허용한 이래 독일 잠수함의 늑대떼 작전(wolf pack operation)은 연합국 수상함과 상선단을 공포에 떨게 하였다. 대전 초기에 오토 크래취머(U-99, Otto Kretschmer), 귄터 프린(U-47, Günter Prien) 등의 에이스들은 각각 200,000톤 이상의 엄청난 연합국 상선 격침 기록을 수립하기도 하였다. 특히 크래취머 소령(U-99)[61]은 발군의 능력을 발휘하여 구축함 1척과 보조 순양함 2척[62] 등의 해군 함정을 포함, 44척의 선박을 격침하여 266,629톤의 경이적인 격침 기록을 세웠다.

　　전쟁 초 되니츠 제독은 대영 해군 모항인 스캐퍼 플로우를 잠수함으로 기습공격하기로 하고 프린 소령(U-47)에게 그 임무를 부여하였다. U-47은 1939년 10월 8일 독일을 출발하여 10월 13일 새벽에 스캐퍼 플로우 외항에 도착하였다. 영국 해군은 대형 폐선박을 침몰시켜서 항구를 막는 방법으로 독일 잠수함 침투에 대비하였는데, U-47은 폐선박

61　필자는 1984년 초여름에 이미 70대 중반의 고령인 오토 크래취머(Otto Kretschmer)씨를 만나서 2차 대전 당시의 독일 상황과 열강에 둘러싸인 한국 상황에 대해서 차분하게 이야기를 나눈 적이 있다. 당시 그는 독일 튀쎈 그룹(Thyssen Group)의 잠수함 사업 담당 자문역이었다. 대전 당시 독일 국민들을 연이어 열광케 했던 잠수함 작전의 영웅(ace)으로서의 인상은 어디에서도 찾을 수 없이, 훌쩍 큰 키에 깡마른 체구를 하고 있던 그는 담담하고 조용하게 그러나 분명하게 자기의 생각을 말하였다. 그는 우리 나라가 처해 있는 지정학적 입장이 강대한 미국·영국·불란서 등 열강들과 전통적인 갈등 구조 속에 빠졌던 독일과 유사한 점이 많고 특히 절대적 힘의 열세 현실도 동일하다고 보았다. 독일이나 한국이나 공히 이웃하고 있는 강대국들과의 힘의 균형 추구는 근본적으로 불가능한 일이고, 유사시 통상파괴를 통한 상대국의 해상교통로를 차단할 수 있을 정도의 강력한 잠수함 세력을 양성하는 것이 가장 경제적이고 효과적인 주변 국가 견제력이 될 것임을 강조하였다.

62　1940년 11월 3일 크래취머 소령의 U-99은 아일랜드 서방에서 초계임무를 마치고 귀환하는 2척의 영국 보조 순양함 라우렌틱 호(18,724톤)와 파트로 크루즈 호(11,314톤)를 조우하여 접전한 결과 두 척의 보조 순양함을 하루 저녁에 격침하였다. K. Dönitz, 안병구 역, 앞의 책, p.163.

으로 봉쇄된 좁은 수로를 따라 항구에 진입한 후 정박 중이던 전함 로 얄오크(Royal Oak)호에 어뢰를 명중시켜[63] 승조원 883명과 함께 전함을 침몰시킨 후 항구를 빠져나와 10월 17일 빌헬름스하펜 기지로 무사히 귀환하여 전 독일 국민들을 열광하게 하였다. 이 사건으로 대영함대는 1차 대전 때와 같이 독일로부터 가장 먼 거리에 위치한 로쉬 유 항으로 옮기고 스캐퍼 플로우 항에 대한 대잠 방어 대책을 수립하고 나서야 함대를 복귀시켰다.[64]

독일 잠수함의 무제한 통상 파괴전이 펼쳐지자 대서양에서의 전황은 1차 대전 당시의 현상이 그대로 재현되었다. 영국은 대외 통상로가 차 단됨에 따라 개전 후 2년 만에 자력에 의한 전쟁 수행 능력을 결정적으 로 상실하고 있었다. 다급해진 처칠은 1940년 5월 15일 챔버린에 이어 수상이 되자 선전포고 없이 이미 다방면에서 영국을 도와온 미국에 대 하여 '무제한적인 전쟁물자 공여' 와 '즉각적 참전' 을 호소하였다.[65]

많은 역사가들의 견해가 그러하듯이, 1차와 2차 대전에서 만약 미국 이 참전하지 않았거나 미국의 도움이 없었다면, 독일 U-보트의 활약으 로 말미암아 영국이 대 독일전쟁에서 승리하지 못하고 패배했을 가능 성이 매우 높았다.

---

63 1939년 10월 14일 11 : 00시에 영국 해군은 "U-보트로 추측되는 것에 의한 공격으로 전함 로얄오크 (Royal Oak)호가 침몰되었다"고 발표하였다.

64 K. Dönitz, 안병구 역, 앞의 책, p. 72 ; 김혁수, 앞의 책, p. 40.

65 K. Dönitz, 안병구 역, 위의 책, p. 171 ; 『처칠 회고록』 제2권, p. 23 재인용.

한편 1941년 12월 7일 일본 해군에 의하여 진주만 기습공격을 당한 미국에서는 독일, 일본과의 전쟁은 피할 수 없으며 늦기 전에 속히 전쟁에 뛰어들어야 한다는 국민들의 여론이 열화같이 비등하였다. 그로부터 나흘 후인 12월 11일 독일과 이태리가 대미 선전포고를 하자 미국도 대 독일 전면전에 돌입하였다.

전략적인 측면에서 볼 때 미군의 참전은 연합군 측에 승기(勝機)를 안겨 주는 전환점이 되었지만 잠수함 작전과 관련된 전술적 측면에서 볼 때 미군 참전 초기 연합군 측은 비참하리만치 불리한 상황에 직면하였다.

진주만 공격 당시 대서양의 미국 해역에 독일 잠수함은 1척도 배치되어 있지 않았다. 1941년 12월 9일 히틀러가 미국 함정에 대한 독일 잠수함 작전과 미국 방어 구역 내에서의 군사 작전에 내려져 있던 작전 제한 지시를 해제하였다는 통보가 독일 해군 총사령부로부터 잠수함 부대장에게 전달되었다. 같은 날 칼 되니츠 제독은 U-보트 12척을 미 해역에 파견할 것을 해군 총사령부에 건의하였다. 영·불 측을 상대로 하는 전투에서도 잠수함이 심각하게 부족한 상황 속에서 독일 해군이 미국 해역에 잠수함을 파견하기란 지극히 어려운 일이었다. 처음에는 5척의 독일 잠수함이 미 해역과 카리브 해에서 작전을 개시하였는데 그들의 성과는 대단하였다.

영국의 공식 역사서인 『바다에서의 전쟁』을 저술한 로스킬 대령은 "1942년 초 미국 연안에서 벌어진 대 파괴 작전에 관해서 놀랄 만한 사실은 상선 파괴의 엄청난 규모에 비하여 그 해역에서 작전했던 독일 U-

보트는 어느 때고 12척을 넘지 않았다는 사실이다."라고 기술하고 있다.[66] 되니츠 제독이 보낸 독일 잠수함은 1942년 1월 한달 동안 미 해역에서 62척 327,357톤의 선박을 격침한 것을 시작으로 최초 6개월 간 미국 선박 500여 척을 미국 동부 해역과 카리브 해에서 격침하였다.[67]

이는 새롭게 참전한 미 해군이 맹수와도 같은 독일 U-보트를 상대로 하는 대잠전에 대하여 지식도, 두려움도, 대비도 모두 허술한 상태였고, 미국 상선 역시 독일 잠수함에 대한 이해와 경계가 부족하였기 때문이었다. 1940년과 1941년에 400여 만 톤에 불과했던 독일 잠수함의 상선 격침 톤수가 미국이 참전한 1942년 한해 동안에는 두 배인 800만 톤으로 증가된 것만 보아도 참전 초기 미국 상선의 손실이 얼마나 심각했는지를 짐작할 수 있다.

독일 잠수함에 의한 상선들의 피해가 심각한 문제로 대두되자 영국은 50척의 호위 구축함(destroyer escort)을 미국 조선소에 발주하였다. 미국 해군 역시 호위 구축함 확보에 박차를 가하여 독일 잠수함의 활동이 절정을 이루었던 1943년에는 미 해군의 대잠 호위함 발주량이 무려 1,000척에 이르렀다.[67]

잠수함 활약상을 포함한 대서양에서의 전쟁 양상은 1차와 2차 대전이 매우 유사하다. 독일 잠수함이 결정적이고도 주도적 역할을 수행하였고 잠수함으로부터의 피해를 줄이려는 영국을 포함한 연합국 해군

---

66 K. Dönitz, 안병구 역, 앞의 책, p. 182 ; 로스킬, 『바다에서의 전쟁』 제2권, p. 96 재인용.
67 C. Chant & Illustration by J. Bachelor, 앞의 책, p. 191.

의 노력은 필사적이었으나 결과적으로 독일에 비하여 1 : 15 비율로 막대한 대가를 지불하였다. 통계상 독일 잠수함 한 척에 대응하기 위하여 연합군 측은 25척의 수상함과 100대의 항공기를 동원하였다.[68]

1939년 9월부터 1945년 4월까지의 2차 대전 기간 동안 독일은 782척의 잠수함을 잃었고 연합군은 2,330만 톤의 상선을 잃었다.[68] 그것은 상상을 초월하는 손실이었다. 1차 대전 때와 같이 영국의 무역은 거의 궤멸 상태였다.

2차 대전 초기부터 종전 때까지 잠수함 부대장으로, 해군 총사령관으로, 그리고 종전 직전에는 히틀러의 후임 총통으로 시종 독일 잠수함 작전을 지휘했던 칼 되니츠 제독은 독일이 적절한 수의 잠수함을 확보할 수 있었더라면 전세(戰勢)는 전혀 다른 방향으로 전개되었을 것임을 천명하였다. 잠수함 건조량의 부족이 독일 패배의 결정적 요인임을 확신했던 그는 자신의 회고록 『10년 20일』에서 다음과 같이 술회한다.

"우리의 모든 정력과 자원을 집중적으로 투입했어야 했던 강력한 U-보트 세력 건설은 독일 수뇌부의 판단 착오로 간단히 실패로 돌아갔다. 우리의 잘못된 정책은 적측 영국에 큰 이점을 베푸는 결과가 되었

---

68 김혁수, 앞의 책, p. 41 ; K. Dönitz, 안병구 역, 앞의 책, p. 450 : 개전 당시 U-보트 57척, 1939년 9월 1일부터 1945년 5월 8일 사이에 1,113척 추가 취역. 1,170척 중 작전 투입 863척. 전쟁 중 U-보트 상실 753척(해상 : 630척, 항구 : 123척). U-보트에 의한 연합군 함정 침몰 : 항공모함 6척, 전함 2척, 순양함 6척, 구축함 52척 포함하여 총 148척, 손상 45척, 상선 침몰 2,759척 14,119,413톤(함정과 상선 침몰 통계는 연합국 및 중립국 통계). 한편 Peter Kremer, 최일 역, *U-333*(2004), p. 314 : 2차 대전 중 독일 U-보트 820척 중 718척이 되돌아오지 않았고 U-보트 승조원 39,000명 중 32,000명이 목숨을 잃었으며 연합군 측이 주도권을 잡기 이전까지 독일 U-보트는 2,500척, 1,400만 톤의 연합국 상선을 격침시켰다.

고, 그들은 우리의 그러한 결정을 쉽사리 이해할 수 없었을 것이다."[69]

1945년 7월, 되니츠 제독이 전범 피의자로 몬드로프의 감옥에 수감되어 있을 때 해군성의 한 영국 해군 장교가 2차 대전에 관한 핵심 문제로서 "1차 대전 경험을 통하여 독일이 무엇을 해야 할지 잘 알고 있으면서 왜 독일은 U-보트 건조에 모든 힘을 집중하지 않았는가?"라는 질문을 가지고 되니츠 제독을 방문하기도 하였다.

해군성 장관으로 그리고 수상으로 시종 영국의 대서양 전쟁을 이끌었던 처칠 또한 그의 명저 『제2차 세계대전』에서 독일 U-보트에 대한 두려움을 다음과 같이 여과 없이 술회하고 있다.[70]

- 전쟁 동안 진실로 나를 놀라게 했던 유일한 것은 U-보트에 의한 위협이었다. (제2권, p. 529)
- 격렬한 사건의 와중에서 걱정이 극에 달했다. 우리의 생명을 유지시키고 전쟁을 수행시키는 힘을 결정하는 것은 해상 루트와 우리 항구의 접근로를 얼마나 자유스럽게 할 수 있느냐에 달려 있다. 어느 항구나 입구로부터 속력, 항속거리, 행동반경이 끊임없이 개선된 U-보트가 튀어나와 해상으로부터 오는 우리의 식량

---

69 K. Dönitz, 안병구 역, 앞의 책, p. 119.
70 위의 책, p. 406.

과 교역물을 파괴할 수 있었다. (제3권, p. 98)

– U-보트 공격은 우리의 가장 큰 불행이었다. 독일로서는 U-보트
에 모든 것을 거는 것이 현명했을 것이다. (제4권, p. 107)

『바다에서의 전쟁』을 저술한 영국의 로스킬은 그의 저서에서 "독일 U-보트의 건조 증가가 부진했던 것은 영국에게는 최대의 행운이었다." 라고 술회하였다.[71]

만약 독일의 히틀러를 비롯한 수뇌부가 처칠 수상이 염려했던 바와 같이 국가 재원을 보다 더 잠수함 전력 증강에 치중하여 되니츠 제독이 굽히지 않고 줄기차게 요구했던 U-보트 300척을 비롯하여 전투 중 손실로 감소된 전력을 보충하기 위한 잠수함 척 수를 꾸준히 증가 했더라면 우리는 지금 세계 역사를 다르게 쓰고 있을 가능성이 다분 하다.[72]

---

71 K. Dönitz, 안병구 역, 앞의 책, p. 120 ; 로스킬, 앞의 책, p. 60 재인용.
72 2차 대전 초기인 1939년 9월 28일 히틀러가 독일군 최고 사령관 카이텔 장군과 해군 총사령관 뤠더 원수를 대동하고 빌헬름스하펜의 잠수함 부대를 방문하였을 때, 되니츠 제독은 상시 사용 가능한 U-보트 300척(100척 작전, 100척 임무 교대 항해, 100척 정비 교육)만 있으면 결정적 성공을 거둘 것이라는 건의를 하였으나 그 건의는 적시에 성취되지 않았다(K. Dönitz. 위의 책, pp. 116~117). 그 배경에는 해군 항공대의 창설을 거부하며 "날으는 모든 것은 공군이어야 한다."고 주장을 굽히지 않았던 공군 총사령관 괴링 원수의 공군 우선주의와 육군 세력의 육군 우선주의에 따른 군 내부의 갈등과 집단 이기주의가 도사리고 있었다. 그 결과 잠수함 생산의 기본 원자재인 철강 배당량과 산업시설의 배당에서 해군은 항시 열세에 처했다. 1943년 1월 30일에 되니츠 제독이 뤠더 원수의 후임으로 해군 총사령관이 되자 그는 이 문제에 정면 도전하였다. 그 결과 1943년 3월 6일 히틀러는 해군에 대한 월간 철강 할당량을 45,000톤 증가하라는 지시를 내렸다. 그 지시는 독일의 입장에서 볼 때 사실상 3년 반 전인 개전 초에 꼭 필요한 조치였다(K. Dönitz. 위의 책, p. 326).

대서양의 독일 U-보트와 태평양의 한국 잠수함

축소에서 확대로의 전환기에 일본 역사의 실패가 되풀이된다고 주장한 한국 학자 이어령은 그의 역저 『축소지향의 일본인』에서 다음과 같이 명쾌하게 서술하였다.

"축소로 가면 커지고 커지려고 확대하면 거꾸로 작아지는 것이 일본 문화의 패턴이어서 거대주의로 전환할 때 일본은 물론 이웃 나라까지 시끄러워진다. 히데요시의 한반도 침략, 한국과 만주의 식민지화, 태평양 전쟁이 그 대표적 예다. 군국주의 시대 때 가장 애창된 국가(기미가요)의 한 구절에도 '조약돌이 바위가 될 때까지' 라는 거대주의 · 팽창주의의 싹이 배태되어 있다."[73]

태평양 전쟁의 패전국에서 세계 제2위의 경제대국으로 부상한 일본은 이미 군사대국의 길로 가는 과정에 접어든 것으로 보인다. 그래서 독도 영유권 주장도 날로 거세지고 현직 수상이 주변국들의 강한 항의에도 불구하고 태평양 전쟁 전범들의 위패가 있는 야스쿠니 신사 참배를 주기적으로 강행하고 있다. 또한 국제적 현실의 요구 때문이라고는 하지만 자위대의 해외 군사 작전을 위한 법률을 일사불란하게 제정하

---

73 이어령, 『축소지향의 일본인』 (기린원, 1986), p. 332.

는 등 팽창주의를 지향하는 모습을 보이고 있다. 게다가 근년에 들어서는 또다시 일본의 해묵은 군국주의 망령이 되살아나는 것이 아닌가 우려될 만큼 우파의 목소리가 날로 높아지고 있다.

같은 패전국이지만 독일은 과거의 잘못되었던 역사를 솔직히 시인하고 반성하는 자세가 분명하나, 일본은 그렇지 않다. 물론 일본에도 그릇된 과거를 겸허하게 성찰하는 많은 양심적인 지성인들이 있지만, 역사를 통해서 볼 때 일본은 중요한 시기에는 늘 팽창주의에 사로잡힌 우파들이 역사를 이끌어 오고 있다. 오늘날에도 계속되고 있는 일본의 독도 영유권 문제나 역사 교과서 문제가 상징하듯 이웃 나라로서 일본의 미래상에는 늘 주변국들의 불안과 우려가 뒤따른다.

오랜 기간의 칩거에서 벗어나 눈부신 경제 발전과 더불어 미국에 맞설 수 있는 유일한 잠재적 초강국으로 서서히 부상하고 있는 중국은 유인(有人) 인공위성 발사에 성공하고 이제 지역 패권의 지평을 넘어서 세계 패권에 도전할 내일을 바라보고 있다.

앞으로 전개될 한반도에서의 변화가 자국의 이해에 부정적으로 진행된다면 이미 한국전쟁에 참전하여 힘을 행사했던 전력이 있는 중국으로서는 앞으로도 그 힘을 과시할 것이 불을 보듯 뻔하다. 언제고 있게 될 북한 체제 변화의 날에 북한이 중국에 예속되어 북한에 친중국(親中國) 정권이 들어서지나 않을까 하는 염려가 있다. 나아가서는 북한이 티베트나 내몽고와 같이 중국의 일부가 되면서 현재의 한반도 휴전선이 중국과 한국의 국경선이 될지도 모른다는 최악의 시나리오가 행여나 현실화하지 않을까 하는 불안감도 있다.

최근에 이르러 중국 정부 당국이 역사학계와 합작으로 고구려사를 새롭게 조명하면서 평양 이북과 만주 일원의 고구려가 과거 중국의 한 변방이었다는 것을 주장하며 역사 왜곡에 열을 올리고 있는 사태도 무심하게 보아 넘길 수 없는 일이다.

현재의 북한 실정이 더 계속되고 경제를 위시한 전반적 상황이 더 악화되어 북한 주민뿐 아니라 북한 체제의 지주인 군부의 인내심이 한계를 넘어서서 북한 지도부가 자기들의 안전에 절실한 위협을 느끼게 될 때, 만약 그때가 온다면 북한 지도부가 선택할 길은 무엇이 될 것인가? 그 점이 매우 중요하다.

그들은 결코 자신들이 루마니아의 니콜라이 차우세스크가 갔던 길을 선택하지는 않을 것이다. 그들은 기회가 있는 한 자신의 안전과 장래가 보장되는 길을 선택할 것이다. 그 목적을 위하여 남한과 손잡는 것이 더 좋으면 남한과 손을 잡을 것이고, 중국과 손잡는 것이 더 좋으면 중국과 손을 잡을 것이다. 일단 중국과 손을 잡는다면 우리 민족의 통일은 훨씬 더 멀어져 버릴 것이다. 그래도 같은 민족이니 남한과 손잡지 않겠느냐 라는 생각은 환상일 수 있다.

오늘날 북한의 시장에서 거래되고 있는 대부분의 상품들은 중국산들이고, 북한 사회는 날로 남한보다는 중국 쪽으로 더 가까워지고 있는 것이 사실이다. 탈북 난민들의 경우를 봐도 한국에 온 사람들은 6천 명

내외이나 한국에서의 정착에 많은 어려움을 겪고 있다. 반면에 중국에는 공안의 눈을 피해가면서 5만에서 10만으로 추산되는 북한 주민들이 이미 거주하고 있다. 공안에서 검색하여 북한으로 송환하는 위험만 없다면 남한에 가기보다는 중국에 머물겠다는 난민들이 많다.

중국은 여러 분야에서 북한을 못마땅하게 보지만 그래도 전 세계에서 북한 지도부를 나름대로 인정하고 따뜻하게 대해 주는 유일한 강대국이다. 그것은 물론 미·일과의 대립 구도에 기인한다. 지금과 같은 추세가 지속된다면, 유사시에 우리가 원하는 방식으로 통일이 되리라는 기대를 갖기는 어렵다. 또한 북한의 실정 및 북한 집권층의 의도와 입장이 상식선에서 멀리 벗어나 있는 현실 아래서 남한의 대북정책은 갈피를 잡기 힘든 북한 당국의 자세로 인하여 어차피 한계가 있을 수 밖에 없다.

중국의 힘이 훨씬 더 커져서 실체적으로 미국을 견제할 양극화 시대에 돌입한다면, 그때까지 한국의 통일이 이루어지지 않았을 경우, 통일의 가능성은 매우 희박해 질 것이다. 통일은 미국이 단독으로 초강대국의 우월적 입장에 서 있는 동안 미국의 이해와 협력에 힘입어 달성하는 것이 가장 현실적이다.

이점이 미국과 북한 그리고 중국과의 관계에 있어 우리가 확실하게 한·미 동맹 체제 위에 서야 할 분명한 이유이다. 우리는 초강대국 미국과 호흡을 같이 조율하면서 북한에 대한 견제와 포용을 펼쳐나가 북한 정권이 무너지고 한반도에 변화가 올 때 우리가 원하는 방식, 즉 자유민주주의 시장경제 체제로의 통일이 되도록 지혜롭게 대처해 나갈 수 밖에 없다. 한반도 상황이 어려울수록 한·미 간의 긴밀한 협력은 더욱더 중요해 짐을 잊지 말아야 한다.

장차 우리 나라와 이웃 나라들과의 사이에 군사적 분쟁이 전혀 없으리라 단정할 수는 없다. 이미 60여 년 간 이들 나라와의 군사적 평화가 지속되어 왔지만, 근년에 이르러 강한 확대 지향성과 우경화 모습을 드러내고 있는 일본과 패권 지향적인 중국 같은 나라를 이웃에 둔 우리가 안일하게 평화가 지속될 것이라 믿고 나아갈 근거는 전혀 없다.

이들 이웃 나라들이 이해의 엇갈림 속에서 강한 힘을 앞세워 외교적, 경제적 압박을 가해 오고 끝내 군사적으로 침략해 올 때 이들 인접국에게 가슴에 비수를 품고 있듯 강력한 군사 대응력을 갖춘 '매서운 나라 – 한국'이라는 이미지를 분명하게 심어 줄 수 있는 길은 무엇인가?

그것은 우선 대규모의 정규전력만으로는 안 된다. 정보력이나 물리적 군사력에서 모두 열세인 우리가 엄청난 국력의 뒷받침을 요구하는 정규전력만으로 매서운 대응력을 구비한다는 것은 불가능하다.

그것은 필연적으로 게릴라적 전력이다.

그것은 대서양에서 활약한 독일 U-보트의 역할을 태평양에서 재현할 능력을 구비한 한국 해군의 강력한 잠수함 부대이다.

그것은 수중에서 암약하는 잠수함에 의한 통상파괴와 무역의 봉쇄를 통한 상대국의 경제 육죄기, 그리고 상대방 본토의 전략적 요충지에 가하는 잠대지(潛對地) 미사일 공격 능력을 확보하는 것이다.

일본도 중국도 국가 경제의 절대적 원동력을 해상교통로를 통한 대외무역에 의존하고 있다. 따라서 우리가 잠수함의 수중 작전을 이용한 통상파괴 능력을 보유하고, 유사시 인접국들의 해상교통로를 봉쇄할 수 있다면, 그것만이 그들의 막강한 정보력, 군사력에도 불구하고 우리도 그들을 공격하고, 위협하고, 궁지로 몰고 갈 수 있는 힘이 될 것이다. 그것은 가장 실효성 있는 전쟁 억지력이 되고 나아가서는 국제 사회에서 우리의 입지를 분명하게 하는 국가적 저력이 될 것이다.

식량과 에너지를 위시한 수출입 물자의 수송 선박을 공격하는 통상파괴와 해상교통로의 봉쇄는 무역의 중단을 뜻하며, 무역의 중단은 바로 국가 경제의 마비를 의미하고, 국가 경제의 마비는 군사력을 포함한 힘의 마비에 직결된다. 아무리 강한 나라라 할지라도 해상교통로가 봉쇄되어 무역의 길이 막히면 비틀거리지 않을 수 없는 것이다.

1,2차 세계대전에서 독일 U-보트 부대가 실증하였듯이 막강한 강대국을 상대로 해상교통로를 봉쇄할 최적의 무기는 단연 잠수함이다. 침략의 통로가 육지이건 바다이건 하늘이건, 그 어디서 침략해 오더라도 우리는 게릴라적 은밀성과 가공할 파괴력을 앞세운 공격 잠수함으로 상대국의 해상교통로(SLOC)를 봉쇄하여 그들의 경제를 마비시킬 수 있을 것이다.

"우수한 잠수함을 앞세운 침략국의 해상교통로 봉쇄 능력" 그것만이 오늘날 정보 만능의 시대에서 유사시 우리의 힘, 즉 우리의 경제력과 군사력으로 문제를 일으키는 주변국을 벼랑 끝으로 밀어붙일 수 있는 최선의 길이고 가장 확실한 전쟁 억지 대책이다. 그리고 그것은 우리가 우리의 경제력이나 기술력으로 우리의 당대에 실현할 수 있는 대책이다.

그렇게 될 경우, 영국을 위시한 연합국 해군이 해양통제권을 완전히 장악하고 있던 대서양에서 독일의 U-보트가 신화적 위업을 이룩했듯이, 한국이 주변국과 군사적인 분쟁을 겪게 되는 날 우리의 잠수함은 태평양의 바다 밑에서 새로운 신화를 창조하게 될 것이다.

5 | 세계대전 후의 재래식 잠수함 기술 개발 경쟁—그 명암(明暗)과 교훈

2차 세계대전 후 유럽 선진국들은 선두를 다투어
잠수함 개발에 막대한 노력과 재정을 투입하였으나,
반세기가 지난 오늘날, 결국 독일만이 생존하고
다른 나라들은 재래식 잠수함 경쟁에서 모두 패퇴하였다.

선진국의 잠수함 기술 경쟁

두 차례의 세계대전을 치르면서 구미 선진국들은 독일 U-보트의 눈부신 활약을 보고 잠수함 전력이 전쟁의 승패와 국가의 운명을 좌우하는 결정적 요소가 된다는 사실을 뼈저리게 체험하였다. 그 결과 각국은 2차 대전 종식 후 다투어 잠수함 강국으로 부상하기 위한 기술 개발에 국가적 노력을 경주하였다.

2차 대전 당시만 해도 잠수함은 오늘날 우리가 알고 있는 함형과는 판이하게 다른 것이었다. 현대식 잠수함은 해수의 마찰계수를 줄여서 높은 수중 속력을 얻고자 눈물 방울 모양(tear drop type)으로 설계되어 주로 수중에서 작전하다가 필요할 때에만 수면으로 부상한다.

그러나 2차 대전시 잠수함의 선체는 함수부의 모양부터 수상함과 비슷한 형태를 띤다. 이는 당시의 잠수함이 주로 수상에서 활동하다가 필요할 때에만 잠수하는 제한적 잠수함이었고, 따라서 수상에서의 항해 효율을 높이기 위하여 수상함과 유사한 선체 형태로 설계되었기 때문이다. 또한 잠항 최대 속력이 7~9노트 정도 밖에 되지 않았기 때문에 잠수함이 작전 해역까지 이동할 때에는 수상에 부상하여 빠른 속도로 항진해야 했고 작전 해역에 도달한 후 공격이 개시될 즈음에야 잠항하는 것이 불가피하였다. 수상함에 비하여 현격하게 느린 속도로서 수상 함정이나 상선을 공격해야 했던 당시의 잠수함으로서는 달리 대책이 없었을 것이다.

잠수함뿐 아니라 어뢰 역시 2차 대전 당시에는 기술적으로 매우 열악하였다. 어뢰의 신관이 불량하여 발사 직후에 폭발함으로써 오히려 어뢰를 발사한 잠수함의 위치가 노출되어 도리어 적의 공격을 받고 침몰한 사례도 적지 않았다.

서구의 선진국들은 2차 대전 이전부터 이미 상당한 수준의 잠수함 설계와 건조 능력을 보유하고 있었다. 그럼에도 불구하고 전술한 바와 같이 2차 대전 중의 독일 잠수함 활약상에 큰 충격을 받고 종전 후 다투어 잠수함 경쟁에 전력을 투입하였으며, 각고의 노력 끝에 1960년대 이후 각국이 개발한 디젤 추진 잠수함들이 그 모습을 드러내었다.

영국 비커스(Vickers) 조선소의 업홀더(Upholder)급, 프랑스 쉐르부르(Cherbourg) 조선소의 다프네(Daphne)와 아고스타(Agosta)급, 화란 RDM 조선소의 월러스(Walrus)급, 이태리 핀칸티에리(Fincantieri) 조선소의 사우로(Sauro)급, 스웨덴 코컴스(Kockums) 조선소의 A급 (A-Class, A-12, 14,

17, 19 등), 소련의 W, Z, R, Q, F, T, K급 및 아무르(Amur)급 그리고 독일 HDW조선소의 205, 206, 207, 209급, 튀센(Thyssen) 조선소의 TR-1700급과 일본 미츠비시(Mitsubish) 조선소와 카와사키(Kawasaki) 조선소의 아야시오(Ayasio)급을 위시한 다섯 단계의 성능 개량형 등이 각 국에서 내놓은 야심작들이다. (표2)

잠수함 설계 및 건조기술의 발전은 잠수함 건조의 수주 물량과 밀접한 관련이 있다. 특히, 수출용 잠수함의 경우 잠수함을 도입해 가는 국

국 가	조선소	급 (Class)	핵추진잠수함 보유 여부
Australia	ASC	Collins	X
China	Wuhan etc.	Ming, Song	O
France	Cherbourg, DCN	Daphne, Agosta, Scorpene	O
Germany	HDW, TNSW	205, 206, 207, 209, TR-1700, Dolphin, 212 (AIP), 214 (AIP)	X
Holland	RDM	Walrus	X
Italy	Fincantieri	Sauro	X
Japan	MHI, KHI	Ayashio, Uzushio, Yuushio, Harushio, Oyashio	X
Russia	Various	W, Z, R, Q, F, T, K-Class, Amur	O
Sweden	Kockums	A12, A14, A17, A19 (AIP)	X
U.K.	Vickers	Oberon, Upholder	O
U.S.A.	GDEBD, NNS	Nuclear Submarines only	O

【표 2】 1960년대 이후 각국의 재래식 잠수함 발전상

가들마다 요구하는 성능들이 상이하게 마련이다. 여러 국가들의 다양한 요구성능들을 포괄적으로 만족시킬 수 있는 설계를 하려면 최첨단 신기술의 개발이 불가피하게 요구된다.

이러한 최첨단 신기술 개발이 꾸준히 이루어지려면 국내외의 잠수함 수주 물량이 지속적으로 이루어져야 한다. 수주 물량이 이어지지 않으면 신기술 개발에 대규모적인 투자를 계속하기란 사실상 불가능하고 기왕에 축적된 기술과 시설 능력도 소멸될 수 밖에 없기 때문이다.

따라서 잠수함 수출의 실패는 기업 운영을 위한 적정 물량 확보의 실패일 뿐만 아니라 잠수함 설계 및 건조 기술을 발전시킬 수 있는 기회의 상실로 이어진다. 그렇기 때문에 수출의 성공이 자국 잠수함 능력 구축의 성패를 좌우하는 관건임을 당시의 유럽 국가들은 잘 알고 있었다. 따라서 그들의 잠수함 수출 지향 노력과 경쟁은 매우 치열하였다.

상기 【표 2】의 11개국 중에서 미국 · 일본 및 중국을 제외한 다른 나라들 모두가 자국 개발 잠수함 수출에 적극 노력하였으나 성공한 나라는 소련과 독일 두 나라 뿐이었다. 소련은 공산권과 친 소련 제3세계 국가들에게 정치적 영향력을 통하여 진출하였고, 독일은 시장경제 체제의 자유진영 국가들에게 성능과 가격 경쟁력을 앞세워 진출하였다.

다른 나라들은 자국 잠수함 개발을 위하여 많은 비용과 노력을 투입하였으나 설계 능력과 성능 수준, 그리고 가격 경쟁력의 부족으로 수출시장에서 빛을 보지 못하였다. 시간이 흐를수록 독일과의 기술 격차는 더욱 심화되어 독일보다 훨씬 뒤떨어진 '싸우면 질 수 밖에 없는 잠수함'의 생산국으로 전락되었다. 본격적인 잠수함 개발 시작 후 20여 년이 경과된 1980년대에는 이미 잠수함 능력 개발의 한계에 부딪쳐, 성능과 경쟁력에서 국가 간의 우열이 뚜렷하게 부각되었다.

40여 년이 지난 오늘날에 와서는 잠수함 기술 경쟁에 뛰어들었던 여러 나라들이 결국 잠수함 경쟁 대열에서 탈락하고 말았다. 이것은 그들이 지난 20~30년 간 지출한 막대한 비용과 심혈을 경주한 노력들이 수포로 돌아갔음을 의미한다.

유럽 선진국들이 잠수함 경쟁 레이스에서 패퇴한 역사는, 어려운 국가 재정의 뒷받침 위에서 설계기술을 포함한 잠수함 건조 능력의 국산화를 앞에 두고 있는 우리 나라에게 훌륭한 교과서 역할을 한다. 그들의 전철을 밟지 않기 위해서 우리는 유럽 선진국들의 실패 사례들을 심층적으로 연구하여 타산지석(他山之石)으로 삼아야 할 것이다.

여기서 우리들의 앞날을 가늠하는 잣대로 삼기 위해 잠수함 기술의 선두 다툼에 참여하였던 주요 국가들의 패퇴 경위들을 잠시 살펴보자. 우리의 주변국인 일본과 중국, 그리고 재래식 잠수함 기술 경쟁에 가장 늦게 뛰어든 호주의 잠수함 기술 개발 실태는 별도로 나중에 살피기로 한다.

소련의 잠수함 기술력은 구 공산권과 제3세계의 방대한 잠수함 수요에 힘입어 상당히 발전하고 성공하였다. 그러나 1980년대에 접어들면서 소련 연방과 공산권의 몰락과 함께 더 이상 기술 개발을 위한 지속적 투자가 이루어지지 못하자 그 기술 기반이 무너지면서 잠수함 설계 능력 역시 자생력을 잃고 붕괴되었다. 소련이 자랑하던 킬로급(Kilo-Class) 잠수함이 90년대에 최초로 공개되었을 당시 서방의 잠수함 전문가들은, 무기 분야 등 부분적인 우수성은 인정하면서도 탑재장비 내용과 전반적 성능의 낙후성에 크게 실망한 바 있다.

러시아가 미래형 첨단 잠수함이라고 선전하며 최근에 내놓은 아무르급(Amur-Class) 설계 역시 눈부신 발전을 거듭하고 있는 서구 잠수함에 비하여 성능상의 경쟁력이 현저하게 뒤떨어져서 파격적 염가 정책을 택하지 않는 한 빛을 보기 어려운 현실이다. 특히 탑재장비 부문에서의 부진이 심각하다. 오늘날 러시아의 재래식 잠수함 기술이 독일을 위시한 유럽 선진국들에 비하여 경쟁력이 있다고 보기는 매우 어렵고 상당히 낙후되어 있는 것이 사실이다.

이태리는 자국의 사우로급 후속함 개발을 아예 포기하고 독일 212급을 구입함으로써 1998년에 잠수함 기술 경쟁 대열에서 스스로 물러났다. 이태리는 잠수함 선체는 물론이고 전투체계, 추진체계, 잠망경, 어뢰 등 잠수함에 관한 한 일관된 생산 실적과 능력을 보유하고 있는 전통적인 잠수함 강국으로 100여 년의 잠수함 설계 및 건조 역사를 가지고 있다. 이태리 해군은 90년대에 들어 핀칸티에리 조선소를 통해 그들이 자랑하는 사우로-II 잠수함의 획기적 성능 향상(up-grade) 계획을 추진하고 있었다.

그러던 차에 1994년 독일 해군이 25년 간의 침묵을 깨고 신예 함인 212급(Class-212급) 4척을 HDW조선소에 발주하자 이태리 해군은 독일의 212급에 관심을 갖기 시작하였다. 이태리 해군이 집중했던 관심의 초점은 '싸워서 이길 수 있는 잠수함의 확보'였다.

해군 수뇌부는 독일에 신예 잠수함 212급의 소개를 요청하였고 독일 HDW조선소 관계자가 이태리 해군 지휘부에 212급을 선보였다. 이태리 해군 지휘부는 212급을 소개받고 아연 긴장하였다. 그 성능 수준이 예상했던 것보다 훨씬 더 높았기 때문이다. 그들은 자국 잠수함 설계 능력의 향상 노력을 통하여 212급 성능 수준의 잠수함을 획득하는 데 필요한 연구개발(R&D) 비용과 그에 따른 소요기간을 집중 검토하였다. 그 결과 R&D에 감당하기 어려운 수준의 막대한 비용을 투입하여도 10년~20년의 가까운 장래에 212급의 성능 수준에 도달하기 어렵다는 사실과 투자비용 대 효과 면에서 실익이 없고 성공 확률도 불투명함을 새삼 확인하였다.

이태리 해군은 심사숙고 끝에 과감하게 자국 사우로급의 성능 향상 계획을 취소하고 1998년에 2척의 212급을 독일로부터 기자재(material package) 공급 방식[74]으로 구매하였다. 이태리 해군으로서 그것은 매우

---

[74] 기자재(material package) 공급 방식 : 잠수함의 기술원(技術源)으로부터 잠수함 설계와 건조용 기자재들을 공급받고 구매국에서 건조하는 잠수함 획득 방식. 우리 나라의 209급과 214급도 이 방식으로 국내에서 건조했다.

힘들고 고통스러운 결정이었을 것이다. 잠수함 역사 100여 년의 이태리 해군은 '싸워서 이길 수 있는 잠수함' 을 설계 건조할 가능성이 보이지 않는 한 앞으로 자국 잠수함의 독자 설계를 주저할 것으로 보인다. 그들이 장차 잠수함 설계를 계속 독일에 의존할 것인지의 여부는 관심 있게 지켜보아야 할 일이다.

잠수함 설계 및 건조 능력 유지에 끝까지 집착했던 스웨덴은 국가적 긍지였던 잠수함 조선소 코컴스가 경쟁력 상실과 건조 물량 고갈로 더 이상 지탱할 수 없게 되자 경쟁사인 독일 HDW에 전격적으로 매각함으로써 이태리보다 한해 후인 1999년에 역시 잠수함의 기술경쟁 대열에서 물러났다.

스웨덴은 자국의 지정학적 위치로 말미암아 2차 대전 후 잠수함 능력의 초고도화에 높은 국가적 우선 순위를 부여하고 과감한 투자를 지속하였다. A12, A14, A17을 거쳐서 개발된 A19급은 매우 우수한 잠수함인 동시에 세계 최초로 실용화된 AIP인 스털링 기관(Stirling engine)을 탑재하였다. 최초의 AIP 잠수함인 A19급은 매우 우수한 잠수함으로 평가된다.

코컴스 조선소 기술진은 경쟁국들 중에서 독일 잠수함 기술에 가장 근접하는 높은 수준의 잠수함 기술을 축적하였고, 거국적이고 적극적인 수출 노력의 결과로 경쟁사인 HDW를 물리치고 호주의 콜린스(Collins)급 잠수함 사업을 수주하기도 하였다.

　그러나 호주 이외의 잠수함 수출 경쟁에서 계속 실패하고 스웨덴 자국 해군의 잠수함 계획에만 의존해 간신히 잠수함 설계 및 건조 능력을 유지해 왔으나 결국 1990년대 말에 이르러 어려움에 봉착하였다. 오랫동안 코컴스 조선소가 지탱할 수 있도록 잠수함을 구매해 주었던 스웨덴 해군이 잠수함을 더 이상 계속 구매할 수 없음을 분명히 했던 것이다.

　그러자, 대주주였던 셀시우스(Cellsius) 그룹은 잠수함 조선소를 더 이상 유지할 수 없게 되었으므로 잠수함 능력의 개발을 포기하고 코컴스 조선소를 매각할 수 밖에 없다는 결론을 내렸다. 그에 따라 1999년 9월에 회사 주식 100%를 경쟁사였던 독일 HDW에 매각하여 결국 볼보(Volvo) 자동차 공장과 함께 스웨덴 국민의 자존심이라고 하였던 코컴스 조선소는 오랜 잠수함 기술 경쟁에서 뼈아프게 패퇴하였다.

　영국은 업홀더, 화란은 월러스급 잠수함들을 개발해서 수출에 많은 노력을 경주하였으나 결과는 참담하였다. 화란은 대만이 209급 수입을 추진하다가 그것이 어렵게 되자 그 대안으로 씨 드래곤(Sea Dragon)형을 발주함에 따라 1987년과 1988년 대만에 2척을 수출하였으나 잠수함 성능 부진으로 추가 발주는 이어지지 않았다. 이로써 화란도 잠수함 기술 경쟁 대열에서 탈락하였다.

　영국은 업홀더 4척을 건조하였으나 구매 희망자가 없어 오랫동안 매각 노력을 한 끝에 캐나다에 염가로 매각하였고 재래식 잠수함 기술 경쟁을 포기한 채 핵추진 일변도로 잠수함 정책을 전환하였다.

프랑스는 디젤 추진 잠수함 기술 구축 노력을 일단 포기하고 한동안 핵 잠수함에만 전념하였다. 그러다가 1990년대에 들어 다시 디젤 추진 잠수함 개발 방침을 세우고, 국영 조선소인 DCN에서 스코르핀급을 개발하여 수출 전선에 남아 있다. DCN은 디젤 잠수함을 다시 생산하지만 프랑스 해군은 그 디젤 잠수함을 사용하지 않고 있다. 이는 프랑스 해군이 일단 핵 잠수함 사용 원칙을 세웠기 때문이겠으나, 자국에서 생산되는 디젤 잠수함이 이웃 나라 독일에 비하여 확실한 기술 열세에 있기 때문이라는 추측을 자아낸다.[75]

더구나 자국 해군이 사용하지 않는 디젤 잠수함의 기술 개발을 위하여 지속적으로 막대한 재원을 투입하여 선진 기술 수준에 도달하고 그 기술을 계속 발전시키며 유지한다는 것은 매우 어려운 일이다. 따라서 프랑스 정부의 막대한 정책적 재정적 지원에도 불구하고 스코르핀급은 AIP도 가용하지 않고 함 전반에 걸쳐 독일 214급과의 현격한 성능 격차를 좁히지 못하고 있다.[76]

독일의 IKL[77]은 현대 디젤 잠수함 설계의 아버지로 존경받는 가블러

---

[75] 영국과 프랑스 해군은 모두 핵추진 잠수함만 사용한다. 이들 나라들은 일찍이 재래식 잠수함 개발에 많은 투자와 노력을 경주한 바 있지만 기술 열세로 재래식 잠수함 노력은 끝내 빛을 보지 못하였다. 그들이 오늘날 재래식 잠수함의 사용을 원한다 하여도 전투 경쟁력이 있는 우수한 잠수함을 건조할 수 있을지는 의문이다.

[76] 스코르핀(Scorpene)급 : 그리스 · 남아공 · 포르투갈 · 한국 등 세계 도처에서 계속 수주에 실패하여 매우 저조한 경쟁 실적을 보이고 있으며 프랑스 정부의 정치 외교력에 힘입어 칠레와 말레이시아 두 나라에 수출하였고 역시 정치적 이유로 인도 해군이 경쟁없이 수척의 스코르핀급 구매를 추진 중이다. 전반적 함 성능의 부진도 문제이나 특히 AIP의 부재가 큰 문제이다. MESMA를 개발하였다고는 하나 기술 문제를 극복하지 못하여 사용 불가 상태이고 앞으로도 AIP가 가용하기 어려울 것으로 보인다.

교수(Professor Gabler)[78]의 주도 아래 뛰어난 잠수함 설계기술을 발전시켰다. 그리고 HDW 조선소는 다른 조선소에 비하여 월등하게 우수한 체계 통합 및 건조 능력을 발전시켰다. IKL과 HDW의 이러한 능력들이 결합되었기 때문에 독일 잠수함이 전세계 잠수함 시장을 석권하게 된 것이다. 세계 잠수함 시장을 제패한 HDW 조선소의 Class-209 잠수함은 타국의 2,500톤 급 잠수함의 성능을 훨씬 능가하는 높은 전투 능력을 절반 크기의 1,200톤 급에서 실현하였고, 은밀성을 포함한 높은 성능과 염가의 가격 조건으로 말미암아 수출시장에서 큰 성공을 이룩하였다.

무기의 일반적 요구 조건이기도 하지만, 특히 잠수함의 경우에 있어서는 같은 수준의 임무 수행 능력과 성능 조건이라면 가능한 한 선체가 조금이라도 더 소형이어야 한다. 선체가 작을수록 경제성과 운용성은 물론이고 은밀성이 증가되어 적이 탐지하기가 어렵기 때문에 궁극적인 전투 생존성, 즉 '싸워서 이길 수 있는 능력'이 증가한다.

---

77 IKL (Ingeneur Kontor Luebeck) : 1946년에 가블러(Gabler) 교수에 의하여 독일 북부의 뤼벡(Luebeck) 시에 설립되었고 전후 50년 동안 전세계의 재래식 디젤 잠수함 설계기술 개발을 주도하였다. 1996년 10월 1일자로 IKL 주식 100%를 HDW사에 매각하였고 그 후 HDW사는 IKL을 흡수 합병하였다.

78 가블러 교수 (Professor Ulrich Gabler, 1913-1994) : 독일 잠수함 설계의 아버지. 2차 대전 후인 1946년에 독일 북부의 뤼벡에 잠수함 설계회사인 IKL을 설립하고 205, 206, 207급 (Class-205, 206, 207)에 이어 세계 잠수함 시장을 석권한 209급 (Class-209) 잠수함을 설계하였고 저소음 고성능 잠수함의 설계에 획기적 족적을 남겼다. 1979년 자신이 설립하였던 IKL을 제자들에게 물려주고 사임한 후에도 Advisor로서 잠수함 설계에 계속 관여하였다. 1958년부터 1978년까지 Institute for Ship building in Hamburg의 교수로 재직하였고 1963년 이래 타계할 때까지 독일 함부르크 대학의 명예교수로 봉직하였다.

　따라서 잠수함의 설계 발전은 "어떻게 하면 보다 더 우수한 성능을 보다 더 작은 선체에 담느냐" 하는 성능향상(性能向上)과 축소지향(縮小指向)의 이질적 두 가치를 조화시키는 끈질긴 연구개발을 연속하는 작업이다. 축소 지향적 설계 능력은 잠수함 자체의 경쟁력 제고의 열쇠이고 사실상 잠수함 설계기술의 기본적 핵심을 이룬다.

　타 잠수함에 비하여 그 선체가 훨씬 작고 경제적이면서 더 우수한 성능을 발휘하는 독일의 209급 잠수함과 독일 기술이 세계의 재래식 잠수함 시장을 석권한 것은 필연적인 귀결이라 하겠다.

　잠수함의 수중 잠항 지속능력을 증가시키기 위한 꾸준한 노력도 계속되었다. 핵추진 잠수함은 말할 것도 없거니와 재래식 디젤추진 잠수함도 AIPS(Air Independent Propulsion System, 공기불요 추진체계)[79]의 눈부신 발전과 더불어 20여 일간을 수면에 부상하지 않은 채 수중에서 잠항을 지속할 수 있는 시대가 도래하였다. 그것은 재래식 잠수함의 효용성이 앞으로 크게 증가할 것임을 예견하게 한다.

　공격 무기 역시 어뢰와 기뢰에만 의존했던 과거의 제한적 능력에서 벗어나 있다. 21세기에 이르러 수중 발사 미사일 체계의 발전으로 잠수함은 수상함은 물론이고 해상에서 활동하는 헬리콥터 등의 항공기, 더 나아가서는 육상의 전략적 목표물까지도 수중에서 공격할 수 있는 전술적, 전략적 무기로 그 역할을 성큼성큼 넓혀가면서 점점 더 가공

---

79 본서 p. 58, 각주 19 참조.

할 무기로 발전하고 있다.

잠수함용 어뢰 분야 역시 구미 선진 각국에 의하여 그 성능 개량이 꾸준하게 거듭되어 2차 대전 당시 신관 문제 등으로 많은 애로를 야기했던 구형 어뢰와는 전혀 다른 차원의 새로운 선 유도 어뢰(wire guided torpedo)가 개발되어 장족의 발전을 이루어왔다.

다만, 오랜 세월에 걸쳐 재래식 잠수함 관계자들의 숙원이었던 수중 잠항 지속능력(underwater endurance), 즉 잠수함이 수면상으로 부상하여 공기를 공급받을 필요 없이 지속적으로 수중에서 작전을 계속할 수 있는 능력을 증가시키기 위한 노력이 20세기 초반 이후 각국의 지대한 관심 속에서 진행되었는데 한 세기를 보낸 후에야 AIP 체계로 그 해답을 얻게 되었다.

공기불요 추진체계(AIP) 개발을 위한 각국의 노력

공기의 공급을 받지 않고 수중에서 잠항과 작전을 지속하는 것은 당초부터 잠수함 관계자들이 집요하게 추구해 온 꿈이었다.

잠항 지속을 위해서는 잠수함 내의 공기가 계속 정화되어 승조원들이 호흡하고 생활하는데 불편함이 없는 정상적인 생활 환경이 유지되어야 하고 잠수함의 기동에 필요한 추진력이 계속 공급되어야 한다.

함내의 공기 정화 문제는 일찍부터 화학적 방법으로 해결이 되어 왔다. 따라서 잠항 지속능력의 증가는 어떻게 하면 대기로부터 공기 공급을 받지 않으면서도 잠수함의 추진력을 수중에서 계속 유지하느냐의 문제에 초점이 맞추어져 왔었다.

2차 대전 중 독일의 칼 되니츠(Karl Dönitz) 제독 주관 아래 잠수함이 수면 위로 부상하지 않고 공기 흡입용 파이프만 수면 위로 내어서 공기를 공급받아 축전지를 재충전하는 스노클(snorkel)이 개발되었다. 그러나 대잠전 능력 또한 계속 발전되어 잠수함이 수면 위까지 부상하지 않고 공기통만 수면 위에 올라오는 스노클 심도(snorkel depth)에만 이르러도 그 잠수함은 적에게 포착되어 여전히 위험에 노출되게 되었다.

재래식 디젤 잠수함은 그 은밀성을 높이기 위해서 일단 안전 해역의 수상 혹은 스노클 심도에서 소음을 많이 일으키는 디젤엔진을 작동하여 전기를 생산하고 그 전기를 대량의 축전지(battery)에 저장한 후 그 축전지로부터 공급되는 전기의 힘으로 모터를 돌려서 추진력을 얻는다. 따라서 축전지의 전기가 다 소모되기 전에 잠수함은 반드시 수면으로 부상하여 대기로부터 공기를 공급받아 다시 디젤엔진을 작동시키고 축전지를 재충전하여야 한다. 잠수함의 내부를 보면 마치 심해 상어의 간처럼 축전지가 차지하는 공간이 엄청나게 커서 처음 보는 이들을 놀라게 한다.

하지만 축전지를 아무리 크게 하더라도 잠수함 내부에 설치할 수 있는 축전지의 양은 제한적일 수 밖에 없으므로 한번의 충전 용량으로 수중에서 잠항을 지속할 수 있는 거리는 잠수함에 따라 차이는 있으나 대략 400여 마일에 불과하다. 따라서 잠수함은 주기적으로 축전지의 재충전을 위하여 부상하여야 한다. 은밀성을 생명으로 하는 잠수함이 전쟁 해역에서 수면에 부상하여 자기의 위치를 노출하는 것은 사실상 자살 행위나 마찬가지이다. 따라서 잠수함이 수면 위로 부상하지 않고 장기간 수중에 머물며 작전을 계속할 수 있는 잠항 지속능력은 잠수함에 있어서 심각하고도 절실한 성능 조건이다.

전술한 바, 대기로부터 공기를 공급받지 않고도 수중에서 잠수함의 추진력을 발생시키는 체계를 AIPS(Air Independent Propulsion System, 공기 불요 추진체계)라 하며 일반적으로 AIP라 통칭한다.

2차 세계대전 후 핵과학의 급진적 발전과 더불어 원자로(nuclear reactor)에 의한 핵추진 잠수함이 개발되자 이제는 잠수함의 수중 항해 지속능력 문제가 항구적으로 해결되었다고 단정하였다.

그러나 해를 거듭할수록 혜성과 같이 출현했던 잠수함용 핵추진 장치가 잠수함의 수중 잠항 지속능력을 해결하는 궁극적 대책으로 일반화되기에는 매우 곤란한 문제점들을 가지고 있음이 나타났다.

문제가 되는 사항들은 다음과 같다.

- 지나치게 높은 초기 투자비와 유지 운영비
- 핵 사용과 핵 폐기물 처리에 관련된 까다로운 감시 및 규제 환경

- 연료 획득과 취급에 따른 정치적, 기술적 문제들
- 방사능 오염과 환경에 미치는 부정적 영향

위에서 열거한 실용적 문제들에 더하여, 국제적 핵확산금지조약 (NPT)으로 평화적 목적 이외의 핵 사용을 엄격하게 금지하는 핵 확산 규제 분위기와 국제 정치적 견제 구조가 현실적으로 핵추진 잠수함의 보편화에 큰 걸림돌이 되고 있다.

이렇게 핵추진 잠수함의 확보 및 운용에 극복하기 쉽지 않은 문제점들이 대두되자 핵추진 잠수함이 실용화된 후에 잠시 수그러들었던 AIP 개발 경쟁이 필연적으로 재연되었고 각국은 다시 경쟁적으로 AIP의 개발에 심혈을 기울였다.

20세기 초엽부터 AIP 개발을 위한 각국의 노력은 보다 은밀한 잠수함의 개발 노력에 버금가리 만치 적극적인 것이었다. 소련도 AIP 개발에 뛰어들었던 나라들 중의 하나였다. 비록 소련 연방의 붕괴와 맞물려 끝내 AIP 개발에 성공을 거두지는 못했으나, 소련 한 나라의 AIP 개발 노력을 보면 각국에서 다투어 수행되었던 AIP 개발이라는 것이 얼마나 어려운 일이었는지 알 수 있을 것이다.

소련에서는 이미 1912년에 이 문제의 연구에 몰두하였던 엔지니어 니콜스키(Nikol'sky)의 창안으로 AIP 방식으로 산소 공급을 받는 폐회로 내연기관을 개발하였고 발틱 조선소의 실험실에서 그 엔진 시험을 성공리에 실시한 바 있다. 그 후 폐회로 디젤(CCD-Closed Cycle Diesel) 연구를 계속하여 1930년대에 이르러 CCD를 실험용 잠수함에 설치하였다.

오랜 연구와 준비 끝에 1941년 7월 1일 AIP 실험용 잠수함인 M-401이 드디어 진수되었고 M-401의 폐회로 디젤 실험 운행은 2차 세계대전이 끝날 때까지 수년 간 계속되었다. 장기간에 걸친 실험 운행을 성공리에 마친 소련 해군은 M-401 실적에 근거하여 폐회로 디젤엔진을 장착한 AIP 잠수함을 설계 건조하였고 1950년 8월 31일에 역사적인 진수가 이루어졌다. 실험용 잠수함 M-401이 진수된 지 9년만이었고 니콜스키의 폐회로 개발로부터는 무려 38년 간이나 계속된 연구개발이 마침내 결실을 본 것이다.

A-615 프로젝트로 명명된 이 획기적 CCD-AIP 잠수함(퀘벡급–Quebec Class)은 1953년부터 1957년 사이에 소련의 여러 조선소에서 30척이 건조되었다. 이미 1950년대에 소련 해군은 당시로서는 세계의 선도적 위치에서 폐회로 디젤 잠수함을 본격적으로 운용하는 해군의 지위에 서게 된 것이다. 퀘벡급은 사실상 당시 전 세계에서 CCD뿐 아니라 모든 전술 및 기술 분야에 걸쳐 명실상부한 선도적 잠수함이었다.

그러나 A-615 시리즈 잠수함의 운용 시간이 증가함에 따라 많은 문제들이 노출되었다. 엔진 격실에서 화재와 폭발이 빈번하게 발생하여 부상자와 화상자가 속출했고 유독 가스로 인한 승조원의 사망, 그리고 심지어는 잠수함 자체가 소실되는 사례도 발생하였다.

너무나 큰 대가를 치르기는 하였지만, A-615 시리즈 잠수함은 결과적으로 소중한 교훈을 남겼다. 그것은 아무리 우수한 기술자, 설계자, 조선소에 의해 개발·설계·건조되고 철저한 실용시험을 통과했다 할지라도 그 장비가 양산되어 실전에 배치되었을 때는 기대했던 성능과 신뢰성에 차질이 생길 수도 있다는 사실이다.

A-615 시리즈 잠수함은 함 전반에 걸쳐 폐회로 디젤로 인한 심각한 안전성 문제가 도출되었는데, 추진체계의 교체만으로는 문제가 해결되지 않았기 때문에 결국 1970년대 전반기에 모두 폐기 처분되고 말았다.

A-615 시리즈는 소련 해군으로서는 엄청난 재정적 손실은 물론 시간과 노력을 낭비한 결과를 가져왔고, 다시는 상기하고 싶지도 않은 쓰라린 경험이 되었다.

위 사건과 거의 동시대의 일로서 2차 대전이 끝나고 독일의 잠수함 개발 활동이 중지된 상태에 있을 때 승전국 측 연합국인 미국·영국·소련 3국은 소련의 주관으로 독일인 엔지니어인 발터(Walter)가 개발한 산소와 수증기 및 과산화수소를 이용한 새로운 방식의 폐회로 추진체계를 심도 있게 검토하고 활용 계획을 구체화하였다. 1947년과 1952년 사이에 소련 해군은 발터의 CCD를 탑재하여 A-617 프로젝트로 명명한 실험용 잠수함을 건조하였고 이 잠수함은 몇 해 후인 1958년에 진수되었다.

그러나 A-617 잠수함 역시 1959년에 과산화수소 공급 파이프의 폭발 사고로 잠수함 선체가 심하게 파괴되었고 결국 실용화 불가 판정이 났다. 이에 따라 동일 방식의 폐회로 엔진 개발 계획은 중단되었다.

그 외에도 다방면으로 많은 노력과 비용을 투입하고 값비싼 희생을 치렀으나 소련은 오늘날까지 결국 AIP의 개발에 성공하지 못하였다.

AIP 개발을 위한 각국의 지속적 노력과 더불어 폐회로 디젤은 독일·화란·영국·이태리 및 소련 등에 의해서, 스털링 엔진은 스웨덴에 의해서, 가스 다이나믹 터빈(MESMA-Module Energie Sous-Marin Auto-nome)은 프랑스에 의해서 경쟁적으로 개발이 지속되어 왔고 그 동안 상당한 진전과 결실을 얻기도 하였다.

그러나 이러한 3개 방식의 AIP들은 모두가 이런저런 형태로 기계를 구동시키고 엔진이나 터빈에서 연료를 연소시키므로 소음과 폐기에 따른 근본적 문제들을 안고 있다. 이들 AIP는 에너지 효율이 20% 내외로 저조하여 많은 연료를 탑재하여야 하는 비경제성의 문제도 안고 있었다.

한편 독일의 HDW와 지멘스(Siemens)사 등이 1960년대에 개발에 착수하여 30여 년 간의 연구 끝에 1990년대 중반에야 실용화에 성공한 잠수함용 연료전지(Fuel Cell)는 기계를 움직이지 않아 소음이 전혀 없고 연료의 연소가 없어 폐기 처리 문제도 일체 없으므로 잠수함에 적용하기에는 매우 이상적인 새로운 차원의 추진체계이다.

연료전지는 산소와 수소를 이용한 화학 에너지를 전기 에너지로 전환하여 그 힘으로 잠수함을 추진한다.[80] 이는 또한 기타 3개 방식의 AIP에 비하여 60%가 넘는 우수한 에너지 효율을 보여 경제성에서도 다른 AIP 체계들을 훨씬 앞지른다.

이처럼 잠수함용 연료전지(AIP-Fuel Cell)는 양산체제가 이루어지지 않고 아직 주문생산 체제에 있으므로 가격이 비교적 고가이고 원양 작전 시 적절한 재충전 시설이 구비되어 있지 않을 경우 수소연료의 재충전에 따른 불편이 있으나 다음과 같은 주요 장점들을 가지고 있어 연료전지에 의한 AIP 세대가 이제부터 본격적으로 도래할 것으로 전망된다.

1) 기계적 구동 부분이 없으므로 소음이 전혀 없다.
2) 연료의 연소 및 배기가 없으므로 폐기 발생이 전혀 없다.
3) 개발 중인 기타 AIP에 비하여 에너지 효율이 3배에 달한다.
4) 산소와 수소 가스 저장의 안전성이 보장된다.
5) 212급과 214급을 통하여 개발과 실용의 신뢰성이 확인되었다.

연료전지는 잠수함용으로 지금까지 개발된 AIP 중 가장 뛰어난 성능을 보일 뿐만 아니라 자동차나 일반 산업 및 가정용 발전기의 미래지향적 에너지원으로서도 가능성이 가장 높은 것으로 인정되고 있어 각국이 경쟁적으로 개발에 나설 정도로 크게 각광을 받고 있다.

지금까지 잠수함용 연료 전지는 독일 · 이태리 · 한국 · 그리스 · 포

---

80 물에 전기를 가하여 분해하면 물은 산소와 수소로 분해된다. 이의 역반응으로 산소와 수소를 특정 매체를 통하여 합성하면 물(H_2O)과 전기 에너지가 생성되는 것이 연료전지(Fuel Cell)의 기본 원리이다.

르투칼 등 5개국 18척의 잠수함에 탑재되고 있다.

GM, 벤츠(Benz), 도요타(Toyota) 등 세계의 5대 자동차 메이저(Major)들을 위시해서 한국전력을 포함한 세계 각국의 에너지 관련 업체들 대부분이 연료전지를 미래의 대체 에너지원으로 보고 실용화를 위한 연구에 적극 참여하고 있다. 최근에 한국의 현대자동차도 연료전지로 구동되는 승용차를 개발하여 선보인 적이 있다.

212급과 214급의 탄생

HDW 조선소는 2차 세계대전 후 17개국에 130여 척의 잠수함을 공급하면서 발주 국가들의 다양한 작전 환경과 요구성능을 소화하는 과정을 통하여 경쟁사들을 훨씬 앞지르는 첨단 기술을 개발하였다.

특히 1967년에 그리스를 시발로 공급되기 시작한 209급은 40여 년의 오랜 세월에 걸쳐 13개국에 60여 척이 공급되었다. 그 과정을 통하여 HDW는 각국의 독특한 작전 요구성능을 소화하면서 재래식 디젤 잠수함이 도달할 수 있는 높은 성능 수준을 만족시키는 점진적 기술 개발 기회를 갖게 되었다.

209급은 발주가 거듭되어 감에 따라 성능 수준도 점진적으로 향상되어 초기(그리스-1967년)의 209급과 말기(한국-1993년, 남아공-2000년)의 209급 사이에는 같은 209급이라 하기 어려울 정도로 기술 세대를 달리하는 현격한 성능 차이를 보인다.

한편 독일 해군은 1969년에 206급 잠수함의 구매계약을 체결한 이래 어떤 성능의 잠수함을 차기 잠수함으로 선정할 것인가를 신중하게 검토하면서 IKL과 HDW가 주관하는 잠수함 기술 개발 과정을 25년간 지켜보아 왔다.[81] 이 기간 중 HDW / IKL은 지멘스사와 더불어 연료전지 방식의 잠수함용 AIP 개발을 완료하였다.

이와 더불어 HDW / IKL은 209급 잠수함 수주가 거듭됨에 따라 잠수함의 정숙도를 획기적으로 향상시키는데 성공하였다. 연료전지의 성능과 신뢰성 그리고 만족할 만한 수준의 잠수함 정숙도 달성을 확인한 독일 해군은 4반세기 만인 1994년에 212급 잠수함 4척을 HDW에 발주하였다.

209급이 이끌어온 독일 잠수함의 수출시장 주도세(主導勢)는 조선소인 HDW뿐 아니라 독일 내 잠수함 탑재장비(sub-systems) 공급사들의 기술 수준을 각 분야에서 고도로 향상시키는 계기가 되었다. 이들 탑재장비 공급사들은 HDW와 더불어 서로 독일 잠수함에 대한 신뢰를 높이는 상승 (相乘) 작용을 하였다.(표3)

212급은 비교적 수심이 얕은 발틱 해에서의 작전을 위주로 하는 독일 해군 고유의 작전 요구성능에 맞추어 설계된 잠수함이고 대양에서

---

81 독일은 자국 고유의 방위산업 정책에 따라서 한국이나 일본과 같은 정부 주도형 잠수함 기술 개발 형태가 아닌 민간업체 주도형 잠수함 개발 정책을 고수하고 있다. 따라서 잠수함 기술 개발과 시장 개척은 전적으로 민간업체의 주도와 책임 아래 추진된다.

탑 재 장 비 제 작 사	공 급 품 목
지멘스(Siemens AG)	추진용 전동기(PermaSyn motor) 연료전지(Fuel Cell)
칼 자이쓰(Carl Zeiss Optronics)	잠망경(Periscope)
아틀라스(Atlas Elektronik)	전투체계, 소나, 어뢰(Torpedo)
엠티유(MTU-Friedrichshafen)	디젤엔진
가블러(Gabler Maschinenbau)	각종 마스트
노스케-케저(Noske-Kaeser)	공기조화 시스템
사우어 & 존(Sauer & Sohn)	잠수함용 각종 펌프
안슈츠(Anschutz)	자이로 시스템
필러(Piller Power System)	잠수함 전용 각종 모터
에어로마리타임(Aeromaritime)	종합통신체계(ICS)

【표 3】 독일 HDW 조선소의 주요 잠수함 탑재장비 제작사 및 공급품

의 작전을 위주로 하는 다른 국가들의 소요에는 적절하지 않다. 따라서 HDW는 212급의 성능 수준을 유지하면서 대양에서의 작전 요구성능을 충족하는 첨단 AIP 잠수함을 수출용으로 별도로 설계하였으며 이를 214급(Class-214)으로 명명하였다. 212급과 214급 잠수함들은 오늘날 재래식 잠수함 중 가장 뛰어난 성능을 확보하고 있다.

연료전지를 장착한 212급은 그 후 이태리 해군이 2척을 추가로 발주하였고[82] 214급은 그리스와 한국에서 7척이 발주되어 현재 건조 중에 있다.

---

82 본서 pp. 121~123, 이태리 해군의 212급 구매 과정 참조.

214급 AIP 잠수함은 그 은밀성과 20여 일에 근접하는 수중 잠항 지속능력으로 인하여 핵추진 항공모함을 포함한 모든 수상함 그리고 핵추진 잠수함에게도 심각한 위협이 될 수 있을 것이다. 따라서 세계 최강의 해군력을 보유한 미 해군은 214급의 성능에 특별한 관심을 갖지 않을 수 없게 되었다.

2002년에 들어서면서 212급과 214급을 낳은 산모격인 HDW의 경영권에 변화가 일어났다. HDW사의 주주였던 밥콕 보르시크(Babcock Borsieg)사가 HDW 주식을 매각하게 되었는데 미국 유수의 금융그룹인 뱅크원(Bank One) 산하의 OEP(One Equity Party)가 전격적으로 HDW 주식을 매입하고 HDW의 지배주주로서 경영권을 장악하였다.

잠수함과는 전혀 관계가 없는 금융기업인 뱅크원이 무슨 배경으로 HDW의 주식을 갑자기 매입하였을까? 단순한 매매차익을 위한 투자인가? 미국 기업인 뱅크원의 HDW 경영권 장악이 독일 잠수함 기술 발전의 장래에 어떤 영향을 미칠 것인가? 수많은 의문이 독일 잠수함 기술에 관심이 있는 사람들의 궁금증을 더하게 했다.

그 동안 독일 정부의 까다로운 수출 규제로 인하여 억제되어 왔던 특정 수개 국에 대한 독일 잠수함 수출의 길이 열리지 않을까 하는 기대 섞인 예상도 대두되었다. 현실적으로 미국의 주도 아래 HDW 잠수함 8척을 대만에 판매하는 문제가 집중적으로 논의되었던 것이 사실이다.[83]

문제의 핵심은 독일 정부 특유의 군사기술 수출 규제 정책이다. HDW의 경영권이 미국이나 또는 어느 누구에게 귀속되더라도 그와는 무관하게 HDW 기술과 그 기술로 건조된 잠수함의 수출 허가권은 여전히 독일 정부가 가지고 있다. 이러한 여건 아래서 미국 기업이 HDW 잠수함 기술을 앞세워 재래식 잠수함 수출시장에서 성공할 수 있을 지에 대하여 기대보다는 회의적인 시각이 지배적이었다.

한편 미국 기업이 HDW의 경영권을 장악하고 있는 동안 미 해군이 독일 잠수함 은밀성 등의 성능 내용을 파악할 시도가 있을 수도 있지 않느냐라는 의문에 대하여 HDW의 경영진은 미측으로부터 그런 시도가 전혀 없었고 그런 일은 있을 수도 없음을 확인한 바 있다.

앞에서도 이야기한 바와 같이 HDW 잠수함, 특히 214급 AIP 잠수함은 미 해군의 주요 주력 함정들에 대한 잠재적 위협이 될 수 있는 성능 조건들을 구비하고 있다. 실제로 한국 해군이 운용하는 209급 잠수함의 높은 성능과 은밀성이 여러 차례의 다국적 해군 합동훈련에서 미 해군 주력함들에게 심각한 위협이 될 수 있다는 사실이 객관적으로 입증된 바도 있다. 미 해군이 날로 은밀성을 더해 가는 재래식 잠수함에 대하여 심각한 위협을 느낄 수 밖에 없는 것이 현실이다. 214급은 209

---

83 오래 전부터 대만은 209급이나 돌핀(Dolphin)급 HDW 잠수함의 도입을 강력하게 희망하여 왔으나 중국을 의식한 독일 정부의 수출 허가 문제로 뜻을 이루지 못하였다. 1980년대 말에는 키룽~카오슝 간의 고속전철 사업권을 독일에 주는 조건으로 독일 잠수함의 수출 허가 문제를 협상하기도 하였으나 결국 합의에 도달하지 못하였다. 미국 자본이 HDW 주식을 매입하고 경영권을 장악하자, HDW는 오랫동안 HDW 잠수함 구입을 희망하여 온 대만에 8척의 잠수함 공급계약을 추진하였다. 선체 (platform)는 HDW에서 건조하고 민감한 무장 분야는 주계약자인 미국측이 공급하는 조건이지만, 독일 정부의 완강한 수출 허가 장벽을 넘지 못하고 결국 사업이 무산되었다. 대만은 HDW 잠수함 도입 노력에서 실패하자 독일 이외의 잠수함 도입 노력도 펼쳤으나 중국이 개입된 정치적 영향으로 화란의 Sea Dragon 외에는 모두 여의치 못하였다.

급보다 더 은밀한 잠수함이 될 것으로 예상된다.

이와 같은 상황 아래서 독일 212급 AIP 잠수함의 임대가 불가능할 것이라는 현실적 판단 아래 미 해군은 스웨덴 해군으로부터 고트란드급(Gotland Class, A-19) 디젤 AIP 잠수함 1척을 승조원 23명과 더불어 연간 약 2,000만 불에 임대하였고 임대된 잠수함은 2005년 6월 27일 미국의 샌디에고 해군기지에 입항하였으며, 엔진과 탑재장비 성능을 점검한 후 7월 말부터 동 잠수함을 가상의 적으로 하여 본격적 대잠훈련을 실시할 계획임을 발표하였다.[84] 1,600톤의 고트란트급 AIP 잠수함은 HDW 잠수함에 버금가리만치 성능이 매우 우수하여 미 해군의 수상함과 핵잠수함들이 은밀한 디젤 AIP 잠수함에 대비한 대잠훈련을 하는데 크게 기여하게 될 것으로 보인다. 이에 더하여 미 해군 내에서는 미 해군도 핵잠수함 뿐만 아니라 우수한 디젤 AIP 잠수함도 보유하여야 한다는 의견이 강하게 대두되고 있다.

대만 등 특정 국가들에게 미국제 무기를 탑재하면서 미국 기업을 주계약자로 하여 HDW 잠수함을 판매하는 노력이 독일 정부의 완강한 수출 허가 장벽을 넘지 못하고 끝내 좌절되었다. 결국 2004년 초에 뱅크원은 HDW의 주식 매각과 경영권 포기 의사를 천명하기에 이르렀고 독일 정부는 HDW 경영권을 독일 기업 이외의 외국 투자자에게 넘기는 것을 사실상 불허하는 분위기가 짙어졌다.

---

84 스웨덴 *Dagen Nyheter*지, 2005년 6월 30일자(미 *Navy Times*지 기사 인용 보도).
  Source : http://www.news.navy.mil/search/display.asp?story_id=17621.

프랑스 국영기업인 탈레스(Thales) 그룹이 2002년 이래 파격적인 고액으로 HDW 매입 의사를 타진하였으나 독일 정부가 이를 수용하지 않은 것으로 전해지고 있다. 독일에서 HDW 이외에 제2의 잠수함 조선소인 TNSW사를 보유하고 있는 튀센크루프(ThyssenKrupp)가 HDW 주식 매입 및 경영권 확보에 관심을 표명하였고, 독일 정부와 미국의 뱅크원도 이를 긍정적으로 받아들여 HDW의 경영권은 2004년 말에 독일의 튀센크루프에 귀속되었다.

결국 현존하는 잠수함 중 가장 은밀한 것으로 지목되고 있는 212급과 214급 잠수함의 산실인 HDW의 경영권은 2~3년 간의 외도 끝에 미국 기업으로부터 다시 독일 기업으로 되돌아간 것이다.

싸우면 이기는 잠수함, 싸우면 질 수 밖에 없는 잠수함

우리 나라를 둘러싸고 있는 이웃 나라들은 모두가 세계적 강국들이고 잠수함 분야의 능력 또한 한결같이 세계 굴지의 유수한 잠수함 선진국들이다. 주변국들의 압도하는 군사력과 정보 능력 앞에서 대칭 방식의 정규전 전략으로는 도저히 우리의 국력과 기술력이 이를 뒷받침하지 못하므로 승산이 없음은 앞서 말한 바와 같다.

주변의 군사 및 정보 강국들을 볼 때, 우리가 가장 의지할 수 있는 무기는 상대방의 정보망에 탐지되지 않으면서 수중에서 행동할 수 있고, 상대방의 막강한 해·공군력에도 불구하고 상대국 해상교통로의 봉쇄가 가능하며, 상대국 육상전략 거점을 공격할 수도, 다양한 기습작전을 펼 수도 있는 은밀성 높은 공격용 잠수함이라는 사실도 앞에서 심도 있게 논의하였다.

그러나 그냥 잠수함을 획득하고 운영한다고 해서 잠수함을 통하여 약소국(弱小國)에서 강소국(强小國)으로 도약하기를 원하는 우리의 국가적 염원이 저절로 이루어지는 것은 아니다.

모든 무기체계의 일반적 속성이 다 그러하지만, 특히 잠수함에 있어서는 맞수가 될 것으로 예상되는 적 잠수함보다 우리 잠수함이 공격 및 방어 양 측면의 성능에 있어 확실한 비교 우위를 확보하는 것이 절대적 요건이다. 싸우면 질 잠수함이라면, 즉 주변국 잠수함보다 열등한 잠수함이라면, '없는 것보다는 낫다'는 안이한 생각만으로 비싼 돈을 들여서 획득하기에는 주저할 수 밖에 없다. 우수한 잠수함과 열등한 잠수함은 효용면에서는 큰 차이가 있으나 획득 비용 면에는 뚜렷한 차이가 없기 때문이다.

잠수함을 불필요하게 크게 설계하는 경우 성능은 열등하면서 획득 비용은 더 비싸게 된다. 따라서 우리가 한국형 잠수함을 획득할 경우에는 처음부터 주변국 잠수함보다 더 우수해서 '싸우면 반드시 이길 잠수함'을 확보하는 목표에 확고하게 초점을 맞추어야 한다.

그것은 은밀성을 포함한 전투 생존 능력과 공격 능력이 우수한 잠수함, 즉 선체가 가능한 한 가장 작고 정숙하며 공격 능력이 우수한 컴팩트(compact)한 잠수함을 의미한다. 이에 더하여 승조원의 운용 능력, 후방의 지원체제, 그리고 잠수함의 기지(基地) 등 모든 조건들이 포괄적으로 주변국들의 그것보다 더 우수하여야 함을 말한다.

그것은 상대 국가 잠수함, 수상함, 대잠항공기 등의 집요한 추적 및 공격망을 뚫고 무력 분쟁 상대국에 대한 통상파괴와 해상교통로 봉쇄를 실제로 행사할 수 있는 수준의 잠수함을 의미한다. 일단 유사시 바다 속에서 피아 잠수함 사이에 전투가 벌어졌을 때 적함이 아군함을 접촉, 식별하기 전에 적함을 먼저 접촉, 식별하고 적함이 어뢰를 발사하기 전에 먼저 어뢰를 발사하여 적함을 명중, 침몰시킬 수 있는 잠수함을 말한다.

그것은 성능 및 가격 경쟁력이 우수하여 국내외에 판매가 가능한 우수한 상품이 되어야 함을 의미한다. 다시 말하여 선체는 반드시 작고 성능과 가격 경쟁력은 뛰어나야 한다. 선체가 크면 필연적으로 은밀성을 위시한 제반 성능은 낮아지고 선가는 높아져서 판로가 제한된다. 잠수함의 우수성이 떨어져 판로가 열리지 못한다면 애써 이룩한 국가적 잠수함 설계 및 건조 능력은 당분간만 반짝할 뿐, 장기적으로는 퇴락하고 말 것이다. 이는 잠수함 개발 경쟁에서 밀려난 유럽의 선진국들과 호주의 사례가 증명하고 있는 사실이다.

우리 나라는 어려운 국가 재정 속에서, 비록 주변 강국들에는 훨씬 못 미치지만 매년 막대한 국방비를 힘겹게 지출하며 전력 증강에 힘껏 노력하고 있다. 이러한 전력 증강 사업에 있어서 투입되는 예산의 크기에 못지않게 중요한 것이 투자 우선 순위이다. 앞에서 강조한 바와 같이 주변국의 강력한 군사력에 대응하기 위해서는 잠수함 전력이 가장 효과적이라는 사실이 경험적으로 또 역사적으로 입증되었다.

더욱이 한반도 주변의 해양 환경이 잠수함이 숨어서 작전하는데 최적의 조건을 갖추고 있는 상황이다. 따라서 우리의 전력 증강 사업 중에서 잠수함 사업에 최우선적인 투자 우선 순위가 주어져야 할 것이다. 그러나 안타깝게도 그렇지 못한 것이 오늘날 우리의 실정이다.

우리 나라는 전략적 차원에서 우수한 잠수함 설계 능력 축적 방안을 포함하여 우수한 잠수함 확보를 위한 국가적 관심과 노력을 기울여야 한다. 그리고 잠수함 건조 사업에 대한 투자 우선 순위와 투자 정책을 반드시 재검토할 때임을 인식해야 한다.

2차 대전의 전운이 감돌고 있을 때 독일 잠수함 부대 사령관 칼 되니츠 제독이 U-보트 300척 건조를 주창했던 예를 귀감으로 삼아 우리의 전력 증강 사업을 새로운 지평에 서서 다시금 진지하게 구체적으로 논의해야 할 시점에 와 있기 때문이다.

6

우리 나라 잠수함 능력의 현주소[85]

한국은 세계 44개 잠수함 보유국 중에서 뒤늦게 43번째로
잠수함을 갖게 되었으나, 지난 15년 간 잠수함 건조와 운용에
뛰어난 재능과 기질을 보여, 장차 우수한 잠수함 강국으로 부상할
잠재력을 입증하고 있다.

1950~1970년대의 한국군 전력증강 환경과 잠수함

1953년 7월에 정전협정이 체결된 지 3개월 후인 같은 해 10월에
한·미상호방위조약[86]이 조인되었다. 정전(停戰)은 종전(終戰)이 아니므로
그 기간은 준 전시 상태로 장기간이 될 수도 있다. 결과적으로는 50년
이 넘게 정전 체제가 지속되고 있기는 하나, 어느 한순간에라도 전쟁
이 재발될 수가 있기 때문에 협정 체결 후 남과 북은 필연적으로 전력
증강에 모든 힘을 경주하였다.

1950년대의 한국은 참으로 가난하였다. 산업이라고는 농업이 사실상

---

85 6장에서 기술한 군사력 자료는 *Jane's Fighting Ships*, 2002~2003 및 2004~2005에서 인용하였다.
86 한·미상호방위조약(Mutual Defense Treaty between the ROK and the USA):1953년 10월 1일
조인, 1954년 11월 18일 발효, 전문 6개조, 무기한 유효. 이 조약은 지난 50년 간 한반도에서 전쟁 억
지력의 실질적 근간을 이루어왔다.

전부였는데, 3년 간의 전쟁으로 농업 기반이 심각하게 무너져 국민들은 우선 먹을 것이 문제였다. 미국이 공법(PL -Public Law) 480조에 의해 지원한 막대한 양의 잉여 농산물 원조가 아니었다면 우리 나라는 정부 재정도 국민의 호구지책도 모두가 어떻게 되었을지 상상할 수가 없다.

당시 세계에서 최빈국 대열에 속했던 우리가 스스로의 힘으로 군사력을 구축한다는 것은 사실상 불가능한 일이었다. 반면에 당시 남한에 비하여 전력 공급이나 중공업 등 월등한 산업 능력과 경제력을 보유하고 있던 북한이 소련과 중국의 비호 아래 군사력을 강화하며 호시탐탐 남한을 넘보는 상황 아래서 전력 증강은 외면할 수도 없는 절대적 요구였다.

이와 같은 어려운 상황에 따라 한국군의 전력 증강 방향은 한·미 연합방위의 틀 안에서 한국은 기본적으로 인적 자원을 지원하고 미국은 기술과 장비, 즉 물적 자원을 담당하는 식으로 발전되어 왔다. 한·미 간에 그와 같은 요지의 한국군 증강에 관한 어떤 합의가 존재했는지는 정확히 알 수 없으나, 결과적으로 한국은 육군의 육성에 치중하고, 막대한 투자가 요구되는 해·공군력은 미국의 군사력에 의지하는 방식, 즉 "바다와 하늘은 미국에게 맡긴다"는 식의 군사력 구축이 이루어져 왔다.

위와 같은 환경에서 한국군 전력 증강은 한국군과 유사시 가용할 수 있는 미군의 군사력 전부를 포괄적으로 본다면 결과적으로는 나름대로의 균형을 이루었겠으나, 한국군만 분리하여 본다면 육·해·공군 간의 균형된 발전을 이루지 못하고 상대적으로 강력한 육군과 그에 비하여 매우 허약한 해군과 공군을 낳게 하였다. 해군력과 공군력을 키울 경제력이 없던 당시의 나라 사정을 볼 때 그것은 필연적인 선택이면서 또한 최선의 선택이었다고 볼 수 있다.

자력으로 해군력을 증강하기에는 도저히 역부족인 국가 경제력, 한미 군사 협력의 틀 안에서 유사시 해군력은 미국에 의존하게 되어 있는 점 등을 볼 때 1960, 1970년대의 상황은 북한이 잠수함 세력 구축에 나선 사실을 인지하면서도 한국이 독자적으로 잠수함을 획득하기는 매우 어려운 환경이었다.

한편 북한은 정전협정이 체결되고 남북의 군사 대치 상태가 소강 국면으로 접어든 1960년대에 이미 잠수함 능력 구축에 착수하였다.

북한은 구 소련으로부터 1963년에 2척, 1967년에 2척 등 4척의 위스키급(Whisky, 1,350톤) 잠수함을 도입하였고 70년대에 들어서는 중국으로부터 로미오급(Romeo, 1,800톤) 잠수함 7척(1973년 2척, 1974년 2척, 1975년 3척)을 도입하였다. 북한은 여기서 멈추지 않고 잠수함 건조 기술을 도입하여 1976년부터는 마양도 조선소와 신포 조선소에서 로미오급 잠수함을 건조하면서 1970년대에 이미 잠수함 생산국으로 부상하였다.

로미오급 잠수함은 1995년까지 건조를 계속하여 22척에 이르렀다. 그 외에도 다양한 목적의 상어급 및 유고급 잠수함과 잠수정을 건조하여 비록 성능이 우수하지는 못하나 숫자에서는 로미오급 22척, 상어급(277톤) 26척 그리고 유고급(110톤) 36척 등 80여 척의 잠수함과 잠수정

세력을 유지하고 있다.[87]

북한 잠수함은 전통적인 잠수함 개념으로 볼 때 상식에서 벗어난 특

【사진8】 북한이 22척 보유하고 있는 1,800톤 형 로미오급 잠수함. 처음에는 중국에서 도입하였고
1976년부터는 신포와 마양도 조선소에서 자체 건조하였다. 속도는 수상 15노트, 수중 13노트,
승조원 54명. 18척이 동해에, 4척이 서해에 배치되어 있고 1985년 2월에 1척이 침몰하였다.

【사진9】 북한은 1996년 1월 18일 간첩과 공작원 남파 목적으로 보이는 상어급 잠수함 1척을 동해의
강릉 안인진 근해에 침투하였다가 좌초되어 한국 해군 해난구조대(SSU) 요원들이 조사하고
있다.

---

87 *Jane's Fighting Ships*, 2002~2003, p. 411.

이한 면이 있다. 22척의 로미오급은 정규 잠수함이기는 하지만 1930
년대에 소련이 설계했던 잠수함으로 그 설계가 중국에 이전되었다가
다시 북한으로 전수된 매우 낡은 기술이며 오늘날의 첨단급 잠수함과
는 거리가 먼 것이다.(사진8) 상어급과 유고급은 소형 잠수정으로서 일
반 작전에 투입될 수도 있겠으나 간첩, 공작원 등 비정규전 요원의 후
방 침투 목적에 우선 순위를 둔 것으로 보이는 잠수함이다.(사진9)

비록 북한의 잠수함들이 그 성능에 있어서 우수한 면모를 가지고 있
지는 못한다 하더라도, 잠수함은 역시 잠수함이고 수중에서 탐지가 어
렵기 때문에 많은 척수의 잠수함들은 우리들에게 상당한 위협이 될 수
있다. 저들이 수적 우세를 내세워 수상함 공격이나 기뢰 부설에 의한
항만 봉쇄, 비정규전 요원의 후방 침투 작전을 편다면 그에 대한 대응
이 쉽지 않을 것이다.

우리 해군이 아직 잠수함을 막연히 바라보며 획득을 위한 꿈만 키우
고 있을 때 북한은 벌써부터 이를 해외에서 도입하기도 하고 스스로
건조하기도 하면서 잠수함 능력을 양성하여 왔다.

209급 잠수함의 획득

1953년 이루어진 한국전 휴전협정 조인 이래 불안한 정전 상황을 지
속해 온지 16년 후인 1969년에 미국의 닉슨 대통령은 닉슨 독트린

(Nixon Doctrine)을 발표하고 1971년에 주한 미군 7사단을 일방적으로 철수시켰다. 이에 따라 미군의 철군을 한사코 반대하고 저지 노력을 하였던 박 대통령을 위시한 한국 지도부는 미국의 대한(對韓) 방위공약에 대한 심각한 불신에 빠졌다. 1970년대 말에 빚어진 미국 카터 대통령과 한국 박정희 대통령 간의 인권 외교 갈등으로 한·미 간에는 새로운 냉기류가 조성되었고, 주한 미군의 추가 철수 가능성이 가시화되면서 한국은 벼랑 끝에 몰리듯 안보 위기감에 사로잡히게 되었다.

그러나 손 놓고 있을 수 없는 절박감으로 한국 정부는 "우리 국토는 우리가 지킨다"는 각오와 더불어 자주국방 정책의 의지를 분명히 하였다. 방위세가 신설되고 율곡사업이라는 이름 아래 폭넓은 전력 증강 사업이 개시되었다. 그에 더하여 한국 정부는 주한 미군의 추가 철수는 핵무기 개발을 불가피하게 한다는 논리로 배수의 진을 치는 동시에 미국의 도움 없이도 독자 생존을 강구하는 비장한 대책으로 '궁극적 무기'[88]의 획득을 적극 추구하게 되었다.

자주국방 의지와 율곡사업의 추진은 건국 후 처음으로 해·공군력에 대한 새로운 증강의 지평을 열어 해군은 비로소 잠수함을 획득하겠다

---

[88] 1972년 9월 8일 〈보고번호 제48호 프로토늄 핵무기 개발계획〉, 청와대 제 2경제 수석 오원철 작성 보고 : 당시 한국 정부는 주한 미군 추가 철수는 필연적으로 핵무기 개발을 불가피하게 한다는 배수의 진을 치며 한편으로 강경한 철군 저지 노력을 하면서 또 한편 핵무기 개발을 추진하며 미국의 대 한국 안보 공약의 철저한 준수를 강하게 촉구하였다. 한국의 핵무기 개발 노력은 1979년 6월 29일 카터 방한 당시 인권 외교에 대한 이견에 더하여 양국 정상으로 하여금 첨예한 갈등을 빚게 하였다. 「월간조선」, 2003년 8월호, p.190.

는 꿈에 가까이 다가갈 수 있었다.

율곡사업을 개시할 당시인 1976년에는 이미 북한이 신포와 마양도 조선소에서 로미오급 잠수함을 생산하고 있었고, 그 사실은 남한 수뇌부로 하여금 율곡사업 추진 초기부터 잠수함을 가져야겠다는 의지를 유발하였을 것으로 판단된다. 실제로 당시에 박 대통령은 잠수함 획득 의지를 천명한 바가 있었다.[89]

율곡사업이 개시된 지 수년 후 한국 해군이 그렇게도 고대하던 잠수함을 보유할 기회가 찾아왔다. 당시 율곡사업이 규모나 내용면에서 착실히 추진되고 있었고 군 전력 증강에 대한 집념이 강하였던 전두환 대통령이 잠수함 획득의 당위성에 관한 보고를 받고는 잠수함 획득 노력에 적극 찬동하며 추진을 지시하였기 때문이었다.

1982년 초에 해군본부에 잠수함 획득 임무가 부여되자 이를 오랫동안 기다렸던 해군은 적극적으로 독일·이태리·프랑스 등 서구의 잠수함 선진국 관련 회사들을 불러들여서 상담에 들어갔다. 수개월에 걸

---

89 일찍이 1970년대 중반에 박정희 대통령은 잠수함 획득 의지를 천명한 바 있다. 지금은 타계한 H그룹의 C회장이 생전에 여러 차례 필자에게 술회하였던 바에 따르면, 1970년대 중반 율곡사업 개시 초기에 박 대통령은 당시 국내에서 유일한 중공업 규모의 기계공업 능력을 구비하고 있던 H그룹의 C회장에게 잠수함, 전차, 구축함을 국내 생산하도록 당부하였다. 그에 따라 해군의 소형 구축함(FFK)과 육군의 전차(K-1)는 국내 생산을 하였으나, 잠수함만은 유럽 선진국들(독일 HDW, 영국 Vickers)과 협의를 한 결과 시기상조로 판단, 당시로서는 추진이 불가능하여 일단 유보하였다. 이런 배경으로, 잠수함 사업은 이미 정부가 H그룹에 사업추진을 위임한 것이고, 따라서 장차 언제라도 잠수함 사업이 재개되면 그 일은 반드시 H그룹이 맡아야 한다는 것이 잠수함 사업에 관한 C회장의 일관된 입장이었다. C회장은 장차 한국의 장래에 있어 잠수함은 매우 중요한 무기체계이고 그 사업은 틀림없이 성공적으로 이루어져야 하기 때문에 H그룹이 맡아야 사업이 제대로 되어 국가에 기여가 될 것이라는 확신을 가지고 있었다.

친 외국 잠수함 업체들과 상담을 통하여 잠수함 도입 사업의 실상을 파악한 관계자들은 "아하! 이렇게 사업을 추진하는 것에는 문제가 많구나"라는 생각을 갖게 되었다. 이는 조용하고 차분하게 사업을 추진하려 했던 당초 해군의 의지와는 달리 잠수함 수출에 혈안이 된 각국의 잠수함 업체들의 과잉 경쟁으로 인하여 초청되지도 않은 다수 업체들까지 대거 입국하면서 한국 해군의 잠수함 획득 사업은 곧이어 국제적 이목이 집중된 사업으로 발전되었기 때문이었다.

아니나 다를까, 1984년에 접어들면서, 잠수함 획득 사업이 순탄하게 흘러가지 못할 것 같은 불안과 우려가 안팎으로 불거지더니, 급기야 정부는 잠수함 획득 사업을 무기한 연기시켰다. 당시의 정황으로 미루어볼 때 그 결정은 사실상 잠수함 사업의 중단을 뜻하는 것이었다.

그 후 2년이 지난 1986년 여름에 접어들면서 잠수함 획득 사업이 다음과 같이 전례에 없는 아주 새롭고 다른 방식으로 재개되었다.[90]

첫째, 사업의 추진 즉 해외업체와의 협상, 기종 결정, 계약체결과 집

---

[90] 잠수함 획득은 숙원 사업이었으나 우방국이 이를 달갑게 여기지 않는다는 인식 때문에 사업 추진에 있어 당시의 정부는 대 우방국 관계에 대해 심각한 수준의 부담을 안고 있었던 것으로 보인다. 잠수함 획득 사업을 순조롭게 진행시키는 한편 다음 정부에 부담을 주지 않기 위해서 제5공화국 정부는 사업추진 기간을 1년 6개월로 잡고 최소한 정부 교체 2~3개월 전에 사업을 종결하기로 하고 1986년 6월에 조용히 획득 추진을 재개하였던 것으로 보인다. 사업은 계획대로 극비리에 진행되어 1년 반 후인 1987년 11월, 당시의 대통령 임기 3개월을 남겨두고 정부 재가를 끝내고 대우조선과 HDW 간의 계약을 확정하였다. 따라서 잠수함 사업은 이미 추진된 기존 사업으로서 다음 정부인 제6공화국은 대 우방국 외교 부담으로부터 자유로울 수 있었을 것이다.

행 등은 고도의 기밀 유지 속에 추진되었고,

둘째, 사업 추진의 모든 주도권은 선정된 조선업체에게 전적으로 일임되었다.

한편 기존의 방위산업 업체 간의 사업 배분 정서와 잠수함을 통해 국가에 기여하겠다는 H그룹 C회장의 강한 의지와 집념으로 보아 잠수함 사업은 당연히 H조선소의 몫으로 돌아갈 것이라는 당초의 예측이 빗나가면서 뜻밖에 대우그룹(대우조선)이 사업을 맡게 되었다.[91]

1986년 여름에 발족된 잠수함 사업단은 독일의 209급(Class-209), 불란서의 아고스타(Agosta)급, 그리고 이태리의 사우로(Sauro)급 등 3개 잠수함 간의 경쟁을 통하여 잠수함 성능, 가격, 건조기술, 군수지원 및 교육훈련 등 제반 조건들에 대한 치밀한 협상을 벌여나갔다.

1년 반 동안 추진된 강도 높은 협상 끝에 사업단은 독일의 209급 1,200톤 형(Class-209, Type 1,200)을 선정하고 1987년 11월에 독일 HDW사와 대우사업단 간에 1차 사업분인 3척의 구매계약을 체결하였

---

91 당시의 상황은 항공기 산업 합리화 위원회에서 이미 결의된 바에 따라 D그룹이 전투기 사업을 맡을 것으로 알려져 있어 이미 D중공업 내에 주무 부서가 들어서고 300여 명의 인력 배치가 이루어져, 잠수함 사업은 H그룹이 담당할 것이라는 항간의 예측이 있었다. 그런 가운데 막상 드러난 결과는 뜻밖에도 그때까지 방위산업과는 거리를 두고 있던 S그룹이 전투기 사업을 맡고 D그룹이 항공기 사업 대신 잠수함 사업을 담당하게 되어 C회장의 적극적 의지에도 불구하고 H그룹은 잠수함 사업에서 멀어지게 되었다. 그 후 결코 잠수함 사업을 포기하지 않던 C 회장의 잠수함 사업 참여 의지는 잠수함 사업 추진에 계속 심대한 영향을 끼쳤다. 2000년에 들어서 결정된 KSS-II 사업에서 H중공업은 214급 3척의 잠수함 건조계약을 성취하여 그룹의 숙원을 달성하였다.

다. 마침내 우리 해군이 그렇게도 열망했던 잠수함을 획득하게 된 것이다. 이로써 우리 나라는 세계에서 43번째 잠수함 보유국이 되었다. 당시 우리 나라의 경제적 위상이나 해군의 규모, 그리고 잠수함 보유에 대한 해군의 염원으로 보아 비교적 늦게 잠수함을 갖게 된 편이었다. 그것은 앞서 언급한 바와 같이 우리 나라의 군 전력 증강 현실이 잠수함의 획득을 추구하기에는 용이하지 않았던 환경 때문이었다.

1번 함은 독일 HDW조선소에서 건조하면서 해군 및 국방과학연구소(ADD)의 정예 요원들과 대우의 건조 기술자들을 현지에 파견하여 건조기술의 현장 실습교육(OJT - On the Job Training)을 받으면서 잠수함 운용, 정비, 보급 등 다각도의 잠수함 관련 능력을 습득하게 하였고, 2번 함부터는 독일 기술자들의 현지 지도 아래 대우조선의 옥포 조선소에서 우리 기술자들이 건조하였다.

이렇게 시작된 잠수함 사업은 2차 사업으로 1989년에 3척, 3차 사업으로 1993년에 다시 3척 계약을 추가하여 209급 9척을 확보하는 진전을 보였다. 1번 장보고함은 1992년 10월에, 마지막 9번 이억기함은 2001년 12월에 해군에 인도되어 현재 9척이 성공적으로 작전 운용 중에 있다.[92] 그리고 2차 분 3척과 3차 분 3척은 무장과 통신 능력 등을 더하여 점진적으로 개선된 잠수함으로 발전되었다.

---

92 *Jane's Fighting Ships*, 2002~2003, p. 417.

【사진10】 한국 해군의 209급 1,200톤 형(Class 209, Type 1200) 잠수함인 '이억기' 함.
한국에 공급된 209급은 수십 년 간 계속되어 온 성능 개량 과정 등을 거쳐 첨단 재래식
잠수함인 212 / 214급으로 가기 직전 단계의 209급으로서 은밀성을 위시한 높은 수준의
전투 생존성과 공격 능력을 보유한 잠수함이다.

1992년에 HDW로부터 한국 해군에 인도된 1번 장보고함은 6개월 동안 독일 현지에서 함 운용을 위한 기초 단계의 훈련을 마친 후 한국으로 이동하여 1993년에 취역하였다. 이어서 대우조선에서 건조한 2번 함(국내 건조 1번)인 이천함도 1994년에 해군에 인도되었다.[93] 이후 해군 잠수함 부대는 한국 해군으로서는 이제까지 전혀 경험하지 못했던 잠수함 운용 능력의 발전에 심혈을 경주하였다.

그러는 동안에 승조원들을 비롯한 해군의 잠수함 요원들 사이에 209

---

93 앞의 책, p. 417.

급의 성능에 대한 신뢰가 이루어졌다. 한국에 공급된 209급은 사실상 209급 중에서도 독일 HDW사의 다음 사업인 212급(Class-212)과 214급(Class-214) 사업으로 가는 길목에서 가장 높은 단계까지 성능 개량이 이루어진 잠수함(사진10)이므로 그 은밀성과 기타 성능 수준이 매우 격상된 잠수함으로 평가되고 있다. 잠수함 고유의 특성인 "보다 더 작은 잠수함"을 추구한 설계 탓에 함 내부가 협소하고 승조원들의 생활 환경에 여유가 부족한 점도 있으나,[94] 이는 잠수함의 생존성을 높이기 위한 불가피한 선택이었다.

209급 3차 분 계약이 체결되자, 기존의 209급에 추가적 능력을 더하여 성능을 개량한 개량형 209급을 몇 척 더 획득하자는 의견이 대두되었다. 209급에 AIP를 탑재하고 현측 배열 음탐기(Flank Array Sonar)를 설치하는 등의 성능 개량은 적은 돈으로 기존 209급의 성능을 획기적으로 개선하는 매우 바람직한 방안이었다. 그때나 지금이나 잠수함 설계기술의 습득이 가장 아쉬운 부분이었고, 209급의 성능 개량 사업은 추가적 재정 부담없이 잠수함의 설계기법을 습득할 기회를 부여하므로[95] 그것은 일석삼조의 효과가 있는 유익한 방안이었다.

---

94 잠수함이 크면 생존성이 감소하는 것은 앞에서도 기술한 바 있다. 독일 해군의 206급 잠수함은 더 작아지기 위해서 승조원 침대의 수가 승조원 수의 2/3뿐이다. 1/3은 당직에 임하기 때문이다. 거주성의 증가는 생존성의 감소와 연결된다.

95 209급 잠수함에 AIP와 현측 배열 음탐기(FAS)를 추가하는 성능 개량은 잠수함의 길이를 위시한 톤수, 속력, 회전반경 등 주요 제원이 모두 달라지며 심도 있는 재설계를 하여야 하므로 성능 개량 사업은 잠수함 설계기법 습득(design-OJT)의 좋은 기회가 된다.

3차 계약 후, 209급 획득 계획이 종결되자 계획상 남은 잠수함은 3,000톤뿐이었지만 그렇다고 해서 성능과 소요가 구체화되지도 않은 3,000톤 급 잠수함의 획득을 추진할 수도 없는 진퇴양난의 곤란한 입장에 처하게 되었다.

그 와중에서도 수요군인 해군의 입장과 방침은 확고했다. 그것은 3,000톤 급 잠수함의 획득이 아니고, 잠수함의 설계기술을 확실하게 이전받는 조건으로 209급의 성능 개량형을 몇 척 더 획득하는 것이었다. 따라서 해군은 1994년 이래 3,000톤 급 중형(重型) 잠수함보다는 설계기술의 내실 있는 이전을 전제로 한 209급 개량형의 획득을 꾸준하게 추구하였다.

이에 따라 HDW와 해군 그리고 대우조선 사이에 강도 높은 설계기술 이전 협상이 진행되었다. 그 결과 300여 설계기술 이전 항목[96] 중 HDW가 아닌 독일 정부나 제3 기관이 보유하고 있는 기술 20여 항목을 제외한 설계기술 전부를 이양하는 획기적인 사전 합의가 1995년에 한국 해군과 독일 HDW 사이에서 이루어졌다.[97] 성능 개량 자체가 폭넓은 것이었고 따라서 새로운 함형을 설계하는 것과 비교되는 수준의 대폭적 설계가 이루어져야 할 상황이었으므로 한·독 간의 공동설계와

---

96 HDW와 대우조선이 합동으로 잠수함 설계 항목(design items)들을 검토한 결과, 전체적으로 800여 설계 항목 중 500여 항목은 대우조선이 209급 잠수함 건조 경력을 통하여 이미 습득하였고 나머지 300여 설계 항목만이 협상의 대상이 되었다.
97 1995년의 대 독일 잠수함 설계기술 협상은 당시 해군의 지대한 관심과 독려에 힘입어 국익 차원에서 진지하게 수행이 되었고 기대를 훨씬 초월하는 성공적 결과를 거두었다.

설계실습(design-OJT)을 통하여 설계기술을 이전받을 수 있는 절호의 호기(好機)가 찾아온 것이었다.

설계기술은 그 자체가 학문이고 이론이기도 하지만 그에 더하여 실험적 경험의 축적인 측면이 더 강하다. 예를 들어 잠수함의 현측 수평타(fin 또는 hydroplane, 지느러미) 하나만 보더라도 수평타의 크기와 위치, 경사, 두께, 자재 성분 등 모든 제원은 방사소음, 열, 자기(磁氣) 반응 등과 기동의 유연성에 달리 작용하고 영향을 끼치기 때문에 수많은 설계와 시뮬레이션을 거쳐서 최적의 결과를 얻은 수평타의 사양(specification)을 선택한다. 즉 수평타 하나를 선택하는 데에도 그 동안의 수많은 경험을 통해 얻은 자료가 바탕이 된다.

따라서 설계기술의 이전은 설계이론을 전수하는 설계강의(design lecture)보다는 설계 경험 자료를 전수하는 설계실습에 훨씬 더 무거운 비중이 주어진다. 다른 무엇과 그 중요성을 비교하여 획일적으로 말하기 힘든 일이나 당시 HDW의 회장 더크 라티엔스(Dirk Rathjens)와 설계요원들의 설명에 의하면 설계강의의 비중은 10 ~ 15%에 불과한 반면, 설계실습은 85~90%의 비중을 차지한다. 이는 배우는 자가 가르치는 자와 어깨를 나란히 하고 설계를 같이하며 설계 경험 위주의 노하우(know-how)와 노화이(know-why)를 익혀가는 실습이 설계기술 전수에 있어 핵심임을 의미한다. 설계기술 전수에 관한 한 설계실습의 중요성은 아무리 강조해도 지나친 바가 없다.

그런데 그 핵심적으로 중요한 설계실습은 오직 자기 나라 해군의 잠수함을 설계할 때만 가능한 제한성이 있다. 실습은 실제로 설계를 할 때에 한하여 실시할 수가 있는데, 그 비싼 설계를 실제적인 함 건조계획이 없이 오직 교육 목적만으로 별도로 시행할 수는 없는 일이기 때문에 자국 해군 잠수함을 설계하는 계기가 아니고는 설계실습이 사실상 불가능하다. 잠수함의 높은 비기성(秘器性) 요구 때문에 자국 잠수함 설계를 공개해서 제3국에 설계실습 기회를 줄 해군은 없기 때문이다.

반면 우리의 209급 개량형 확보 계획은 본격적인 설계 과정이 필수적으로 따르게 되어 있었고, 따라서 설계실습을 통한 설계기술 이전이 가능하였으므로, 수요군이 이 사업을 매우 집요하게 추구하였다.

1996년 늦은 봄에 정부 관련 부서(국방부, 합참, 해군)는 H사의 적극적 반대에도 불구하고 획득 계획에서 3,000톤 급 중형 잠수함 x척을 모두 삭제하고 그 대신 209급 개량형 잠수함(SSU) x척을 반영하였다.

이는 국내 조선소의 이해 관계로 보면 사실상 3,000톤 급의 중형 잠수함 건조계획을 추진하였던 H사의 잠수함 건조사업 참여는 봉쇄되고 종전대로 대우조선이 개량형 209급 잠수함 건조를 계속한다는 것을 의미하는 것으로, 줄기차게 잠수함 건조사업 참여를 위해 노력해 온 H사의 강도 높은 반발을 불러일으켰다. H사는 209급 개량형 획득사업 추진을 저지하기 위해 209급 개량형 잠수함 획득사업 추진정지 가처분 신청을 서울지방법원에 제출하여 군 전력 증강 사업이 이례적으로 사법부의 판결을 구하는 재판에 회부되었다.

SSU사업 추진을 둘러싼 H사와 정부 간의 법정 공방과 갈등의 와중에 1년 여의 세월이 흘러 1997년 말에 이르자 대통령 선거의 계절이 다가왔고 재판에 회부되리만큼 말썽 많던 SSU사업 추진은 문민정부를 뒤로 하고 차기 국민의 정부로 넘겨졌다.

놀랍도록 우수한 한국인의 잠수함 적성(適性)

한국이 209급 잠수함 사업을 시작하면서 HDW사 관계자들과 국내의 잠수함 관계자들이 이심전심으로 공유했던 핵심적인 관심사는 다음 두 가지였다.

  – 한국 조선소의 건조 요원들이 잠수함을 제대로 건조할 수 있을까?
  – 한국 해군의 승조원들이 잠수함을 잘 운용할 수 있을까?

뛰어난 잠수함 건조기술 잠재력

전술한 바와 같이 일단의 대우조선 잠수함 건조 요원들이 장보고함의 건조 현장인 독일 북단 킬(Kiel) 항에 소재하는 HDW 조선소에 파견되어 우리 해군이 사용할 장보고함 건조에 동참하면서 함 건조에 따른 현지 실습을 이수하였고, 승조원 역시 현지에 파견되어 수개월 간 기초적 운용교육을 받았다.

그러나 그것은 당초의 계약에 포함되었던 계약조건 이행으로서 너무나 기초적인 사항이었고, 실제 잠수함을 건조하고 운용하기 위해서는 엄청나게 많은 지식과 경험이 요구되었다.

다행히도 대우조선의 잠수함 건조 시설은 설치된 지 여러 해가 지난 독일의 HDW 시설보다 더 선진형이었다. 독일 기술진의 현지 지도와 감독이 있기는 했으나 대우조선의 건조 요원들은 처음이라고 믿기 어려울 정도로 건실하게 잠수함 건조 공정을 이어나갔다. 당초 계획보다 한두 해 늦어질 것을 우려했었으나, 결과는 계획 일정에서 크게 벗어나지 않았다. 오히려 독일에서 건조된 장보고함이 설계회사인 IKL의 업무 과다로 기본 설계가 늦어져서 6개월이나 지연되는 곤욕을 치렀다.

이렇게 시작된 한국 해군과 조선소에서의 209급 잠수함 건조에 대한 도전은, 특히 그 과정을 가까이에서 지켜보았던 독일(HDW) 기술자들을 포함하여 관심 있는 이들에 의하여 해를 더하면서 신뢰를 얻어갔다. 대우조선 옥포 조선소에서의 잠수함 건조에 대한 자신감은 이천함을 위시하여 최무선함, 박위함 등 건조 경력이 쌓여감에 따라 비 온 뒤에 죽순 자라듯 부쩍부쩍 향상되었다. 거기에는 잠수함 건조의 성공에 대한 건조 요원들의 굳은 결의가 있었기 때문임은 두말 할 필요가 없을 것이다.

옥포 조선소는 2001년에 인도된 이억기함까지 모두 8척의 209급 잠수함을 건조하였는데, 마지막 단계에서의 수준은 세계 어느 나라와 비교해도 결코 손색이 없는 잠수함 건조 능력을 이미 달성하고 있었다.[98]

---

98 HDW 조선소의 잠수함 건조 기술자들은 잠수함 건조 경력 10년이 되었던 1998/1999년에 이르러 대우조선의 잠수함 건조 능력이 이미 세계적 선진 수준에 도달하였음을 시인하였다.

건조 능력뿐만 아니라 대우조선 요원들은 기회가 닿는 대로 잠수함 설계 분야에 대한 연구와 지식 쌓기에도 적극적이었다.

잠수함 건조에 관한 한 한국 사람들은 하나를 가르쳐 주면 둘 셋을 터득하는 뛰어난 재능을 가지고 있음을 여실히 보여준 기회였다.

탁월한 잠수함 운용 능력 잠재력

승조원들의 잠수함 운용 능력은 더 놀라웠다.

초기의 잠수함 승조원들은 모든 여건들이 제대로 갖춰지지 않은 가운데서도 악전고투를 하며 잠수함 운용의 불모지대를 헤쳐나갔다. 잠수함용 해도(海圖) 한 장 조차 제대로 없었으니, 그 정황을 가히 짐작할 수 있는 일이다.

바다 위에서 정밀하게 제작된 해도를 보면서 수상 항해를 하는 것도 고도의 지식과 경험을 요구하는 어려운 일이다. 하물며 광활한 바다, 칠흑 같은 어둠 속에서 깊고 얕은 미지의 해저를 항해하는 잠수함 운용은 훨씬 더 어려운 일이다. 해저를 샅샅이 조사해서 수중의 암초나 항해 장애물 등을 자세하게 표시한 해도가 갖추어져 있더라도 어두운 바닷속에서의 잠수함 운용에는 수많은 위험 요소들이 따른다. 각국이 자기 나라에서 발생한 사고 사례의 발표를 꺼리는 탓에 많이 알려져 있지는 않지만 잠수함이 잠수한 후 다시 부상하지 않고 영원히 수장(水葬)된 사고 사례가 적지 않은 것이 이를 반증한다.

우리보다 앞선 잠수함 선진국들은 잠수함 개발 분야에서도 그랬듯이 운용 분야에서도 이미 70년, 80년, 100년의 긴 세월 동안 온갖 시행착오를 거치면서 오늘의 실력을 쌓아왔다.

한국 해군이 1992년 잠수함 운용을 시작한 이래 불모지대나 다름없는 잠수함 운용 능력이 그동안 얼마나 향상되었는지, 잘하고 있는지 잘 못하고 있는지에 대해 관심 있는 국내외 관련 인사들의 궁금증과 더불어 이목이 집중되어 있다.

우수한 잠수함을 보유하면 무엇하는가? 운용 능력이 뛰어나지 못하면 아무리 훌륭한 잠수함도 쓸모 없고 무능한 잠수함이 되기 마련이다. 모든 무기체계가 다 운용자의 능력에 따라서 그 성능 발휘 정도에 차이가 나지만 잠수함의 경우 타 무기체계에 비하여 승조원의 운용 능력이 잠수함 작전 능력에 미치는 영향이 훨씬 더 큰 것으로 평가된다.

강력한 잠수함 전력 형성에는 탁월한 함장의 운용 지식, 경험 및 감각 그리고 승조원들의 운용 능력이 절대적 요소이다. 이점에 있어서 한국 해군은 지난 수년 동안 전세계 해군의 잠수함 역사에서 유례를 찾아보기 힘든 발군(拔群)의 우수성을 과시하였다.

그와 같은 우수성은 한국 해군이 잠수함 선진국들과 어깨를 나란히 하고 참가했던 객관적이고 실전적인 국제적 연합훈련 과정에서 분명하게 드러났다.

한국 해군의 잠수함 운용 실력이 처음 시험대에 오른 것은 1998년의 환태평양 해군 합동훈련 (RIMPAC : Rim of the Pacific Exercise)[99]이었다. 한국 해군 잠수함으로서 RIMPAC 훈련에 처녀 출전하였던 이종무함은 적함 13척(15만톤) 격침이라는 경이적 기록을 달성했다. 그뿐만 아니라 RIMPAC에 참석했던 각국의 잠수함들 가운데 유일하게 훈련 종료시까지 생존하였고, 한 건의 장비 고장도 없이 운용하여 미 태평양함대 잠수함 사령관 알 코네츠니(Albert H. Konetzni) 제독으로부터 '정비 우수함 표창'을 받았다.

2000년에 실시된 RIMPAC에는 박위함이 참가하였는데 1998년 훈련에서 한국 해군 잠수함이 성취했던 뜻밖의 전과로 인하여 적 진영은 박위함을 철저히 경계하였고 박위함 격침에 높은 우선 순위를 걸었다. 그러나 박위함은 적함 11척(9만 6천톤)을 격침하였을 뿐만 아니라 단 한번도 탐지되지 않은 채 최후까지 남아서 적함들을 계속 공격한 잠수함이 되어 코네츠니 제독으로부터 "귀 잠수함은 최후까지 생존하며 공격을 계속하였다(You are the last submarine kept shooting.)"라는 격려를 받았다.

2002년의 RIMPAC에는 나대용함이 참가하여 역시 높은 은밀성과 전투 생존성을 과시하며 적함 10척(10만톤)을 격침했고 전혀 탐지 당하지

---

99 RIMPAC(환태평양 해군 합동훈련) : 1971년 미 해군의 주창(主唱)으로 미국·캐나다·호주·뉴질랜드 4개국 해군이 개시한 태평양을 전장(戰場)으로 하는 종합적 해군 작전훈련. 1개월 간에 걸쳐 참가국 함정들이 청·홍 두 편으로 나누어 실전을 방불케 하는 전투 상황을 전개한다. '격침'이라 함은 가상 격침을 말한다. 매 2년마다 개최되며 일본(1980년), 영국(1986년), 한국(1990년) 등이 합류하여 훈련의 규모가 확대되었다. 한국 잠수함은 1998년부터 참가하였다. 2002년 RIMPAC(2002. 6. 25～7. 21)에는 한국·미국·일본·호주·캐나다·칠레·영국·페루 등 8개국에서 잠수함 6척, 수상함 23척, 항공기 46대가 참여하였고 8개국 이외에 태국·싱가포르·필리핀·말레이시아 4개국도 참관자(observer)를 파견하였다. 2004년 RIMPAC(2004. 6. 29～7. 27)에는 한국·미국·일본·호주·캐나다·칠레·영국 등 7개국에서 잠수함 7척, 수상함 35척, 항공기 100여 대가 참가하였다.

않은 채 최후까지 생존하여 적을 공격한 뛰어난 전과를 수립하였다.

2004년 RIMPAC에는 장보고함이 참가하였는데 구축함들을 위시한 막강한 호위 속에 작전하는 10만톤 급 미 해군 최신예 핵 항공모함 존 C. 스테니스(John C. Stennis)호를 포함하여 적 수상함 15척에 모두 40여 회의 어뢰 공격을 성공시켜서 적 진영의 수상함을 전멸시켰다. 반면에 장보고함 자신은 한번도 상대방에 탐지되지 않은 채 단 한 건의 고장도 없이 끝까지 생존하는 실력을 과시하였다. 그것은 믿기 어려운 놀라운 전과였다.

특히 각종 호위함들의 삼엄한 경계 속에서 행동하는 신예 핵추진 항공모함 스테니스호를 격침시킨 것은 더욱 믿기 어려운 전과였다. 2004년 RIMPAC에서도 역시 미 태평양함대 잠수함 사령관 설리번(Paul F. Sullivan) 제독으로부터 "장보고함이 청군의 수상함 세력을 전멸시킨 능력은 매우 인상적이었다"는 찬사를 받았다.

1998년 이종무함의 전과는 수십 년 간 잠수함의 운용 경력을 쌓아온 잠수함 선진 해군들을 놀라게 하기에 충분했다. 왜냐하면 한국 해군이 잠수함을 운용한지는 겨우 5년 남짓했을 뿐인데다 이종무함의 경우는 취역한 지 불과 3년 밖에 되지 않았기 때문이다. 그것은 일찍이 잠수함 세계에서 그 유례를 찾아볼 수 없는 성공적인 사례였다.

더욱 놀라운 일은 모두 네 차례 RIMPAC 훈련에 참가하는 동안 이종무함이 단 한 차례 P3C 항공기에 수 분 동안 짧게 탐지되었을 뿐, 그 이외에 우리 잠수함은 적의 수상함, 잠수함, 헬리콥터, 대잠항공기 등 막강

한 대잠 세력의 총동원에도 불구하고 탐지된 바가 없는 반면 우리 잠수함은 상대방 함정들을 탐지하여 공격과 격침을 계속하였다는 사실이다.

또 2002년 RIMPAC 훈련시 나대용함은 발사거리 40마일에서 UTM-84G 잠대함 미사일을 수중 50m에서 발사하여 훈련 표적인 18,600톤급 미 해군 퇴역 전투지원함 USS 화이트 플레인스(USS White Plains)의 수면 상단 2m를 명중시켰다.[100] (사진11) 나대용함이 이룬 잠대함 미사일 공격의 성공사례는 한국 해군에서도 앞으로 수중 발사 미사일의 플랫폼(platform)으로서 잠수함의 유용성을 입증한 뜻

---

100 2002년 7월 25일 KBS 9시 뉴스, SBS 8시 뉴스와 당일자 각 일간지 보도.

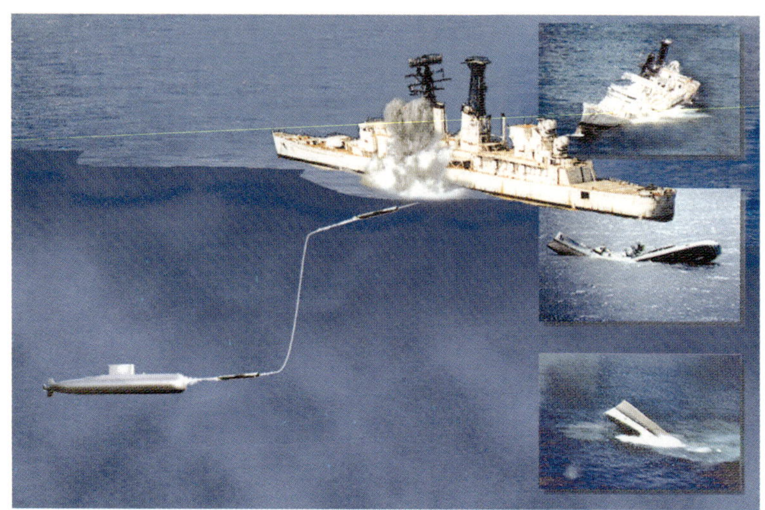

깊은 사례로 평가된다.

　RIMPAC 훈련의 놀라운 전과 외에 1999년 3월 괌(Guam)섬 근처에서 실시된 서태평양 훈련(Tandem Thrust)[101]시에는 미국·호주·캐나다·싱가포르·한국 등 5개국 해군이 미 퇴역 순양함 오클라호마 시티(USS Oklahoma City)호에 실제 어뢰 사격을 실시하였는데 우리 해군의 이

---

101 Tandem Thrust(서태평양 훈련) : 1991년부터 미국·호주 해군 간 격년제로 실시된 훈련. 훈련 내용은 RIMPAC과 유사하여 청·홍으로 나누어 자유 공방전(free play exercise) 및 실 무장 사격훈련을 실시한다. 1998년에 미 해군이 초청하여 1999년 훈련시 한국 해군 잠수함(이천함)이 참가하였다. 한 해 전인 1998년의 RIMPAC에서 한국 해군 잠수함이 보여준 경이적 전과에 따라 한국 해군이 보유한 209급 잠수함의 작전 성능 관찰 목적으로 특별히 초청된 것으로 추정된다. 2001년 이후 훈련이 중단되었다.

천함은 SUT Mod 2 어뢰 단 1발로 표적을 명중시켰고 12,000톤의 거대한 함정을 두 동강 내어 침몰시키는 쾌거를 이루어 내었다.[102](사진12)

그 외에도 일일이 거론할 수는 없으나 짧은 기간의 운용 경험에도 불구하고 한국 해군 잠수함 부대는, 1,200톤 급에 불과한 209급 잠수함으로 태평양을 누비며, 수십 년에서 백여 년의 경력을 자랑하는 선진국 잠수함에 비하여 조금도 손색이 없이, 오히려 그보다 더 앞서는 수준으로 다양한 경험을 빠르게 축적하여 왔고, 운용 능력을 내실 있게 쌓아 왔음이 이모저모로 확인되고 있다.

특히 RIMPAC과 기타 다국적군 간의 연합훈련에서 우리 209급 잠수함이 적에게 탐지되지는 않으면서 적을 탐지하여 침몰시킨 전과는 뛰어난 것이었다.

이는 우리의 209급 잠수함이 매우 우수하고 은밀한 잠수함임을 객관적으로 입증하고 있다. 은밀성은 전투 생존성의 핵심 능력이다. 은밀하지 않고는 적의 탐색에서 살아남을 수가 없다. 이종무함이 몇 분 동안 P3C 대잠 항공기에 탐지된 것 이외에는 네 차례의 RIMPAC 전 훈련과정 중 한번도 탐지된 바가 없었음은 209급 잠수함이 얼마나 탐지하기 어려운 조용하고 은밀한 잠수함인가 하는 것을 말해 준다.

이는 또한 우리 조선소가 생산한 국산 잠수함들이 HDW의 설계에 따라 충실하게 건조가 되었음을 의미한다.

---

102 「경향신문」, 「국민일보」, 「한국일보」, 「한겨레신문」, 1999년 4월 27일자 보도.

이는 또한 우리 해군의 잠수함 승조원들이 짧은 잠수함 운용의 경력에도 불구하고 잠수함 운용 능력이 우리보다 수십 년 앞선 잠수함 강국의 해군에 비하여 조금도 손색 없이 우수함을 증명한다.

이는 또한 우리 잠수함의 정비 수리와 교육훈련 등 후방 지원 능력이 상당한 수준에 도달하여 있음을 말한다.

우수한 잠수함 능력을 확보한다는 것은 마치 교향악과 같이 다양한 분야의 역할 분담 노력이 한치의 빈틈없이 수행되고 조화되어야 가능하다. 그것을 한국 해군 잠수함 부대가 성공적으로 이루어내고 있음이 입증된 것이다.

RIMPAC에서 계속 드러나고 있는 한국 해군 209급 잠수함의 뛰어난 우수성은 한편 반갑기도 하고 자랑스럽기도 하지만 한편으로는 잠수함 성능과 특성이 너무 노출되는 것이 아닌가 하는 염려의 마음도 든다. 은밀성을 주무기로 하는 잠수함은 그 성능치나 성능 특성이 알려지면 알려질수록 손해이다. 좌우간 주변국 해군들은 우리의 209급 잠수함 성능에 놀라고 성능의 분석 검토 등 대응책에 부심(腐心)할 것이다.

앞에서도 언급된 바, RIMPAC에서 보여준 한국 해군 209급 잠수함의 뛰어난 능력은 미 해군으로 하여금 재래식 잠수함의 놀라운 성능에 대하여 방관만 할 수 없는 절박한 대책 수립 요구에 직면하게 하였고 결국 스웨덴의 고트란트(Gotland)급 디젤+AIP 잠수함을 서둘러 대여하여 훈련용으로 사용하는 한편 미 해군 자신도 디젤+AIP 잠수함의 확보를 전향적으로 검토하는 계기가 되었다.

지난 10여 년에 걸친 잠수함 운용 경험을 통해서 우리 해군의 209급 잠수함 선택이 올바른 결정이었음이 입증되었다. 설계 능력을 확보하지 못한 안타까움은 절실하지만, 그래도 국내 기술진들의 잠수함 건조 기술이 확보되었으며, 단기간 내에 내실 있는 운용 능력을 성취함으로써 우리들이 어느 나라 못지않게 잠수함에 대한 뛰어난 적응성이 있음이 확인되었다.

그에 더하여 잠수함이 정보 만능 시대인 오늘날 우리 나라의 해상교통로 보호, 해양 방위, 나아가서는 국가의 안보에 대단히 효과적이고 강력한 무기체계라는 인식도 폭 넓게 수용되고 있다.

지난 10여 년 간의 경험에서 확인된 이 모든 사실들은 4대 강국에 둘러싸여서 힘겹게 생존해야 하는 우리 나라가 주요 해상교통로 보호를 포함하는 해양 방위를 위시하여, 외국의 침략에 대한 강도 높은 보복 능력과 전쟁 억지 전력 구축의 초점을 어디에 맞출 것인가를 결정하는데 매우 유용하고 의미 있는 방향을 시사해 주고 있다.

214급 잠수함의 획득

노태우 대통령 재임시 러시아에 대출한 15억불 경협차관의 회수 시기가 돌아왔으나, 러시아의 경제 사정 악화로 현금 상환이 어렵게 되자 그 일부를 현물로 상환하는 협상이 한·러 간에 진행이 되었다. 러시아 측이 제안한 현물 목록 중 가장 주목되는 품목이 킬로(Kilo, Type 636)급 잠수함이었고, 이에 따라 킬로급 잠수함 수 척을 현물 상환 조건으로 도입하는 협상이 진행되었다.

한때 킬로급 잠수함 도입은 거의 확실해 보였으며 문민정부를 거쳐 국민의 정부가 들어선 후 그 협상은 가속화되었다. 한국 해군 잠수함 실무자들이 여러 자료를 분석하며 킬로급 잠수함을 평가하였다. 잠수함을 도입하지 않으면 경협자금의 회수가 어렵다는 입장에서 정부 내 경제 부처의 입장은 킬로급 잠수함 도입을 선호하는 추세였다.

그러나 킬로급이 러시아가 자랑하는 그들의 최신예 잠수함이긴 하지만 이미 209급 잠수함을 통하여 첨단 수준의 잠수함에 대한 높은 식견을 터득한 한국 해군 잠수함 전문가들의 눈에는 그 잠수함이 탐나는 무기체계가 아닌 것으로 알려졌다.

여러 해에 걸쳐 심도 있게 논의되었던 킬로급 잠수함의 도입 협상은 사용 당사자인 해군의 뜻이 존중되어 끝내 빛을 보지 못하고 국민의 정부 당시에 결국 없었던 일로 종결되었다.

1998년 2월에 국민의 정부 출범과 더불어 국방부와 수요군의 잠수함 획득 관련 업무 담당자들이 모두 새 얼굴들로 바뀌었다. 뿐만 아니라 그동안 많은 어려움을 헤쳐가면서 추진되어 왔던 209급 개량형 잠수함(SSU) 획득사업은 물론이고 잠수함 획득에 관한 기본정책까지도 국민의 정부가 출범한 이후에 어떻게 될 것인지 전혀 예측이 되지 않는 상황이었다. 그런 가운데 1998년 12월에 국방부는 기자회견을 통하여 아래와 같은 요지의 잠수함 사업추진 방침을 발표했다.

1) SSU사업은 취소한다.

2) 1,800～2,000톤 급 첨단 AIP 잠수함 3척을 획득한다.

3) 신규 잠수함 사업은 KSS-II라 칭한다.

4) 획득할 잠수함의 요구사양과 성능은 수요군(해군)이 결정한다.

5) 차기 잠수함 획득사업의 관리는 새롭게 다듬어진 획득 방침과 절
차에 따라 국방부가 주관한다.

위의 발표에 따라 1999년 6월, 국방부에 잠수함 사업평가단이 구성
되었고 수요군인 해군은 새로 획득할 잠수함의 요구사양과 요구성능
을 결정하였으며 국방부는 평가단을 통하여 사업추진에 따르는 협상
과 평가업무를 주관했다.

1999년 8월에 차기 잠수함 획득을 위한 제안요구서(RFP – Request For
Proposal)[103] 설명회가 열렸다. 재래식 잠수함은 아예 생산하지 않는 미
국과 자국 잠수함 수출에 무관심한 일본 두 나라를 제외한 세계 잠수
함 선진국들, 즉 영국·호주·이태리·화란·스웨덴·러시아·독일·프

---

103 해군이 작성했던 KSS-II 사업의 제안요구서는 그 내용면에서 매우 훌륭한 것이었고, 그것을 작성했
던 해군 실무진의 잠수함에 대한 깊은 이해는 참여한 잠수함 선진국의 관계 요원들로 하여금 한국의
잠수함에 대한 깊고 넓은 지식을 경이의 눈으로 보게 했다.

【그림 5】 214급 잠수함(artist view).
AIP-연료전지를 장착하여 수중 잠항 지속능력을 획기적으로 증가시킨 최첨단급 디젤+AIP
추진 잠수함이다. 동급 잠수함은 현재 국내 건조 중이며 수년내 취역 예정이다.

랑스 등의 8개국 모두가 관심을 표명하며 설명회에 참여하였다.

그러나 영국·이태리·스웨덴·화란·호주·러시아 등은 앞에서 설명한 바와 같이 이미 잠수함의 기술 경쟁력을 상실하고 있는 상황이라 경쟁 대상은 자연스럽게 독일 HDW 조선소의 214급(그림5) 과 프랑스 국영 DCN 조선소의 스코르핀급 두 잠수함으로 좁혀졌다.

HDW의 기술 수준을 바짝 뒤쫓으며 우수한 잠수함 설계기술을 보유하고 있던 스웨덴의 코컴스 (Kockums) 조선소는 제안요구서(RFP)가 전달되고 난 후 열심히 제안서를 작성하고 있던 중 1999년 9월 말 조선소 주식의 100%가 독일의 HDW에 매각됨으로써 회사가 HDW에 합병되자[104] 경쟁 대열에서 자연히 탈락하였다.

1년 여의 기간에 걸쳐 국내 전문기관들과 사업평가단의 성능 비교를 포함한 심층 검토 끝에 2000년이 저물어 갈 무렵 해외 공급 부분은 독일 HDW 조선소의 214급으로 결정되었고, 국내의 잠수함 건조업체로는 현대와 대우 양 조선소 간의 치열한 경합 끝에 현대중공업이 선정되었다.

이리하여 현대중공업이 오랫동안의 숙원이었던 잠수함 사업에 참여를 하게 되었다. 반면에 대우조선은 심각해졌다. 대우조선은 이미 십수년 간에 걸쳐 막대한 규모의 잠수함 건조용 전용시설 투자가 되어 있었고, 건조뿐 아니라 설계 등 그 외의 분야에 대해서도 폭넓은 경험과 기술을 쌓아 온 잠수함 전문인력 수백 명을 보유하고 있었다. 이런 상

---

104 본서 pp. 123~124, 코컴스(Kockums) 조선소 매각 배경 참조.

황에서 당장 건조 물량의 확보가 불투명하게 되자, 그 아까운 잠수함 분야의 기술인력과 전용시설들이 유휴 상태에 빠질 위기에 처하였다.

어느 국가를 막론하고, 잠수함 능력은 그것이 함 설계 능력이든 장비 개발 능력이든, 건조 능력이든, 운용 유지 능력이든 모두가 결국 국가 적인 능력이다. 그와 같은 잠수함 능력은 여러 가지 국가의 능력 중에 서도 유사시 국난을 극복하여 국가와 국민을 지키는 안보 역량으로 국 민의 생존과 직결되는 심각한 사안이다.

그런 측면에서 볼 때, 막대한 국가 재정을 투입해서 양성하여 온 대 우조선의 잠수함 전문요원들과 전용시설들이 일거리가 없어 주저앉거 나 당장 문을 닫게 된다면 그것은 결과적으로 국가적인 큰 손실로 직 결될 것이 분명했다.

건조 물량 수주가 중단된 대우조선은 잠수함 전문요원 일부를 상선 사업부로 배속시키고, 일부는 회사를 떠나서 사실상 잠수함 건조 능력 이 와해 직전까지 가게 되었다. 그러나 워크아웃의 어려운 기업 환경 아래서도 그동안 키워온 잠수함 건조 능력과 노하우를 지켜야 하겠다 는 의지로 수십 명의 요원을 독일 HDW에 파견하여 설계교육을 새롭 게 받고, 잠수함 설계와 건조 기법의 향상을 위한 자체 워크샵을 유지 하는 등 정부의 아무런 지원 없이 잠수함 능력을 유지하기 위한 노력 을 힘겹게 지속해 오고 있다.

214급 3척 건조를 진행 중인 현대중공업은 비록 잠수함 건조교육을 받은 바도 없고 축적된 건조 경험은 없으나 세계 굴지의 기술력을 갖춘 조선소로서의 긍지와 투지력, 그리고 현대 특유의 도전 정신을 발휘하면서 소기의 건조 공정들을 착실히 추진해 나가고 있다. 현대중공업이 이 건조사업을 성공적으로 이끌어가고 우수한 잠수함 건조를 위한 전문 기술인력을 많이 양성하여 앞으로 한국 해군의 잠수함 전력 발전에 크게 기여하기를 기대한다.

현대중공업과 병행하여 대우조선의 잠수함 건조 시설을 활용하고 유능한 잠수함 관련 기술자들에 대한 지속적인 기술개발의 기회를 제공하는 것은 우리의 국가적 과제이다. 기왕에 축적해 온 잠수함 건조 기술을 사장시키거나 도태시키게 되면 이는 국가적인 손실과 해양 안보 전략상의 중요한 공백을 초래할 것이다.

건실한 잠수함 기술의 발전은 예측 가능하고 지속적인 신규 잠수함의 설계와 건조 물량의 확보가 핵심적 토대를 이룬다. 미국을 비롯하여 독일·일본·중국 등 유력한 잠수함 선진국들이 국내에 복수의 잠수함 조선소를 유지하고 있는 것은[105] 그렇게 하여야 할 전략적 필요성

---

105 미국은 제네럴 다이내믹스 일렉트릭 보트 디비전(GDEBD - General Dynamics Electric Boat Division)과 뉴포트 뉴스 (NNS - Newport News Ship building) 양 조선소에서 핵 잠수함을 건조하고 있다. 또한 미국에는 NGSS(Northrop Grumman Ship Systems, 종전의 잉골스 조선소-Ingalls Ship building)를 위시한 수개 소의 민간 조선소와 해군 조선소들이 있어 유사시 잠수함의 양산체제로 갈 잠재 능력을 항시 보유하고 있다. 독일은 킬(Kiel)에 소재하는 HDW와 엠덴(Emden)에 소재하는 TNSW 양 조선소가 대등하게 잠수함을 건조하고 있다. 일본은 미츠비시(三菱) 중공업과 카와사키(川崎) 중공업이 매년 1척씩 교호로 잠수함을 건조하고 있다. 중국은 후루다오(葫蘆島, Huludao) 조선소에서 핵추진 잠수함을 건조하고 우한(武漢, Wuhan), 쟝난(江南, Jiangnan), 다롄(大連, Dalian) 등의 조선소에서는 재래식 잠수함을 건조한다.

이 있기 때문일 것이다. 평상시에 과도하게 많은 수의 잠수함을 건조하고 운영하기는 어려운 일이므로 연구개발과 더불어 적정한 수의 잠수함 전력을 유지해 나가고 유사시에 잠수함 전력 증강이 요구될 때즉, 단기간에 잠수함 조선소를 신규로 건설하기 어려운 상황에 대비하여 현실적인 부담과 애로를 무릅쓰고라도 복수의 잠수함 조선소를 유지하는 것은 전략적으로 매우 현명한 일이다.

한국도 현대와 대우 두 조선소의 잠수함 건조 능력이 건전하게 양성되어 일본과 같이 잠수함을 교호로 건조하는 복수 조선소로서의 능력을 경쟁적으로 계속 유지할 수 있다면, 그것이 국익을 위하여 가장 바람직한 방안이 될 것이다.

214급 잠수함 획득과 잠수함 설계 능력

1987년 최초의 209급 잠수함 3척에 대한 계약을 협상할 때 잠수함 설계교육을 받아야 한다는 주장과 함께 계약 항목에 옵션 조건부로 설계교육 항목과 그에 수반되는 약 40여 억 원의 소요 비용을 같이 계상하였고, 그대로 최종 계약이 서명되어 잠수함 사업 착수 초기에 설계교육을 받을 수 있는 계기가 마련되었다. 여기서 옵션 조건부라 함은 계약에 포함은 되었으나 계약 쌍방이 그 조항을 유효화하여 집행할 수도 있고 또 묵살할 수도 있다는 뜻이었다.

설계교육을 받기는 받아야 하는데 40억 원의 돈을 누가 지출하느냐 하는 문제가 수요군인 해군과 사업 집행 주체인 대우 간의 팽팽한 줄다리기로 이어졌다. 줄다리기를 계속하는 기간이 길어지는 동안 독일 뤼벡(Luebeck) 시의 IKL사에서 진행하던 한국형 209급 설계작업이 이미 너무 많이 진척되어 있었다. 그 결과 설계 현장에서 실습을 하면서 교육을 받을 OJT 기회를 상실하였다.

설계교육에는 앞에서 언급한 바와 같이 강의와 실습이 있는데 실습의 중요도가 절대적이고 그 실습은 자국 해군 잠수함을 설계할 때에 한하여 실현 가능하다. 209급이 기존 함형이기는 하지만 그것은 이름만 기존의 것이었고 내용에 있어서는 한국 해군 특유의 성능과 사양 요구 범위가 넓어서 거의 새 모델 창출에 준하는 설계를 새롭게 해야 했다.

그러므로 한국형 잠수함 1호인 장보고함 설계가 우리로서는 잠수함 설계기술을 실습을 통하여 배울 수 있는 절호의 기회였다. 우리 잠수함을 언제 다시 설계할 수 있을지 모르는 현실에서, 당시 잠수함 설계 기술의 습득 기회를 제대로 살리지 못하여 설계 능력을 습득하지 못한 것은 매우 아쉬운 일이었다.

그 후 1996년에 209급 잠수함 개량형 사업(SSU)을 통하여 설계 능력을 전수받을 기회를 얻고자 노력하였으나 국민의 정부가 SSU 사업을 취소하고 기존 함형(proven hull design)을 구입하는 KSS-II 사업 추진을 정책적으로 결정함에 따라 설계실습을 받을 기회는 다시 무산되었다.

우수한 잠수함 능력을 갖는다는 뜻에는 잠수함 운용자의 능력과 잠수함 자체의 능력이 포함된다. 그러므로 우수한 잠수함을 잉태하는 작업인 잠수함의 설계기술 수준은 한 국가의 잠수함 능력 구축의 핵심이고 성패의 관건이다.

이와 같이 설계 능력이야말로 총체적 잠수함 능력 중에서 가장 핵심이 되는 부분이다. 이를 볼 때 209급 1척을 건조실습과 더불어 구매하고 8척을 건조하고 전력화하는 십 수년 간의 과정 중에 잠수함 운용과 건조 능력은 상당히 향상되었으나, 잠수함 능력 구축의 핵심 중 핵심이라 할 수 있는 잠수함 설계 능력은 사실상 걸음마 상태에 머물렀으니 유감이 아닐 수 없다.

1998년 12월에 국민의 정부가 추진했던 KSS-II 사업 역시 '독자 설계 능력의 구축' 이 사업 추진에 앞선 절대적인 선결 요건이었다. 따라서 KSS-II 사업의 잠수함 공급자 선정 경쟁에는 설계기술 이전 조항이 빼놓을 수 없는 주요 항목으로 다루어졌다.

KSS-II 사업 추진과 관련된 설계 능력 구축 대목에서 분명히 하여야 할 부분이 있다. 그것은 당시 국방부(사업단)의 선정으로 경쟁 대상이 되었던 독일의 214급이나 프랑스의 스코르핀급 두 잠수함 모두가 이미 존재하는 기존 함형[106] 으로서 잠수함 설계가 이미 이루어져 있었기 때문에 잠수함 설계에 대한 기본 이론을 전수하는 설계강의는 가능하나 설계 능력 획득의 핵심을 이루는 설계실습은 불가능하였다. 설계 과정이 이미 끝나 있었으므로 현장 설계를 통한 설계실습 기회가 없었기 때문이다. 따라서 설계실습을 수반한 설계기술 습득은 사실상 이행할 수 없는 것이 현실이었다.

여기에서 이해를 돕기 위하여 잠수함 설계를 포함하는 획득 과정과 각 단계별 작업 내역을 간략하게 소개한다. 잠수함은 기본적으로 설계 · 건조 · 시운전의 세 단계를 거쳐서 완성된다. 설계 분야는 다시 다섯 단계로 세분되므로 전체 과정은 일곱 단계로 분류된다.(**표 4**)

1. 개념설계 이전 단계 (Pre-Concept Phase 또는 Pre-Feasibility Phase)

작업내용 : 잠수함 수요자가 제시하는 작전 요구성능(ROC/TLR)의 달성을 위한 개략적 함의 크기, 탑재장비의 배치 등을 포함한 개략설계, 설계상의 기술적 가용성과 탑재장비의 가용성을 검토한다. 검토 결과에 따라 수요군의 작전 요구성능 일부를 조정하는 작업도 수행한다. 전술적 기술적 요구성능(tactical and technical requirements - staff requirements)을 확정한다.

관련부서 : 잠수함 수요자, 설계자, 건조 조선소, 필요시 탑재장비 제작

---

106 209급 잠수함은 209/1100, 209/1200, 209/1300, 209/1400 등 같은 209급이라 하여도 압력선체의 직경이 6.2m인 면에서만 공통점이 있고 나라마다 각기 다른 주문 내용과 요구사양에 따라 다른 함형이 새롭게 설계되어 고유한 잠수함이 공급되었다. 한국의 장보고급은 209/1200형으로 한국 고유의 모델이다. 반면에 현재까지의 214급은 단일형으로 발주 국가에 따른 별도의 설계가 이루어지지 아니하였다. 214급도 앞으로 구매자가 새로운 작전 요구성능과 사양을 요구하면 새로운 설계에 따라서 새로운 함형이 공급될 수 있을 것이며 그럴 경우에는 설계를 다시 해야 하므로 설계실습이 가능해진다. 예컨대, 214급에 무기 탑재량을 증가시키고 항속거리나 잠항 지속능력 등 임무 내용을 더 향상하고 수밀격실을 추가한다면 압력선체의 크기도 달라질 수 있고 새로운 함형이 되어 새로운 설계와 더불어 설계실습이 가능해진다.

사와 관련 연구소

소요기간 : 6~12개월

2. 개념설계 단계 (Conceptual Design Phase 또는 Feasibility Phase)

작업내용 : 확정된 전술 및 기술적 요구성능에 입각하여 다음 작업들을 포함한 목표 잠수함의 개념설계를 수행한다.

1) 잠수함 선형과 각 기본 데이터(main data)를 포함하는 최초 개념설계

2) 주요 탑재장비 적용 범위 결정 및 대 수요자 권고

3) 승조원 탑승개념, 무장, 자동화, 자료분배(data distribution), 탑재장비 가용성, 정비 가용공간, 군수지원, 예산 목적상의 함 가격과 건조 스케줄, 시험절차 등을 망라하는 설계 계획과 체계통합 작업

4) 함의 크기, 잠수심도, 속도, 항속거리, 잠항능력, 개략 가격 등의 기본 데이터들을 포함한 최종 개념설계 작성 및 수요군의 승인 획득

5) 전술 및 기술적 요구성능 (staff requirement-ROC/TLR[107])과

---

107 ROC(Required Operational Capability : 작전 요구성능) 획득이 요구되는 무기체계의 운용 개념을 충족시킬 수 있는 무기체계의 능력과 성능 / TLR(Top Level Requirement : 함정건조 기본지침서) 개념설계 결과 및 작전운용 성능에 근거하여 함정의 임무, ROC, 주요 무기체계 및 장비의 요구성능, 정비 및 군수지원 개념, 함정 편성(승조원수) 등을 규정한 함정 설계 및 함정 건조를 위한 기본지침 제공 문서. 국방부, 『국방획득관리규정』, 부록 10 용어의 정의편(1999), pp. 468, 481.

최종 개념설계 내용을 비교하여 재검토하고 가용성과 한

계성에 따라 수요군과 협의하여 요구성능 수정

관련부서 : 잠수함 수요자, 설계자, 조선소, 필요시 탑재장비 제작사

소요기간 : 18~24개월

3. 정의 단계 (Definition Phase)

작업내용 : 개념설계 내용을 재검토하고 그 결과를 바탕으로 하여 잠수

함 설계 및 공급계약을 할 수 있도록 모든 사양을 정의(define)

한다. 이 단계에서 다음 작업들을 포함한 모든 탑재장비와 자

재들의 사양과 성능치가 정확하게 정의되고 잠수함 공급계약

의 기초가 되는 기술사양서(technical specifications)와 함 설계

의 윤곽이 확정된다.

1) 기술사양서와 함 성능, 함 설계 윤곽의 확정

2) 필요시 모형 실험(model test) 실시

3) 잠수함 계약을 위한 오퍼(offer) 작성

4) 수요자와 공급자 간의 계약협상 및 계약체결

＊협상 과정 중 함 정의(ship definition)와 기술사양서 내용

이 다시 수정될 수 있다.

5) 계약 서명에 따른 설계 및 건조 유효 기간 확정

관련부서 : 수요자, 설계자, 조선소, 필요시 탑재장비 제작사

소요기간 : 66개월

4. 기본설계 단계 (Basic Design Phase)

작업내용 : 확정된 계약에 따라 선체와 모든 탑재장비를 획득, 설치, 연동하고 기술사양서에 따른 함 요구성능의 실현, 시운전 및 운용을 가능하게 하는 모든 문서(기본 설계도면(basic drawings), 계산치 등)를 작성한다.

관련부서 : 설계자, 조선소, 탑재장비 제작사

소요기간 : 36개월 (이중 24개월은 다음의 건조 단계와 통상 중복된다.)

5. 상세 및 현장설계 단계 (Detailed and Workshop Design Phase)

작업내용 : 함 건조를 진행하면서 건조 현장에서 기본설계에서 다루지 않은 각종 장비와 구성품들, 파이프, 케이블 등의 설치와 연동을 포함한 구체적인 함 건조 상세 및 현장설계 도면을 작성한다.

관련부서 : 설계자, 조선소

소요기간 : 건조기간과 동일(중복)

6. 건조 단계 (Construction Phase)

작업내용 : 제작사 시험(FAT)을 통과한 탑재장비들을 선체에 연동하여 함 건조

관련부서 : 조선소

소요기간 : 36개월(이중 약 30개월은 상세설계 단계와 통상 중복된다.)

7. 시운전 단계 (Trial Phase)

작업내용 : 건조 완료된 잠수함이 기술사양서에 수록된 계약 성능 사양
을 성취함으로써 공급자의 함 성능보장(performance guarantee)
의무를 완수하였는지의 여부를 실제 해상시험을 통하여 확인
한다.

관련부서 : 수요자, 조선소

소요기간 : 18∼24개월

다섯 단계로 구분되는 설계 과정 중에서도 개념설계 단계(conceptual design phase), 정의 단계(definition phase)와 기본설계 단계(basic design phase)의 세 단계가 설계 작업의 핵심을 이룬다. 그런데 214급이나 스코르핀급 두 잠수함은 모두가 그러한 단계가 이미 끝난 기존 함형들이었다.

이러한 기존 함형을 구입하는 상태였기 때문에 계약상의 설계기술 이전 항목은 핵심인 설계실습이 없이 주로 이론적 교육을 다루는 설계 강의에 초점을 맞출 수 밖에 없었다.

KSS-II 사업 추진으로 독자적인 설계 능력 확보가 이루어질 것이라는 당위적인 기대와 40여 명이 독일에서 18개월 간의 설계교육을 마치고 귀국한 사실 등으로 말미암아 겉으로는 잠수함 독자 설계 능력을 확보하고 있는 듯 보이나, 실상은 그렇지 못하다.

독자 설계 능력의 확보가 가능하려면 선진 기술로부터 잠수함 설계

Steps of proceeding for Submarine Design, Construction and Trial

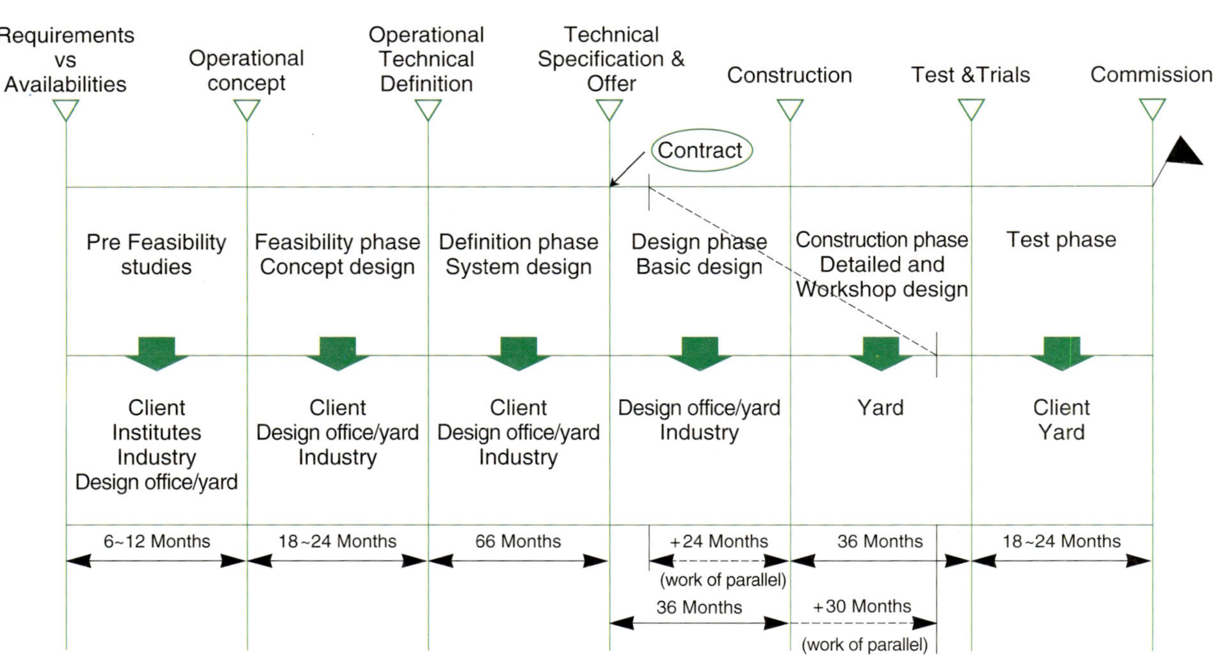

【표 4】 잠수함 설계 · 건조 · 시운전 진행 단계

기법을 전수받을 기회가 마련되어야 한다. 그리고 개념설계부터 시작해서 정의 단계와 기본설계 단계를 포함하여 처음부터 단계적으로 선진 기술과 더불어 공동 작업을 하면서 차분하게 설계실습을 이수하여야만 한다.

그러한 계기가 마련되면 독자적 개발 노력만으로는 수십 년이 경과되어도 달성할 수 없는 첨단급 잠수함 설계 능력에 접근할 수 있는 기량을 짧은 기간 내에 가장 효과적으로 습득할 수 있을 것이다.

7

한반도 미래방위의 지렛대
– 한국형 잠수함 KSX

침략국에 대한 매서운 보복력을 가질 수 있는
우수한 잠수함을 갖기 위해서, 이제부터라도 우리는
선진국으로부터 배우며 설계 능력을 축적하여야 한다.
그리고 우수한 설계요원 300명을 육성하여야 한다.

잠수함은 조금만 알면 설계할 수 있다(?)

우리 나라에서 처음으로 정규 잠수함을 획득하기 위한 논의와 계획
이 이루어지기 이전에 국방과학기술연구소(ADD)에서 200톤 내외의
소형 잠수함의 설계 건조를 주도한 바 있었다. 그 사업을 주도했던 연
구소와 담당자들은 많은 노력을 경주하여 무에서 유를 창출한 황무지
의 개척자로서 우리 나라의 잠수함 역사에 있어 오래 기억될 하나의
이정표를 마련하였다.

1980년대 초, 우리 나라가 최초로 정규 잠수함 획득 논의를 개시하
였을 당시 여러 가지 획득 방법 중에서 국내 연구개발에 의한 획득 방
법도 하나의 방안으로 검토되었다. 그 당시에 연구개발의 명분에 따라
잠수함의 국내 설계 방침을 선택하였더라면 그 후 우리 잠수함 능력의
발전은 어떻게 되었을까?

여러 가지 시나리오를 상정해 볼 수 있겠으나, 한 가지 분명한 것은

우리가 세계 정상급 정숙도를 가진 209급이나 214급과 같은 우수한 잠수함을 확보하고 값진 실력과 경험을 쌓지는 못했을 것이다. 또한 RIMPAC이나 기타 국제훈련에서 우리 잠수함이 뛰어난 전과를 거두며 우리가 비록 전력 규모는 작지만 세계 정상급 성능의 잠수함 보유국이라는 위상과 긍지를 갖게 되기는 어려웠을 것이다.

여기서 잠깐 무기체계 획득 방식을 살펴보자.

무기체계의 획득에는 연구개발, 면허생산, 완제품 도입의 세 가지 길이 있다. 연구개발은 비교적 단순한 무기체계에 적용되는 것이 일반적이다. 단편적 기술의 일부를 외국으로부터 도입하기도 하고 역설계(reverse engineering) 방식을 사용하기도 한다. 그것은 국내 기술 발전과 고용 증대 효과가 있어 매우 바람직한 방식이다.

면허생산 방식은 외국의 기술을 기술사용료(royalty)를 지불하면서 면허(license)를 얻어 외국 장비를 국내에서 조립으로부터 시작하여 국산화율을 높여가며 생산하는 방식이다. 통상적으로 많은 수량이 소요되는 무기체계에 적용된다. 정도의 차이는 있으나 역시 국내 기술 발전이나 고용 효과에 긍정적으로 기여하는 방식이다.

완제품 도입은 일반적으로 기술도가 높고 복잡한 무기체계에 적용된다. 또한 소요량이나 소요 빈도가 너무 적어서 국내 개발이나 면허생산을 할 경제성이 없을 때에도 적용된다. 제품의 성능이 보장되기 때문에 수요군 측에서 가장 선호하는 방식이다. 반면 국내 기술 발전이나 고용 효과에는 큰 기여가 되지 못한다.

완제품 도입의 경우 그 부품의 공급을 해외업체에 의존할 수 밖에 없고 부품을 주문하여 도입하는 과정에 수개월이 소요되기 때문에 전쟁 수행에 매우 심각한 문제가 있다. 모든 무기체계는 궁극적으로 전쟁 수행을 위하여 획득하고 유지하는 것인데, 완제품 도입의 경우 군수 지원 문제로 전쟁 수행이 어려워진다. 따라서 모든 주요 무기체계는 궁극적으로 국산화를 통하여 부품 조달원을 국내에서 확보하는 것이 불가피하다.

무기체계의 소요가 결정되고 획득 단계에 들어가면 우선적으로 논의되는 것이 연구개발 가능성이다. 이 때 연구개발 담당 기관에서는 "가능하다"는 의견을 제시하는 경우가 많다. 연구개발 기관의 진취적 도전 정신에 더하여 상황에 따라서는 핵심기술을 외국에서 사오더라도 개발을 할 수 있을 것이라고 생각하기 때문이다. 비교적 단순한 무기체계에서는 그것이 가능하다.

문제는 첨단 성능의 잠수함이나 전투기와 같이 무기체계 자체가 복잡하고 규모가 방대하여 국내 연구개발 기관이 알 수 없는 핵심 기술이 너무 많이 요구되고, 때에 따라서는 어느 분야에 어떤 핵심 기술이 필요한지 식별조차 하기 어려운 첨단 무기체계를 획득하는 경우이다.

이러한 경우 때로는 획득하고자 하는 무기체계의 첨단 성능 달성이 어렵게 될 때도 있다. 즉 연구개발로는 소정의 계획 일정 이내에 첨단 성능의 확보가 도저히 불가능할 경우 결국 연구개발과 첨단 성능 확보는 병행되지 못하고 양자택일(兩者擇一)의 기로에 서게 된다. 이것은 우리 나라뿐 아니라 모든 기술 개발국이 동일하게 경험하는 일반적 현상이다.

초일류 기술 선진국이 물리학을 비롯한 각종 기초과학으로부터 시작하여 깊고 넓은 과학기술을 집약해 가며 장기간에 걸친 연구 노력으로 성취한 첨단 성능을 우리가 짧은 기간 내에 개발한다는 것은 사실상 어렵다. 따라서 연구개발을 관철하려면 때에 따라서는 첨단 성능은 포기하고 중저급(中低級) 성능을 겨냥할 수 밖에 없게 된다. 그런 성능 수준은 이미 선진국들이 오래 전에 거쳐 간 것들이다.

반면에 당초에 결정하였던 첨단 성능을 부동의 목표로 고수하는 경우에는 그 목표 달성을 확실히 하기 위해 획득 방법을 연구개발이 아닌 다른 방법으로 바꾸어야 한다. 그렇지 않을 경우 국내 기술진이 목표로 하는 첨단 기술을 습득하기까지 연구개발 기간이 장기화되는 것을 감수해야 한다. 또한 연구개발에 많은 비용과 시간이 들었더라도 끝내 소기의 성능과 목적 달성에 실패할 가능성도 염두에 두어야 한다.

이것은 어려운 과정이기는 하나 모든 연구와 기술의 발전은 그와 같은 실패와 고난의 과정을 거쳐서 성취되는 것이 주지의 사실이다. 에디슨이 전구를 개발하기 위한 실험에서 2,000여 회의 실패를 거듭했던 경험이나 에를리히가 페니실린의 전신인 항생제의 개발을 위하여 600번이 넘는 실험에서 실패를 거듭하다가 606번째의 시도에서 성공하여 '606호'(살발산)라는 당시로서는 획기적이었던 항생제를 개발하였

던 일화는 연구개발이라는 것이 얼마나 많은 인내를 필요로 하는 실패
와의 싸움인가를 단적으로 설명한다.

잠수함의 경우에 있어서는 하나의 함형을 이루어가는 데에 15년이
넘는 긴 세월과 막대한 재정이 소요되고 그렇게 해서 탄생한 잠수함은
30~40년 간의 장기간을 취역하는 것이므로 실패를 반복해 가면서 연
구개발을 거듭하는 것은 사실상 매우 어렵다. 따라서 첨단급 잠수함을
겨냥한 우리들의 잠수함 획득 노력은 신중에 신중을 기하지 않을 수가
없다.

우리가 추구하는 차기 한국형 잠수함의 성능이 최소한 현재 우리 해
군의 214급과 동등하거나 또는 그 이상의 첨단 성능이 되어야 한다면,
그것을 우리 나라 기술진이 가지고 있는 현재의 능력과 연구개발을 통
하여 획득한다는 것은 무리이다. 한번도 정규 잠수함을 설계해 본 경
험이 없고 더욱이나 설계강의만 받고 설계실습은 전혀 해 보지 않은
소수의 기술진들이 그 일을 해낸다는 것은 기대할 수 없는 일이다.

물론 그 수준의 깊이를 쉽사리 가늠할 수는 없으나 우리 나라의 일부
기술요원들이 정규적인 설계실습의 경험은 없지만 잠수함 설계에 관
한 진지한 탐구 노력과 정진을 계속하여 왔음은 주지의 사실이다. 짧
은 잠수함 경험과 잠수함 설계 분야에 관계된 기술 인력이 극소수인
현실에서 그나마 우리 기술진이 오늘날 잠수함 설계에 도전해 보려고
할 만큼 성장하게 된 것은 우리 민족 특유의 창조적이고 실험적 도전
정신과 기술요원들의 끈기와 헌신적 노력의 결과라고 하겠다.

그러나 앞에서 언급했듯이 오늘 우리가 가지고 있는 설계 능력만으로는 우수한 잠수함을 설계한다는 것은 기대할 수 없는 일이다. 그것은 잠수함 기술에 관한 한 100년이 넘는 역사를 가진 이태리 등 선진제국들도 이루지 못하고 끝내 주저앉았던 어려운 일이다.

우리 나라는 기존의 설계에 따라 11척(209급 8척, 214급 3척은 현재 건조중)의 잠수함을 건조해 본 경험이 있다. 또한 KSS-II 사업 추진의 일환으로 30여 명의 현대중공업과 정부 기술진들이 독일 HDW에 파견되어 18개월 간 3,000톤 급 잠수함의 기본설계 기초를 포함한 설계강의를 이수한 바 있고 대우조선 요원 20여 명이 13개월 간 HDW에서 같은 내용의 설계강의를 받은 것이 전부다. 그 설계 교육들은 KSS-II 계약조건에 따라 충실하게 진행이 되었다. 그러나 이론과 경험 자료들을 포함한 방대한 내용의 잠수함 설계기술을 제한된 기간 동안 소수의 제한된 인원에게 독자 설계를 할 수 있는 수준으로 전수한다는 것은 물론 불가능한 일이다. 아직까지 우리는 고유의 정규 잠수함을 설계해 본 적도 가져 본 적도 없었으므로 설계실습을 통한 설계기술 축적의 기회는 단 한 번도 없었고 정규 잠수함을 설계해 본 경험도 건조 후 함 성능 보장에 성공해 본 경험도 전혀 없다. 그것이 우리의 현주소이고 잠수함 설계 능력의 전부이다.

반면에 잠수함 선진국들은 모두 예외 없이 수백 명의 노련한 설계 요원들이 기술 혁신을 위한 끊임없는 연구개발과 설계 업무에 종사하고 있다. 참고로 독일 HDW 조선소의 잠수함 설계 능력[108]을 살펴보면, 현재 설계 부서에 600여 명이 근무 중이다. 그 중 200명은 기획, 행정, 교육 등 지원업무와 잠수함 시운전 업무에 종사한다. 400명은 잠수함 설계요원으로서 함 성능에 관계된 설계 업무에 종사한다.

설계요원 400명 중 절반인 200명은 고도의 기술력을 보유한 전문가들로서 최소한 10~20년 이상의 설계 경력을 가지고 있다. 그들은 개념설계나 기본설계에 종사한다. 기타 설계요원 200명은 최소 5년 이상의 설계 경력 보유자들로서 상세설계(detailed design)나 공장 도면(workshop drawing) 등의 분야에 종사한다. HDW는 동시에 1.5척의 잠수함 설계가 가능한 설계 용량(design capacity)을 보유하고 있으며 이미 100년이 넘는 잠수함 설계 경력을 축적하고 있다.

위에서 이야기한 것은 킬(Kiel)에서 근무하는 인원들이다. 별도로 HDW에는 엠덴(Emden)과 스웨덴의 말뫼(Malmö)에도 각각 120명의 숙련된 잠수함 설계요원들이 근무하고 있는데 이들도 HDW 소속 설계요원들이다. 킬과 엠덴, 그리고 말뫼 사이에는 부단한 설계 정보와 기술 교류가 이루어진다.

우리가 추구하는 잠수함이 214급 수준의 첨단급 성능의 잠수함이

---

108 잠수함은 Midget급이 아닌 정규 잠수함인 경우 그 크기 여하를 막론하고 요구되는 설계 능력에 차이가 없다. 2,000톤 급 미만의 잠수함을 설계하는 것보다 3,000톤 급 잠수함을 설계하는 것이 일반적으로 더 용이하나 이렇다 할 차이는 없고 다만 탑재무기 및 장비와 정숙도 등의 측면에서 요구되는 성능 수준이 어느 정도인가에 따라 얼마나 고도의 설계 능력이 요구되는지가 결정된다.

아닌 중·저급 잠수함이라면 우리 나라도 웬만큼 설계할 수 있을 것이다. 오늘날 세계적으로 성가를 높이고 있는 우리의 조선 기술에 209급 및 214급 첨단 잠수함 건조 경험이 더해졌으니 우리가 독자적으로 잠수함을 설계하고 건조하려고 마음만 먹으면 어떻게 해서든 일단 추진할 수는 있을 것이다.

그러나 우리가 원하는 214급과 동등하거나 또는 그 이상의 첨단급 성능을 보유한 잠수함을 설계하는 것은 현재의 우리 능력 그대로를 가지고는 불가능한 일이다. 그것은 심도 있는 설계실습 교육과 단계적 경험의 축적이 없이는 성취할 수 없는 매우 어려운 일이기 때문이다.

생산할 수 있는 잠수함, 반드시 가져야 하는 잠수함

우리가 획득을 목표로 하는 잠수함, 즉 주변국의 잠수함보다 더 우수한 첨단급 성능의 잠수함을 우리는 어떻게 획득할 수가 있을까?

물론 선진 외국에서 가장 우수한 것으로 이미 입증이 된 첨단 잠수함을 완제품 구매나 면허생산 방식으로 도입한다면 문제는 간단히 해결될 것이다.

그러나 우리의 꿈과 목표는 그것이 아니다. 우리는 국산 잠수함, 즉 우리가 사용할 잠수함을 우리 손으로 스스로 설계하고 건조하기를 소원한다. 잠수함이라는 그 중요한 무기체계의 획득을 언제까지 외국 기술에만 계속 의존할 것인가? 우리 나라도 조만간 잠수함 전력을 우리의 기술로 구축하여 세계 굴지의 우수한 잠수함 생산국이 되어야 하지 않겠는가?

잠수함의 독자적 생산(설계+건조) 문제를 생각해 보면 우리는 근본적인 두 가지 질문에 봉착한다.

  1) 우리는 지금 우리 기술 수준으로 설계 건조할 수 있는 수준의 잠수함을 생산할 것인가?
  2) 아니면, 우리는 현재 우리의 능력으로는 할 수 없지만 꾸준한 노력을 통하여 설계 능력을 향상시켜 우수한 첨단 잠수함의 생산을 기어이 추구할 것인가?

이것은 매우 핵심적이고 중요한 질문이다.

우리가 오늘날 국내 기술진의 설계기술 수준에 대한 획기적 향상책을 강구하지 않은 채 지금 있는 그대로의 국내 기술 수준으로 잠수함을 설계 건조한다고 생각해 보자. 우리는 결과적으로 첨단 성능을 갖추지 않은, 현재 한국 해군이 운용 중인 209급이나 곧 운용하게 될 214급보다 성능이 몇 단계 뒤지는 중·저급 수준의 잠수함을 생산할 수 밖에 없을 것이다.

따라서 위의 첫째 질문에 대한 답은 당연히 "No!"이다.

반면에 우리가 가져야 할 잠수함은 현재 건조 중인 214급의 성능 수준과 최소한 동급이거나 그 이상의 성능을 가진 강력한 첨단 잠수함이어야 한다. 그보다 열등한 저성능의 잠수함을 획득하여 우리의 잠수함 전력을 현재보다도 오히려 퇴보시키는 것은 용납될 수가 없는 일이다.

따라서 우리가 "Yes!"라고 답해야 될 질문은 당연히 위의 두 번째 질문이 될 것이다.

주지하는 바와 같이, 우리 나라는 이미 잠수함 보유국이고 잠수함의 건조와 운용에 있어 발군의 잠재력과 실력을 과시한 바가 있다. 우리는 다만 현존하는 최고급 성능의 잠수함인 212급과 214급 같이 우수한 잠수함의 설계 능력을 확보하지 못하고 있을 뿐이다.

따라서 우리가 우수한 설계 능력만 확보할 수 있다면 주변국의 잠수함에 필적하거나 그를 능가하는 첨단 잠수함을 획득하고 강력한 잠수함 부대를 보유할 수 있는 잠재적 가능성이 열리는 것이다.

그것은 선진 기술과의 공동설계를 통한 설계실습을 강도 높게 실시하여 우선 배우고 그것을 바탕으로 자체 R&D를 거듭하면서 국내 요원들의 경험과 설계 능력을 향상시키는 길을 통해서만 가능하다.

이제 최초로 한국형 잠수함을 획득함에 있어 우리가 마땅히 지향해야 될 방향이 명확해졌다. 즉 검증이 가능한 방법으로 잠수함 설계 능력을 향상시켜 214급 수준 이상의 성능을 가진 한국형 잠수함을 설계 및 건조하는 것이다. 그러면 현실적으로 이 목표를 추구할 수 있는 환경과 여건은 어떠한가?

첫째, 우리 기술 인력들이 잠수함 설계 능력을 이미 보유하고 있다는 잘못된 인식이 기술개발 관련 요원들 사이에 비교적 넓게 자리잡고 있다. 비교적 저성능의 소형 잠수정을 20여 년 전에 설계 건조한 경험과 209급 및 214급 잠수함을 건조한 경험, 그리고 일부 기술자들이 13~18개월 간 잠수함 설계강의를 수강한 사실 등이 그 배경이 되고 있는 듯하다.

그러나 우리 기술 요원들이 설계실습을 한 번도 받지 못한 사실, 정규 잠수함 설계 경험을 축적할 수 있는 기회가 한 번도 없었다는 사실, 그리고 우리의 설계 능력이 그 인력 규모와 능력 수준 모두에서 너무나 취약하다는 사실 등이 간과되고 있다.

둘째, 한국형 잠수함 개발 업무를 실제로 이끌어갈 일부 기술 주체들의 의욕이 우리의 설계기술 능력보다 너무 앞서가는 경향이 있다. 이들도 우리의 설계기술로는 잠수함 선진국들처럼 우수한 잠수함을 설계할 수 없다는 사실을 인정한다. 그러면서도 단편적으로 외국 기술의 협력을 받으면 어느 정도 사용할 만한 수준의 잠수함 설계는 가능할 것이라고 판단하는 것 같다.

뒤에서 자세히 언급하겠지만, 중국 해군이나 호주 해군 등이 겪고 있는 어려움을 생각해 볼 때, 그리고 이태리를 비롯한 서구 선진국들의 쓰라린 경험 사례들을 상기할 때, 이러한 자세에는 모험적인 측면이 강하게 내재되어 있음을 부인할 수 없다. 우물의 물을 그릇으로 떠서 마시지 않고 우물을 통째로 들어 마시려 하는 성급함이 강하게 부각되어 있는 생각들이다.

셋째, 위의 두 경우와는 달리 잠수함 설계는 해외 선진 기술과 협력해야 한다고 생각하는 사려 깊은 기술자들도 상당수 있다. 이들은 우리의 잠수함 설계 능력이 너무나 부족하다는 사실을 냉정하게 인정한다. 그리고 잠수함 설계 능력은 단기간 내에 향상될 수 없으며 설계강의, 설계실습 그리고 우수한 잠수함 설계 경험의 반복적 축적이 없이는 불가능하다는 사실을 심각하게 지적하고 있다. 그렇기 때문에 잠수함 선진 기술국과 협력하여 설계 능력을 향상시키는 것이 잠수함 기술 선진국으로 가는, 그리고 우수한 한국형 잠수함을 확보하는 지름길이라고 확신한다.

또한 이들 기술자들은 어떠한 경우라도 앞으로 획득될 한국형 잠수함은 214급 수준 이상의 성능을 보유해야 한다고 생각한다. 국내 기술에 의한 설계라는 명분을 내세워 한국형 잠수함의 성능을 저하시키는 일이 있어서는 절대로 안 된다는 것이다.

넷째, 잠수함을 사용할 수요군이 현재 운용 중인 209급은 물론이고 그보다 앞선 214급과 성능상 최소한 대등하던지 아니면 더 향상된 잠수함을 갖기를 희망한다. 당연한 입장이다. 따라서 수요군은 앞으로 획득될 최초의 한국형 잠수함에 대한 성능 수준을 결정하여 그에 따른 사양서를 확정하고 잠수함이 건조되어 나타날 한국형 잠수함 KSX 1호의 함 성능보장(performance guarantee)[109]에 지대한 관심이 있다. 수요군이 결정했던 성능 수준이 어김없이 실현되어야 하기 때문이다.

현재 우리가 가진 기술 능력의 한계 속에서 생산 가능한 잠수함을 독자적으로 설계 건조한다면 "우리는 우리 기술에 의하여 독자적으로 잠수함을 설계 건조하였다"는 자긍심을 만족시킬 수는 있을 것이다.

그러나 앞에서 여러 차례 언급한 잠수함 선진 제국의 실패 사례와 경험이 말해 주듯이, 은밀성과 공격 능력 등의 성능면에서 우수한 잠수함을 설계 건조하는 일은 지극히 어렵다. 따라서 우리의 설계 능력을 향상시키는 특단의 노력이 없이 오늘 우리의 능력 수준만으로 설계 건조한 국산 잠수함은 그 성능 수준이 미흡하여 우리 나라의 해군조차 국산 잠수함이기 때문에 마지못해 사용할 뿐, 선택권이 주어진다면 무슨 구실을 대어서라도 사용을 회피하는 그런 잠수함이 될 가능성이 높다. 왜냐하면 이미 우리 해군은 209급과 214급의 우수한 잠수함의 운용 경험을 통하여 잠수함에 대한 성능 요구 수준이 높아질 대로 높아진 현실이고 잠수함 기술 선진국들의 실패 경험이 말해 주듯 잠수함 설계에 있어서는 요행과 기적이란 없기 때문이다.

우리 국내 기술진의 주도 아래 국내에서 설계하여 새롭게 건조될 한국 해군 고유의 신형 모델 한국형 잠수함(KSX) 1호의 성능 수준과 사업 추진 방식은 우리 나라 잠수함 전력 발전에 있어서 매우 중요한 의미

---

109 함 성능보장(performance guarantee) : 기술사양서(technical specification)와 ROC / TLR에 의하여 확정된 함 성능이 건조 과정을 거쳐서 잠수함이 완성된 후 각 분야별로 소기의 성능 수준을 차질 없이 실현할 것임을 보증하는 것. 나중에 언급되겠지만 중국 해군이나 호주 해군 등의 잠수함 계획을 보면 완성 잠수함의 함 성능 미달로 많은 어려움이 있었다.

를 갖는다. 따라서 그 일은 다음과 같은 확고한 목표를 가지고 추진되
어야 한다.

첫째, 한국형 잠수함 1호는 첨단급 성능 수준을 가져야 한다. 그리고
그 잠수함은 주어진 성능 수준에서는 선체가 가장 작아야 한다. 한국
형 잠수함 1호가 우리들의 낮은 기술적 키높이에 맞추어 설계되는
중·저급 성능의 덩치가 크고 비싼 잠수함이 된다면, 우리의 잠수함은
많은 비용만 소모하면서 낙후된 국내 설계기술의 볼모가 되어 세계적
인 첨단 능력의 발전 대열에서 계속하여 뒤처지게 되는 불행을 겪게
될 것이다. 잠수함 전력 발전 측면에서 볼 때 이것은 재앙이다.

둘째, 한국형 잠수함 1호의 설계 기회를 활용하여 선진국의 잠수함
설계기법을 최대한 전수받아야 한다. 귀중한 설계실습 기회를 허무하
게 놓쳐 버린 209급 KSS-I 사업의 우를 다시는 반복하지 말아야 한다.
한국형 잠수함 1호의 설계 기회를 통하여 선진 설계기술을 배우지 못
하면 우리는 앞으로 잠수함 선진국의 설계기법을 배울 수 있는 '공동
설계'와 '설계실습' 기회를 다시는 갖기가 어려울 것이다.

우리 나라가 건실한 잠수함 기술 선진국이 되고 첨단급 잠수함을 독
자 설계하려면 앞으로 추진해 나갈 한국형 잠수함의 설계 기회를 최대
한 활용하여 잠수함 설계 전문요원 300명을 점진적으로 육성하여야
한다. 현재 국내에는 잠수함 설계의 기초 과정을 포함한 설계강의를
이수한 요원이 약 60여 명 있으나 설계강의는 물론이고 설계실습을 이

수한 분야별 설계 전문요원을 100명, 200명, 300명으로 확충해 나가야 한다.

우선 더 많은 인원이 설계강의를 이수하고 새로운 모델의 우리 잠수함을 설계할 기회가 있을 때마다 설계기본, 선체, 의장, 추진체계, 전투체계, 전기 및 전자, 무장, 보기, 음향, 시운전 등의 각 전문 분야에 선진국의 설계요원들을 배치하여 우리 요원들이 그들과 밀착해서 공동설계 방식으로 작업하며 설계기술을 체득하여야 한다. 이런 방식으로 2~3회 반복 학습하여 기술 완성도를 높이며 자기 것으로 만들어야 한다.

다시 한번 강조하지만, 첨단 잠수함 설계 능력을 보유한 선진 기술로부터 '심도 있는 배움'의 과정을 거치지 않고 단순히 스스로의 노력만으로 첨단 기술에 도전한다면 아무리 수십 년 간 노력하여도 기술적 낙후성에서 벗어나지 못할 것이다. 우리의 낮은 기술적 키높이에 맞추어진 저성능의 잠수함을 설계하고 건조하는 일을 결코 추진해서는 안 될 것이다. 우리의 능력과 기술적 키높이를 가능한 한 키워서 첨단급 잠수함의 설계 능력을 우선 배우고 그 능력에 힘입어 반드시 가져야 할 잠수함, 즉 주변국들의 정예 잠수함들보다 더 우수한 첨단 잠수함의 확보에 목표를 고정시키고 그 일을 관철하여야 한다.

한편, 일부 잠수함에 관계되는 인사들 중에는 앞으로 추진될 한국형 잠수함 1호는 잠수함이 본질적으로 요구하는 높은 비기성(秘器性)의 확보를 위하여 외국 기술의 참여를 배제하고 우리들만의 힘으로 설계를 하여야 한다는 생각을 가진 사람들도 있다. 외국 기술이 참여하면 잠수함의 비기성을 저하시킨다는 것이고 따라서 독자 설계는 불가피하다는 논리이다.

그것은 일견 타당한 생각인 것 같아 보인다. 잠재적 적성국들이 우리 잠수함의 내용을 알지 못하게 하기 위하여 잠수함은 설계도 건조도 우리 손으로만 추진하여야 한다. 그리고 또 완성된 잠수함의 성능과 제원은 철저하게 비밀에 부쳐져야 한다. 그러나 그것은 사실상 잠수함의 성능 측면을 도외시한 것으로 옳은 주장이 아니다. 우리가 앞으로 한국형 잠수함을 획득함에 있어 당분간 소기의 함 성능과 비기성을 모두 충족시킨다는 것은 불가능에 가까운 어려운 목표이다.

왜냐하면 잠수함 경력이 짧은 우리 나라는 설계 능력도 턱없이 부족할뿐더러 비기성의 핵심이 되는 주요 탑재장비들을 모두 해외에서 도입할 수 밖에 없고 국내에서 가용한 것이라고는 축전지 정도에 불과한 실정이기 때문이다. 잠수함의 비기성을 바로 확보하려면 설계와 건조는 물론이고 무기와 중요 탑재장비들 대부분이 국내에서 가용해야 하는데 그것은 우리의 현실에서는 먼 훗날에나 가능할 일이다.

오늘날 정보 만능 시대에서 군사 무기의 비기성은 불가피하게 제약을 받는다. 따라서 잠수함도 함 자체의 비기성보다는 고도의 정숙도를 확보하여 작전의 은밀성에 치중하는 경향이 지배적이다. 또한 잠수함의 비기성보다는 함 성능의 고도화에 역점을 두는 경향도 있다. 예컨대, 중국 해군이 차기 핵추진 잠수함 Type 093의 설계를 잠재적 적성국일 수 있는 러시아의 기술자들과 협력하여 추진했던 사례[110]는 비기성보다 기본적 함 성능이 얼마나 더 중요한 문제인가를 단적으로 말해 준다.

잠수함에 있어 비기성이 중요하긴 하지만 함 성능은 더욱 중요하다. 어차피 만족할 만한 수준으로 비기성을 확보하는 것이 어려운 현실에서 그것을 위하여 함 성능과 직결되는 우수한 잠수함의 설계 능력을 향상시킬 기회를 포기한다면 그것은 현명한 일이 아니다. 우선 순위를 놓고 본다면 우수한 잠수함을 설계할 수 있는 설계 능력의 향상에 우선 집중하고 설계 능력과 탑재장비의 국내 조달 능력이 향상되는 추세에 따라 그 다음으로 독자 설계와 건조를 통한 잠수함의 비기성 확보에 주력함이 바른 순서이다.

국가 안보 차원에서 인접한 잠재적 적성국이 아닌, 가급적 우리들과 멀리 떨어져 있는 서구 선진국을 선택하여 외국 기술과 공동 설계를 하게 될 때, 외국의 설계기술 전수 당사자와 NDA(Non Disclosure Agreement, 비밀유지협약)를 확실하게 체결함으로써 공동 설계자에 의한 함 성능 제원의 비밀 유지는 상당 수준 지켜질 것이다.

다시 말해 잠수함의 비기성 확보를 위해서 외국의 선진 설계기술을 배울 기회를 배제하고 독자 설계를 하려고 한다면 그것은 올바른 판단이 아니다. 그렇게 한다면 우리가 외국의 첨단 설계기술을 배울 기회

---

110 본서 pp. 230~232 참조.

도, 우리의 한국형 잠수함이 첨단급 우수한 잠수함으로 건조될 기회도 영원히 사라질 것이다. 우리는 첨단급의 우수한 잠수함을 설계할 능력을 키우는 일에 우선적으로 모든 노력을 집중하여야 한다.

이상에서 214급 이상의 성능을 가진 한국형 잠수함의 획득 전망과 관련된 환경과 여건을 살펴보았다. 어느 쪽으로 방향을 잡느냐에 따라 우리의 한국형 잠수함이 "반드시 가져야 할 잠수함"이냐 혹은 "현재의 우리 기술로 생산할 수 있는 잠수함"이냐가 결정될 것이다. 한국형 잠수함 백년대계(百年大計)의 핵심은 바로 이것이다. 잠수함 전력 발전의 미래를 위하여 심각하게 살펴보며 결정해야 될 일이다.

KSX 잠수함을 확보하는 것 그 자체도 중요하지만 우수한 성능의 KSX 잠수함을 확보하는 일이 훨씬 더 중요한 요건이기 때문이다.

주변국의 잠수함 개발 실태와 교훈 – 일본

우리의 이웃 나라 일본은 잠수함에 관하여 이미 100년이 넘는 역사를 가지고 있다. 기록에 의하면,[111] 홀랜드(Holland) 6호 잠수함이 미국 뉴저지주의 엘리자베스 포트(Elizabeth Port)에 있는 크레센트 조선소

---

111 D. Carpenter and N. Polmar, 앞의 책, p. 71.

(Crescent shipyard)에서 1896~1897년에 건조되었는데 1897년 7월 성명 미상의 일본인 장교 2명이 건조 조선소를 방문하여 잠수함을 세밀하게 관찰한 바가 있다.

그 다음 해인 1898년에 같은 홀랜드 6호가 뉴욕 부르크린으로 옮겨졌을 때 일본인 고수케 키자키 백작이 방문하여 잠수함을 관찰하였고, 그 후 역시 일본 백작인 다카시 사사키 대위가 1898년 10월에 홀랜드 6호를 타고 잠항을 하기도 하였다. 워싱턴의 주미 일본 대사관에 근무하던 겐지 이데 대위는 1900년 4월에 같은 잠수함이 포토맥(Potomac) 강에서 잠항 시범을 할 때 시승하기도 하였다.

그 후 1904~1905년에 러·일전쟁이 발발하자 일본은 홀랜드 잠수함 5척을 급히 발주하였다.[112] 그 잠수함들은 미국의 조선소(Electric Boat Company, Forever Shipyard, Massachusetts)에서 건조되어 1904년 10월 섹션(section)[113] 상태로 도입한 후 일본 요코스카의 고카스카 조선소에서 조립되었다.

일본 해군은 최초의 잠수함인 1~5호를 러시아와의 전쟁 때문에 서둘러 획득하였으나 토고 헤이하치로(東鄕平八郎)[114] 중장이 이끌었던 일본

---

112 이 5척의 홀랜드 설계 잠수함은 일본 해군 최초의 잠수함(1~5호)이다.

113 섹션(section)에 의한 잠수함 건조 : 판매하는 나라의 조선소에서 잠수함을 몇 개 부분으로 분할하여 완성하고 사용국으로 수송 후 잠수함 사용국에서 선체를 용접하여 접합하고 내부 구조를 연결시켜 완성 잠수함으로 조립하는 건조 방법.

114 토고 헤이하치로(東鄕平八郎) : "나를 넬슨 제독과 비교하는 것은 가능하지만 이순신 제독과 비교하는 것은 감당할 수 없는 일이다. 세계의 해군 역사에서 군신(軍神)으로 존경받을 수 있는 제독이 있다면, 그는 이순신 뿐이다."라는 유명한 어록을 남겼다. 그는 이순신을 다만 전쟁에 탁월한 지휘관으로만 보지 않고 전인적인 인격자로 존경하였다.

【사진13】 잠수함 6호(Submarine No.6). 이 잠수함은 일본에서 킬(keel, 잠수함의 척추격인 용골)이 설치되고 일본에서 건조된 최초의 잠수함이다. 6호는 1906년 여름에 건조되었고 1910년 4월에 히로시마 만에서 사고로 침몰되어 승조원 16명이 사망하였으나 그 후 인양되어 다시 현역에 복귀하였다. 6호 잠수함은 정비되어 현재 일본 쿠레 해역사의 잠수함 기념관에 전시되어 있다.

함대가 대마도 해전에서 러시아 함대를 격파하여 일본의 완승으로 예상보다 빨리 전쟁이 끝났기 때문에 그 잠수함들은 러·일전쟁 참전의 기회를 갖지는 못했다.(사진13)

일본은 보다 더 개량된 홀랜드 잠수함의 자체 건조계획을 세우고 일찍이 1900년대 초에 카와사키 조선소의 책임 기술자를 미국에 보내어 존 홀랜드(John P. Holland)로부터 잠수함 설계 건조기법을 배우게 하였다.[115] 그 후 1906년에 건조된 6, 7호 잠수함은 일본이 시도한 최초의 실험 설계적 잠수함이다.

---

115 일본은 오늘날 우리들이 시행하려 하고 있는 잠수함 설계교육(design training)을 이미 100년 전에 시행하고 잠수함을 실험 설계하였다.

그 후 일본은 보다 더 건실한 잠수함 능력의 구축을 위하여 영국, 프랑스, 이태리 등 당시 일본보다는 간발의 차이로 앞서 있던 유럽의 잠수함 선진국들로부터 잠수함 기술을 두루 배우기 위하여 기술 전수 계획을 세우고 이를 실행하였다.

일본 잠수함 8호, 9호는 영국의 비커스(Vickers) 조선소에서 설계 건조한 것이고 동형 잠수함인 10, 11, 12, 13, 16, 17호 등 6척은 비커스 설계에 의하여 일본에서 건조되었다.

또한 14호와 15호는 슈나이더-로뷔(Schneider-Laubeuf)의 설계로 프랑스의 크로이소(Creusot) 조선소에서 건조되었다. 14호는 프랑스에 이관되어 아르미데(Armide)호가 되었고 그 대체용 14호와 같은 설계인 19, 20, 22~24, 34, 43, 45, 58, 62, 68~70 등 14척은 일본에서 건조되었다.

한편 이태리로부터는 피아트-로렌티(Fiat-Laurenti)의 설계를 사들여서 고베의 카와사키 조선소에서 이태리형 잠수함을 건조하였는데 18호, 21호가 그 잠수함들이고 나중에 개량형으로 31~33호를 추가로 건조하였다.[116]

1914~1918년의 1차 세계대전 당시 소규모 대잠전대의 지중해전 참가로 연합군의 일원이 되어 참전했던 일본 해군은 태평양에서 독일의 견제 세력 역할도 하였다. 전쟁 후기에 일본 해군은 영국 비커스 조선소의 L-급 잠수함 설계를 구입하여 역설계로 25~30, 46, 47, 57, 59, 72, 73, 84, Ro-64~Ro-68 등 18척을 미츠비시 조선소에서 건조하

였다.

1차 대전 종전 후 일본 해군은 7척의 독일 U-보트를 배당받았다. 그
중 독일의 기뢰 부설 잠수함 U-125의 역설계로 I-21 / I-121급 잠수함
을 설계 건조하였고 U-139로부터는 I-15 / I-52급 잠수함들을 개발하
였다.[116]

2차 대전 당시 태평양에서 미국을 상대로 한 일본 해군의 잠수함 작
전은 앞에서 논한 바 있다.

당초에는 우수한 세력을 보유하고 있었으나 잠수함의 탁월한 잠재력
을 활용하지 못하고 공격 잠수함을 수송용으로 사용하는 등 잠수함 전
략의 잘못이 일본 해군 패인의 중요한 요소가 되었음을 후세의 전략가
들이 지적한다. 특히 1942년에 있었던 주요 해전(critical sea battles)인 산
호해(Coral Sea), 미드웨이(Midway) 그리고 과달캐널(Guadalcanal)에서 일
본 잠수함들이 본연의 주요 수상함 공격 임무에 적극적으로 나섰더라
면, 그리고 전쟁의 전 과정을 통하여 미 해군 잠수함과 같이 활발하게
통상파괴 활동을 펼쳤더라면, 일본 해군이 승기를 잡고 태평양 전쟁의
판도가 아주 달라질 수도 있었을 것으로 보는 관측이 일반적이다.[117]

태평양 전쟁에서 패한 일본은 전쟁 중 부진했던 잠수함 작전의 교훈
때문이었는지 패전 후 숨돌리기조차 어려웠을 시기인 1950년대에 이
미 신형 잠수함 개발에 착수하였다. 1960년에 처음으로 등장했던 오야

---

116 D. Carpenter and N. Polmar, 앞의 책, p. 71.
117 위의 책, p. 27.

시오급(Oyashio, 1,420톤)을 위시해서 하야시오급(Hayashio, 800톤)과 나추시오급(Natsushio, 850톤) 잠수함들(각 2척씩)이 전후 초반기에 설계 건조된 잠수함들이다.

그 후 체계적이고 강력한 잠수함 개발계획(속칭 SS-program)을 수립하였고 1960년대 초부터 해상자위대 주관으로 차세대 잠수함 개발을 시작하였으며 미츠비시(Mitsubish)와 카와사키(Kawasaki) 조선소에서 교호(交互)로 매년 1척씩 잠수함을 건조하고 있다. 그냥 건조하는 것이 아니라 조선소, MSO(Maritime Staff Office), TRDI(Technical Research & Development Institute) 사이의 기술 협조 아래 민관 합동으로 함형이 바뀔 때마다, 그리고 매 척마다 부단한 연구개발 노력을 경주하며 지속적인 성능 개량에 주력하고 있다. 일본 잠수함 개발은 그 내용이 철저하게 베일에 가려진 채 비밀스럽게 추진되고 있어 일본 잠수함의 성능과 구체적 현황에 대해서는 일본내의 핵심 관계자 이외에는 일본인이건 외국인이건 누구도 잘 알지 못하고 있다.

일본은 패전국으로서 무기의 수출을 일체 자제하고 있다.[118] 잠수함

---

118 일본은 1967년 사토 내각 당시 제정된 무기 수출 3원칙, 즉 ①공산권 ②유엔 결의로 무기 수출이 금지된 국가 ③국제 분쟁 당사국 또는 분쟁 우려국에 대한 무기 금수 원칙을 고수해 왔다. 1976년 미키 내각은 "무기 수출 3원칙 대상국가 이외에 대해서도 무기 수출을 자제한다"는 정부 통일 견해를 발표하고 그 정책을 견지해 왔다.
2003년 12월 미국과 더불어 미사일 방어체제 도입 결정을 한 것을 계기로 무기 수출 3원칙의 개정 논의가 계속되어 왔고 2004년 12월 새 방위계획 대강을 정함에 즈음하여 무기 수출의 개방 원칙을 새 방위계획에 포함시키려 하였으나 공명당의 반대에 부딪쳐 그것이 어렵게 되자 일본 정부는 관방장관의 담화 형식으로 무기 수출 3원칙을 완화하여 사실상 무기 수출의 길을 열어놓았다.

의 수출시장에 대하여도 무관심으로 일관하고 있을 뿐 아니라 불가피한 경우를 제외하고는 외국산 탑재장비의 선택도 극도로 피하고 있다.

수출 물량이 없으면 자국 해군만을 위해 잠수함 기술을 개발하게 된다. 이때 기술개발의 한계성과 소요 비용 문제에 봉착하여 그 개발계획이 좌초하는 것이 일반적이다. 그러나 일본은 강력한 경제력과 기술개발에 대한 정부 차원의 확고한 의지로 인하여 예외적으로 잠수함 기술개발이 강도 높게 지속되고 있다. 관 주도형 사업개발 형태와 지속적으로 예산을 투입하는 정부의 지원이 그 근간이다.

일본의 잠수함 성능 향상 계획이 폐쇄적 방식으로 진행됨에 따라 일본의 주변국들과 미국·독일 등 선진 제국들은 일본이 추진하고 있는 잠수함 성능 개량 정보 파악에 높은 관심을 기울이고 있고 시간이 경과함에 따라 조금씩이나마 그 내용들이 드러나고 있다.

일본의 잠수함 계획을 볼 때 우선 관심을 끄는 대목은 철저한 표준화(standardization) 방침의 준수와 단계적 접근(step-by-step approach)에 의한 매우 조심스러운 성능 향상 계획 추진 방식이다.

태평양 전쟁 당시 일본 해군은, 미 해군과는 달리 표준화 개념이 없이 갈짓자 걸음걸이로 표현되리 만치 일관성 없는 잠수함 형과 잠수함의 임무를 추구하였었고, 그 결과 그들은 쓰라린 패배를 당하였다. 2차 대전 후 일본의 잠수함 계획은 교과서적이라 하리만치 표준화의 길을 가고 있으며 하나의 단계는 다음 단계의 기반이 되는 식의 점진적 개발 방식을 고수하고 있다.

아사시오급(Asashio, 2,050톤, 1967년), 우주시오급(Uzushio, 2,430톤, 1971년), 유우시오급(Yuushio, 2,450톤, 1980년), 하루시오급(Harushio, 2,750톤, 1990년) 그리고 최근의 오야시오급(Oyashio, 3,000톤, 1998년)으로 이어지고 있는 일본의 잠수함 성능 향상 계획(속칭 SS-program)은 05SS(오야시오급)에 이르기까지 5회에 걸쳐 새로운 모델을 설계하면서 진전되어 왔다.

1993년 건조계약이 체결되었던 05SS(오야시오급, 사진14)는 일본 최초의 현측 배열 음탐기(Flank Array Sonar)를 탑재하였으며 AIP를 장착하지 않은 것으로서는 최후의 일본 잠수함이 될 것이다. 현재 개념설계와 정의 단계(definition phase)의 마무리 과정에 있는 차기 잠수함 16SS는 MK-3급 스털링(Stirling) AIP 4기를 장착한 일본 해상자위대 최초의 AIP 잠수함이 될 것이다. 16SS 잠수함의 취역은 2009년 3월로 예정되어 있다. AIP 잠수함의 보유는 일본 해군이 한국 해군보다 몇 해 더 늦어지게 되었다. 일본 해군의 AIP는 국내에서 제작된 것이다.

일본은 사실상 능력이 있음에도 불구하고 핵추진 잠수함은 철저하게 외면하고 재래식 잠수함의 개발에만 전념한다. 또한 성능 향상을 지속적으로 추구하면서, 잠수함의 생명주기[119]가 넉넉히 30년 넘게 지속되는 것과는 무관하게, 16년만 현역으로 사용하고 16년이 경과하면 예비역으로 퇴역시킨 후 매년 1척씩 신형 잠수함을 현역에 투입한다.

따라서 일본 해군 현역 잠수함의 수는 항시 16척으로 고정되어 있다. 그 외에 2척의 잠수함을 별도로 유지하면서 교육훈련과 새로운 잠수함 장비 및 기술개발 사업에 따른 적용(adaptation)과 시험(trial)에 사용하고 있다. 일본은 유사시 가용한 잠수함 척수를 단기간 내에 16척의 배 이상으로 증가시킬 수 있는 잠재적 가능성을 늘 확보하고 있다고 보는 것이 타당할 것이다.

다른 잠수함 선진국들과 같이, 일본 역시 오래 전부터 AIP 개발에 지

---

119 잠수함 생명주기(life cycle) : 잠수함이 현역 함정으로 활약하는 기간을 말한다.
　　잠수함마다 생명주기는 다르며 통상 30년으로 본다. MLC(Mid-Life-Conversion)를 거칠 경우 잠수함은 30년 이상 건재하며 훌륭하게 작전 임무를 수행한다. 일본 해상자위대가 잠수함 생명주기를 파격적으로 짧은 기간인 16년으로 책정한 것은 지속적으로 신형 잠수함을 개발하려는 의지에 따른 정책적 결정이고 실제적인 잠수함의 생명주기와는 관계가 없다. 많은 경우 잠수함의 생명주기는 정책적으로 결정되고 있다.

속적으로 많은 비용과 노력을 투입하여 왔으나 좋은 결과를 얻지는 못하였다. 1990년대에 들어서면서 일본 해상자위대는 독자적인 AIP개발 계획이 결국 여의치 못하자, AIP의 국내 개발과 병행하여 종합상사인 니쇼사를 통하여 당시 개발이 완료되어 이미 실용화되어 있었던 스웨덴 코컴스사의 스털링 기관(Stirling engine) 2대를 구매하였다. 당시 개발이 완료되고 실용화된 AIP는 코컴스사의 스털링뿐이었기 때문이다. 미국으로부터 일부 무기와 탐지장비들을 불가피하게 도입하는 것 이외에는 잠수함에 관하여 철저한 대외 비기성(秘器性)을 유지하여 온 일본으로서 그것은 다분히 예외적인 조치였다.

그런데 2년 후인 1994년에 HDW의 주관 아래 연료전지(Fuel Cell)가 개발되고 독일 해군이 연료전지를 장착한 212급 신예 잠수함 4척을 계약하자 일본 종합상사들은 서둘러 독일 HDW를 방문하고 연료전지의 실체에 대해서도 깊은 관심을 표명하였다.

이에 독일 HDW의 더크 라티엔스(Dirk Rathjens) 회장과 관계 실무자들이 1997년에 일본 해상자위대를 방문하고 AIP를 포함한 전반적인 잠수함 기술 협력을 논의하였다. HDW 관계자의 말에 의하면 당시 일본측은 독일 잠수함 기술에 대한 깊은 관심은 보이면서도 실무 협의에 임하여서는 놀라우리 만큼 경직되고 폐쇄적 대응을 하였기 때문에 그 방문은 양국 간의 기술 협력에 전혀 기여하지 못하였다.

당시 일본 해상자위대 측은 연료전지와 독일 잠수함 기술의 우수성은 충분히 이해하고 인정하는 입장이었지만 일본은 이미 스털링 기관을 모델로 하여 AIP를 구축할 방침을 결정한 상태였다. 그래서 두 대의 스털링 기관을 구입해서 분석 검토 후 스털링 MK-2 모델의 자체 생산 및 시험을 이미 실시하였으며 MK-3 모델을 개발하여 이를 아사시오급 잠수함에 탑재하고 시험하는 계획을 진행 중에 있었으므로 그 문제에 대한 재론은 불가능하다는 입장이었다.

그러던 일본 해상자위대는 2000년 말에 한국 해군이 PEM[120] 방식의 연료전지를 장착한 214급 잠수함 3척을 계약하자 오비이락(烏飛梨落) 격으로 돌연 기존의 입장을 바꾸어서 스털링의 개발을 계속하는 한편 차차기(次次期) 잠수함에는 연료전지를 탑재할 것이라는 뜻을 분명히 하며 2001년 초 독일로부터 연료전지의 도입 추진을 시도하였다.[121]

일본의 스털링 AIP 시스템(Stirling AIP system) 및 연료전지 시스템(Fuel Cell system) 도입은 사용 목적보다는 역설계(reverse engineering)를 통한 자체 개발 목적을 위한 것이다.

앞으로 모든 신형 잠수함에 AIP 탑재가 기정 사실로 되어 있다. 2009년에 취역할 차기 잠수함(16SS)에 스털링을 장착하도록 예정되어 있기 때문에 그 동안에는 스털링 개발에 전념하여 왔다. 그러나 2001년 초부터는 스털링 기관보다 연료전지의 개발에 보다 더 많은 노력을

---

120 PEM(Polymer Electrolyte Membrane) : Siemens사가 개발한 연료전지의 발전용 핵심 구성품.
121 일본은 해상자위대나 조선소가 직접 해외 접촉을 하는 경우가 드물고 대개 종합상사가 해외 기술이나 장비 도입을 전담한다. 2001년 봄부터 미츠비시 상사와 마루베니 상사가 연료전지의 도입과 기술 협력을 위한 의사를 HDW에 타진하였으며 PEM 방식의 Fuel Cell 구매를 추진하였다. 일본 해군의 연료전지 구매 의도가 현재 건조 준비 중인 차기 잠수함에 탑재할 목적이 아니고 차차기 잠수함을 염두에 둔 연구개발 보조 목적으로 확인됨에 따라 HDW측에서는 판매를 일단 유보하였다.

경주하고 있다. 현재 가용성 검토 단계(pre-concept phase)의 초기에 있는 차차기 잠수함에는 연료전지를 사용할 계획이 진행되고 있다.

잠수함용 연료전지 개발을 위하여 시행하고 있는 많은 노력의 일환으로 요코하마 소재 일본 해양연구소(Oceanography Research Center)는 해상자위대와의 협력 아래 2003년 8월 초에 심해 잠항 시험용 잠수함인 우라시마 호에 리티움 전지(lithium battery)와 더불어 연료전지를 장착하고 수중 3,500m의 심해에서 잠항 시험을 하였다. 그 결과 연료전지 장착 이전에는 130km였던 잠항 지속능력이 연료전지 장착 후에는 300km까지 증가하는 성공을 거두었다. 이 시험은 2004년 8월까지 12개월 간 지속되었고 곧 이어 연료전지의 용량을 대폭 증가시킨 우라시마-II의 잠항 지속능력 시험에 들어갔다. 우라시마 -II의 잠항 지속능력 목표는 우라시마 호의 10배인 3,000km이다.[122]

알려진 바에 의하면, 일본 해상자위대 내부에서도 독일과 같은 PEM 방식의 연료전지 개발을 주창하며 그 성공 가능성을 높게 평가하는 측이 있는가 하면 다른 한편에서는 성공 확률 문제뿐만 아니라 개발 비용과 개발 기간의 과다로 비용과 효과에 있어서 실익이 없으므로 한국이나 이태리와 같이 독일 HDW / 지멘스(Siemens)사의 연료전지 가족(Fuel Cell family)에 편입되는 것이 더 바람직하다는 주장이 있다.

잠수함용 연료전지 개발에 병행하여 도요타나 미츠비시 등 자동차

---

122 「아사히 신문(朝日新聞)」, 2003년 8월 12일자 보도.

회사들이 다투어 자동차용 연료전지를 개발하고 실용 단계에 상당히 근접해 있으므로 해상자위대는 연료전지의 자체 개발이 벽에 부딪힐 경우 자동차용 연료전지를 사용할 수도 있을 것이라는 기대감과 더불어 일단은 자체 개발 방향으로 가닥을 잡고 잠수함용 연료전지의 연구 개발을 계속 추진하고 있다.

그러나 비록 자동차용 연료전지가 개발된다 하더라도 그것을 잠수함에 적용함에는 상당히 심도 있는 적용 노력이 필요할 것으로 보인다. 일본의 AIP 개발팀은 자동차용 연료전지의 개발이 성공할 경우 그것을 잠수함에 적용하는 것은 결국에는 가능할 것으로 확신한다. 일본 해상자위대의 AIP 개발에 주어진 잠항 지속능력 목표는 최소한 1,800해리 이상이다. 16SS 이후에 건조되는 모든 일본 잠수함에는 연료전지든 스털링 기관이든 AIP의 탑재가 필수적일 것으로 보인다.

일본 잠수함의 탑재무기와 장비는 하푼 미사일 등 극히 제한된 미국 제품 이외에는 거의 모두 일본 자체의 개발 장비들이다. 이미 100년이 넘는 잠수함 운용 경력, 전후 40년이 넘는 잠수함 발전계획(SS계획)의 체계적 노력 지속, 확실히 보장되는 소요 물량, 일본의 앞선 경제력 및 기술력 그리고 확고한 일본 정부의 기술개발 의지가 탑재장비들의 국내 가용성을 뒷받침한다.

한편 잠수함의 핵심인 은밀성과 전투 생존성에 대해서는 물론 전혀 알려진 바가 없다. 그것은 언제나 극비 사항이기 때문이기도 하다. 게다가 환태평양 해군 합동훈련 (RIMPAC : Rim of the Pacific Exercise) 등 일본잠수함이 참여하여 온 다국적 해군 합동훈련에서도 일본 잠수함의 전투 생존성이나 은밀성 등에서 이렇다 할 성능과 우수성이 우리에게 관찰된 바도 없다. 반면에 일본 해상자위대나 MSO 및 TRDI 등 잠수함 관련 기관들은 한국에 공급된 209급과 214급 잠수함의 성능에 대하여 깊은 관심을 보이고 있다. 209급에 대해서는 물론이고 214급에 대해서도 지속적인 정보 수집을 위해 많은 관심과 노력을 기울이고 있다.[123]

일반적으로 일본의 신예 잠수함들은 우수한 잠수함일 것으로 짐작, 평가된다. 세계 최정상급 재래식 잠수함들, 예컨대 독일의 212급이나 214급 잠수함과의 비교는 일본 잠수함 성능을 정확히 알 수 없으므로 단지 추측만 가능할 뿐이다.

독일의 잠수함 설계 전문회사 IKL의 대표 자리를 가블러 교수 (Professor Gabler)로부터 이어받았고 잠수함 설계기술에 정통했던 아벨스 박사(Professor, Dr-Ing. Fritz Abels)는 일본처럼 잠수함 계획이 철저하게 폐쇄되어 있고 전혀 경쟁이 없이 오직 자기 나라 해군의 요구성능만 수렴하는 데 대하여 부정적인 견해를 가지고 있다. 다양한 해군, 다양한 해양 조건에 부응하는 성능 요구 조건을 경쟁적으로 두루 수용하지 않을

---

123 일본 잠수함의 성능 제원에 대해서는 계속적으로 합동훈련을 한 바 있는 미 해군 당국이 가장 많은 정보를 보유하고 있을 것으로 보인다. 한편 일본 MSO나 TRDI의 잠수함 설계 전문가들은 RIMPAC에 한국 해군의 209급 잠수함이 참가해 온 이래 기회가 있을 때마다 독일 HDW측에 209급과 214급 잠수함의 성능 제원과 설계 특성에 대하여 직·간접 통로를 이용, 질의를 하고 다양한 정보 수집 노력을 계속하고 있다.

경우, 짧은 기간은 괜찮으나 장기적으로는 선체의 정숙도나 탑재장비의 성능에 대한 심도 있는 개발이 이루어지기 어려울 것이기 때문이다.

일본 잠수함의 최대 항속거리(maximum cruising range), 최대 작전일수(maximum endurance), 탑재무기 수량(weapon loads) 등의 임무 내역(mission profile)이나 구체적 성능이 자세히 알려지지 않고 있는 상황에서 단정하여 말할 수는 없으나, 일본의 잠수함 발전 과정에 대하여 일반적으로 가질 수 있는 의문은, AIP도 탑재하지 않은 재래식 잠수함으로서 클수록 결정적 결함과 불리한 점이 많음에도 불구하고 왜 일본은 2,500~3,000톤의 큰 선체를 설계하고 있을까 하는 점이다. 재래식 잠수함으로서 그 선체가 3,000톤에 가깝게 커지면 은밀성이나 전투 생존성, 경제성 등에서 여러 가지 불리한 문제가 대두되는 것은 주지의 사실이다.

일본은 잠수함 설계작업을 앞에서 서술한 독일식의 잠수함 설계 단계를 준용하고 있다. 앞으로도 일본은 매년 잠수함을 1척씩 전력화하면서 온갖 기술력을 총동원하여 지속적으로 설계 능력과 잠수함 성능을 향상시켜 나아갈 것이다.

주변국의 잠수함 개발 실태와 교훈 – 중국

중국은 압록강 하구로부터 남쪽으로 무려 18,000km의 긴 해안선과 390만km²의 넓은 영해 면적 그리고 5,000여 개의 섬을 가진 나라로서 지리적으로 볼 때 분명한 해양국가이다. 또한 중국 본토의 동남부는 해양으로 진출할 수 있는 자연적 조건들을 구비하고 있다. 특히 화남지방은 인구가 조밀하여 많은 중국인들이 일찍부터 해외 진출을 시도해 왔다. 오늘날 동남아 지역에 넘치다시피 모여 살고 있고 전세계 어디에나 퍼져 있는 엄청난 수의 화교들은 중국이 갖고 있는 그와 같은 해양국으로서의 지리적 조건에 따라 해외로 진출한 사람들이다.

그러나 중국 역사를 살펴볼 때 중국은 해양국가를 지향하지 않았다. 광활한 중원(中原)에 머물며 국가적 에너지로 해외를 개척하기 보다 만리장성을 쌓으며 내륙에 집착하는 대륙국으로 머물렀다.[124] 중세 이후 서구 제국이 다투어 해양으로 진출할 때 중국은 대륙에서 안주하다가

---

124 중국 역사에 관해서 풀리지 않는 큰 수수께끼 중 하나는 명나라 제3대 황제인 영락제(永樂帝) 시대에 있었던 정화(鄭和, Cheng He) 함대의 존재이다. 폴 케네디(Paul Kennedy)나 개빈 멘지스(Gavin Menzies) 등 저명한 학자들의 한결같은 주장에 따르면 15세기 전반에 당시로서는 세계 최대 · 최강의 함대가 정화함대였고 그 함대는 1405~1433년 기간 중 일곱 차례에 걸친 원양 항해를 하여 50개국 이상을 방문하고 인도양을 거쳐 동아프리카에 진출하였다. 개빈 멘지스는 정화함대가 1421년에 지구를 한바퀴 돌아서 아메리카 대륙에 도달했었음을 주장하기도 한다. 석연치 않은 이유로 정화함대의 마지막 원정이 있고 나서 1436년 이후 두 개 이상의 돛(mast)을 달고 원양 항해를 할 수 있는 함선의 건조를 금하는 황제의 칙령이 내려졌고 그 이래 중국의 해양력은 쇠퇴의 길에 접어들었다. 이춘근, "중국 해군의 역사적 궤적", 『중국의 해양전략과 동아시아 안보』 (한국해양전략연구소 학술총서-27, 2003), pp. 78~82.

인류의 찬란했던 문명 발상지들이 모두 그러하듯 중국도 각축을 다투는 과학 문명의 경쟁대열에서 뒤처지게 되었다.

그 결과 19세기에 이르러 중국은 포르투갈 · 영국 등 서구 해양국가들의 침략 앞에 속수무책의 곤궁한 처지에 빠져 아편전쟁(1839~1842)의 수모를 당하며 마카오와 홍콩을 빼앗기기도 하고 동양에서는 선두에 서서 해양국으로 부상했던 일본의 침략에 시달리며 국가적 시련기를 맞기도 했다.

이처럼 대륙국으로서의 역사를 이어온 중국이었기에 서구 선진국이나 일본 등 해양국가들이 과학기술의 발전과 군비 증강에 집념하며 식민지를 통한 해외 자원 확보에 혈안이 되었던 근세사에서 중국은 '잠자는 사자' 로서 근대화의 뒤 울안에 갇혀 있었다. 19세기 말과 20세기 초에 서구 선진국들과 일본이 잠수함 개발에 열을 올릴 때에도 중국은 잠수함과는 먼 거리에서 머물렀다.

중화인민공화화국 건국 직전인 1947년 6월 30일 모택동은 그의 유명한 〈인민 민주 독재에 대하여〉라는 논문에서 해 · 공군 건설의 필요성과 해 · 공군의 건설을 위해서는 소련따라 배우기가 바른 길임을 제시했다.[125] 1951년 중국 해군 부사령관 왕굉곤(王宏坤) 역시 "소련 해군은 중국 인민 해군의 모범이다. 우리는 위대한 소련 해군으로부터 배워야 한다."[125] 라고 강조했다.

---

125 김종두, 『중국 해양 전략론』 (문영사, 2002), p. 46.

1957년, 당시 중국의 국방부장 팽덕회(彭德懷)는 "우리는 잠수함을 중심으로 한 방어적 해군 건설을 목표로 하고 있다. 우리는 전함과 항공모함을 건조할 계획을 갖고 있지 않다"[125]라고 하여 당시 해군력 건설의 기조를 이루었던 공(空, 해군 항공부대), 잠(潛, 잠수함부대), 쾌(快, 어뢰정부대) 중에서 잠수함이 해양 방어의 제1선임을 확인하였다.

스탈린 사후 후르시초프가 이끌었던 당시 소련의 수뇌부는 일본군과 국부군에 대항하여 싸워온 중국 공산당에 대하여 우호적이었다. 수정주의 논쟁으로 야기된 이념 분쟁으로 소련 군사 고문단이 철수했던 1960년까지 소련은 중국 해군 건설과 잠수함 세력 육성에 많은 기여를 하였다.

1940년대에도 중국이 잠수함 기술에 관심을 갖는 등 간헐적인 잠수함 획득 노력의 흔적이 있었다. 그러나 본격적으로 중국 해군이 소련의 기술과 지원에 의하여 잠수함 능력을 구축하기 시작한 것은 1952년에 체결된 중·소 양국 간의 협정에 따라 1953년부터 호위함(리가급), 잠수함(W급), 소해정(T-43형), 대형 구잠함(驅潛艦, 클론슈타트급) 어뢰정(P-6형) 등 5종의 함정 건조를 위한 설계 도면과 일부 기자재를 소련으로부터 도입한 것이 그 계기가 되었다.[126] 1952년에 칭다오(靑島, Qingdao)에서 첫 잠수함 기지가 발족되었고 1954년 6월 19일 최초로 중국 독립 잠수함 대대가 탄생했다. 이 때 도입된 위스키(Whisky)급 잠수함은 소련의

---

126 앞의 책, p. 56.

설계에 의한 모방 생산을 통하여 건조되었고 주로 중국 해군 잠수함 요원들의 훈련용으로 사용되었다. 위스키급은 현재 모두 퇴역하였다.

그 후 1959년 2월에 소련으로부터 골프(Golf)급과 로미오(Romeo)급 잠수함의 각종 계산 자료와 도면 등 설계와 일부 기자재가 추가로 제공되어 그 역시 모방 생산에 들어갔다. 소련으로서는 위스키급이나 로미오급 잠수함은 1930년대의 기술로서 이미 기술 세대가 지나간 구식 잠수함이었으나 기술 수준이 낙후했던 중국으로서는 잠수함 설계뿐 아니라 미사일, 레이더, 소나 등 당시 소련에서 도입된 모든 군사 기술과 물자들은 훨씬 앞선 기술이었고 큰 수확이었다.

어뢰 발사용 잠수함인 로미오급 (Type 033, 1,830톤)은 1962년부터 양산체제에 들어가 1987년까지 25년 동안 총 84척이 건조되었다. 그 중 7척이 1973~1975년에 북한에 인도되었고 4척은 1982~1984년에 이집트에 수출되었다. 초기에는 상해의 쟝난(江南, Jiangnan) 조선소에서 건조하다가 그 후 우한(武漢, Wuhan) 조선소로 옮겨서 본격적 양산체제를 갖추었다. 로미오급 잠수함은 태평양에서 작전할 수 있는 항속거리 (9,000마일, 수상 9노트)를 가지고 있기는 하나 미 해군의 거피(Guppy)급과 비슷하게 느린 속도(수상 15.3노트, 수중 13노트), 높은 소음, 낙후된 감지 장비와 무장 등으로 매우 낡은 기술에 속한다.[127]

중국 해군은 로미오급 잠수함 1척을 개조해서 6기의 C-801(YJ-1) 대

---

127 황영무, 『신중국 군사론』 (법문사, 1992), p. 336.

함 미사일(Eagle Strike, 鷹擊)을 탑재하였다. 동 미사일은 수중 발사는 불가능하고 부상 중에서만 발사할 수 있다. 미사일을 탑재한 351함은 1999년까지 수년 간 북해 함대에서 계속적으로 시험하였으나 좋은 결과를 얻지 못하여 로미오급에 미사일을 탑재하는 계획은 더 이상 진행하지 않고 종결한 것으로 보인다. 로미오급은 근년에 대부분 퇴역하여 21척의 현역과 10척의 예비 전력만 유지되고 있다.

미사일 발사용 잠수함인 골프급의 모방 건조 실태는 잘 알려지지 않았었다. 1966년 9월에 미사일 발사관 6기를 가진 골프급 잠수함이 다렌(大連, Dalian) 조선소에서 진수되었다는 미확인 정보가 있었다. 그 후 아무 소식이 없다가 16년이나 지난 1982년 10월에 잠수함에 의한 1,800km 사거리의 탄도 미사일 수중 발사에 성공했다는 발표가 있었다. 이때도 그 미사일을 발사했던 잠수함에 대해서는 아무 언급이 없었다. 당시로서는 골프급 잠수함이 발사했을 것으로 추정될 뿐이었다. 현재 중국 해군은 탄도 미사일 JL-2를 탑재한 1척의 골프급(Type 031, 2,950톤) 잠수함을 보유하고 있다.

중국 해군이 자체 설계를 통하여 본격적으로 시도한 최초의 재래식 잠수함은 밍(明, Ming)급(Type 035, SS, 2,113톤)이다. 1960년대 중반에 사업이 개시되어 1971∼1979년에 3척이 건조되었다. 그 중 한 척은 화재 사고로 폐기되었고 또 한 척(232)은 확인되지 않은 이유로 퇴역되었다. 밍급 잠수함은 사업 초기에는 속도를 위시한 함 성능이 당초의 목표보다 심각하게 저조하여 사업 추진이 중단되는 듯 하였는데, 10여 년의 세월이 지난 후 1987년부터 우한 조선소에서 건조를 재개하여 매년 1척씩 건조하였고 현재 20척을 보유하고 있다.[128] 2002년 4월에 진수한 313함을 마지막으로 하여 밍급 잠수함 건조는 종결될 것으로 보인다. 보다 더 개량된 쑹(宋, Song)급과 킬로 (Kilo)급 등이 밍급을 대신하여 재래식 잠수함 전력을 승계할 것이다.

중국 해군이 잠수함 세력을 위하여 수행해 온 노력의 과정들을 살펴보면 두 분야에 대한 고뇌와 지속적 도전의 족적이 보인다. 그것은 추진체계와 무기체계 분야이다. 그 두 분야의 성능 수준이 여의치 못하였고 1960년에 소련과의 관계가 냉각되면서 기술 제휴가 중단된 이래 양 분야에 대한 개선에 모든 노력이 집중되었던 듯하다. 잠수함 설계 능력과 은밀성은 모든 잠수함 건조 국가들이 중요시하는 사항인데 중국 해군도 은밀성을 높이기 위해서 많은 노력을 하였겠으나 그 성과의 흔적이 이렇다 하게 관찰되는 바는 없다.

중국 해군은 무기를 투사하는 플랫폼(platform)인 잠수함 자체보다 무장 분야를 더 중시하였던 것으로 보인다. 잠수함의 은밀성과 전투 생존 능력의 향상보다는 미사일 체계를 위주로 한 무장의 개선에 더 주력해 온 것이 사실이다. 전술한 바와 같이 로미오급에 YJ-1 대함 미사일 장착을 시도했던 것이나 골프급에 사정거리 1,800km의 JL-2(SLBM)

---

128 2003년 4월 청도 근해에서 밍급 잠수함(361)에 사고가 발생하여 승조원 70명이 모두 사망하였다는 보도가 있었다.

탄도 미사일을 탑재한 것, 그리고 시아(夏, Xia)급에 사정거리 2,150km의 JL-1 탄도 미사일을 탑재한 것 등이 그 예이다.

탑재무기는 지속적으로 상향 곡선을 그리며 향상되었으나 잠수함 선체의 상향 곡선은 비교적 저조하다. 즉, 또 하나 다른 분야인 추진체계는 중국에 우수한 디젤엔진과 전동모터가 가용하지 않았고 소련과의 관계가 냉각된 이후에 해외에서 기자재를 도입하는 것도 냉전시대 '죽의 장막(bamboo curtain)'으로 인하여 여의치 못하여 디젤엔진 추진체계 때문에 지속적으로 곤란을 겪었던 것으로 보인다. 따라서 중국 해군은 모택동과 주은래 등 당 수뇌부의 지원 아래 일찍이 1960년대부터 핵추진 잠수함의 획득을 추진하였다.

1966년에 함정연구원 산하의 719연구소가 핵추진 잠수함 설계에 착수하였고 1968년 11월에 첫 핵추진 잠수함 한(漢, Han)급 (Type 091, 5,500톤)의 건조가 시작되었다. 선도함인 401함이 부두, 수상, 천해, 심해 등 4단계에 걸친 20여 차례의 시험과 6,000마일의 시험 항해 끝에 1974년 8월 1일 해군에 인도되었다. 그러나 401함은 핵추진 기관을 위시한 부진한 성능 문제로 인하여 인도 후에도 사용하지 못하고 거듭된 성능 개량 노력 끝에 1980년대에 들어서야 비로서 작전에 투입되었다.[129]

한급은 후루다오 조선소에서 모두 5척이 건조되었는데 선도함인 401함은 2003년에 퇴역하였고 나머지 4척(402~405)도 Type 093계획

---

[129] *Jane's Fighting Ships*, 2004~2005, p. 117.

에 의한 새로운 핵추진 잠수함들이 취역되면 모두 퇴역할 것으로 보인다. 한급은 많은 기대를 모았던 중국 최초의 핵추진 잠수함이었으나 핵추진 기관을 위시한 함 성능의 부진으로 기대에 부응하지 못하고 어

려움이 많았던 잠수함이었다.

중국 해군은 한급에 이어 1978~1987년 기간 중 역시 후루다오 조선소에서 시아급(Type 092, SSBN, 6,500톤) 전략 미사일 탑재 핵추진 잠수함을 건조하였다. (사진15) 시아급은 당초에 두 척이 거의 동시에 건조되었고 한 척은 1981년 4월 30일에, 다른 한 척은 1982년 10월 12일에 진수되었다. 그 중 한 척이 1985년에 손실된 것으로 전해지고 있으나 공식적으로 확인된 바는 없다.[130]

시아급은 현재 1척(406)이 남아 있다. 시아급에 탑재된 JL-1 탄도미사일은 1985년에 최초로 시험 발사가 되었으나 실패하였고 잠수함의 작전 투입도 따라서 지연되었다. 1988년 9월 27일에 JL-1 시험 발사가 성공된 후에야 406함이 정식으로 취역되었다.

그 후에도 시아급 406함은 탑재 유도탄의 사정거리 증대를 비롯한 함 성능 개선 노력을 계속하고 있다. JL-1 대신 사정거리가 증대된 JL-1A 탄도 유도탄을 탑재할 것으로 알려지고 있으나 아직 구체적으로 확인되지 않고 있다.

중국 해군은 앞에서 언급한 밍급과 매우 비슷한 쑹급(Type 039, SSG, 2,250톤) 재래식 잠수함을 1991년부터 자체 설계에 의하여 건조하기 시작하였다. 우한 조선소에서 8척을 건조하였고 2척은 쟝난 조선소에서 건조 중이다. 쑹급은 MTU 16V396SE 디젤엔진과 사정거리 40km의

---

130 앞의 책, p.116.

YJ-8-2(C-801) 잠대함 미사일을 장착하고 있다.(사진16)

쑹급은 기존의 10척에 이어 추가 건조계획이 앞으로 더 진행될 것이나 러시아에서 도입 중인 킬로급 잠수함의 획득과 연계되어 추가건조량이 결정될 것으로 보인다.

지금까지 살펴본 바와 같이 중국 해군은 50년대 초부터 90년대 초에 이르기까지 40여 년 동안 줄곧 잠수함 전력 증강에 많은 노력을 기울여 왔다. 처음에는 위스키, 로미오, 골프급 잠수함의 설계와 일부 기자재들을 소련으로부터 도입하여 모방 건조를 하였다.

그 후 밍급과 쑹급 잠수함들을 스스로 설계하고 건조하여 재래식 잠수함의 독자 생산 능력을 축적하여 왔다. 그리고 한급과 시아급 역시 스스로 설계하고 건조하여 핵추진 잠수함과 탄도 미사일 핵추진 잠수함의 독자 생산 능력도 축적하여 왔다. 물론 그동안 사업 추진에 많은 어려움이 있었겠으나 중국 해군은 일단 재래식 잠수함과 핵추진 잠수함의 설계, 건조 및 시운전 기술을 두루 경험하면서 기초를 닦아 왔고 장차 독자적인 잠수함 획득의 길에 본격적으로 나설 태세를 갖추게 되었다.

그런 중국 해군이 1990년대 중반 이후부터는 마치 잠수함 획득 사업을 원점에서부터 처음 시작하는 나라처럼 독자적 능력에 의한 잠수함 전력 발전 의지를 접고 새삼스럽게 외국 기술에 의존하면서 재래식과 핵추진 잠수함 획득 계획을 추진하고 있다. 그것은 뜻밖의 상황이고 중국 잠수함 계획에 관심이 있는 세계 여러 나라의 잠수함 전문가들을 놀라게 하기에 충분한 것이었다.

우선 재래식 잠수함 분야에 있어 중국은 새로운 잠수함을 스스로 설계하고 건조하는 방식이 아닌 완성 잠수함을 외국에서 구매하는 정책을 추진하고 있다. 중국 해군은 1994년 11월에 킬로(Kilo)급 잠수함 4척을 러시아에 발주하였고 1995~1999년 사이에 그 4척을 모두 도입하였다. 처음 2척(Type 877EKM)은 구 소련연방 체제 아래서, 한 바르샤바 조약 국가에 인도될 잠수함이었으나 계약이 취소되어 그 잠수함을 중국이 구매하였다. 나머지 2척은 Type 636의 신형 킬로급이며 페테르부르크(St. Petersburg)의 애드미랄티(Admiralty) 조선소에서 건조된 잠수함들이다.

중국 해군은 킬로급 4척 구매에 그치지 않고 더 많은 잠수함의 해외 직구매 계획을 세운 후 2002년 여름에 636 / 636M형 킬로급 잠수함 8척을 러시아에 발주하였다. 이들 추가 구매 잠수함의 인도 시기는 2007년까지이다. 중국 해군이 킬로급 잠수함 구매를 지속하는 것은 그들이 두 번째로 개발한 쑹(宋)급 재래식 잠수함의 성능이 부진하여 요구성능에 미달하고 있음을 시사한다.

중국 해군의 적극적 잠수함 전력 증강 노력의 현실과 쑹급 잠수함의 성능이 기대에 미치지 못했을 것이라는 추정을 뒷받침하는 또 하나의 사실은, 중국 해군이 쑹급을 개발한 후 양산 여부의 결정이 아직 분명하지 않은 상황에서 러시아의 킬로급 구매와 병행하여, 완전히 다른 또 하나의 재래식 잠수함인 위안급(元, Type 039A 또는 041, SSG)[131]을 개발하였다는 점이다. 위안급에 대해서는 아직 알려진 정보가 많지는 않으나 선체에 흡음 타일을 부착하였고 중국에서 조립된 MTU 16V396SE 디젤엔진을 탑재하고 있다. 선체 상부가 돌출된(hump-back) 점 등을 보아 러시아의 킬로급 설계의 영향을 받은 것 같고 확인된 바는 없으나 중국 해군 재래식 잠수함으로서는 최초로 AIP를 탑재하고 있을 것으로 추정된다. 위안급 1번 함은 2004년 5월, 그리고 2번 함은 2004년 12월에 우한 조선소에서 진수하였고 2척 모두 2006년에 취역될 듯하다. 앞선 밍급과 쏭급 재래식 잠수함들은 소련 잠수함 기술과 무관한 중국의 독자적 설계로서 결과적으로 기대 성능에 미치지 못하여 많은 애로를 경험했던 반면 위안급은 러시아으로부터 기술적 협력이 가능해졌으므로 러시아의 도움 아래 설계 및 건조된 것으로 보인다.

　핵추진 잠수함 분야 역시 이미 한급과 시아급 잠수함들을 스스로 설계해 본 경험이 있음에도 불구하고 새로운 핵추진 잠수함(Type 093, SSN, 6,000~8,000톤)[132]은 독자 설계를 하지 않고 러시아의 잠수함 기술자들의 기술 지도 아래 설계·건조한 것으로 알려져 있다. Type 093의 선도함은 후루다오 조선소에서 1994년에 착수되어 1997년에 건조가 시작되었고 2002년 말에 진수하였다. 선도함은 2005년, 2번함은 2007

---

131 위안급 잠수함 관련 정보 및 사진 : http://www.sinodefence.com/navy/sub/yuan.asp 참조.
132 Type 093 SSN에 관한 기본사양, 함정수, 모형도 등의 자세한 내용은 http://www.globalsecurity.org/military/world/china/type-93.htm 참조 (검색일 : 2005. 7. 14).

년에 취역되고 5〜8척이 건조될 예정이다. Type 093은 러시아의 빅터(Victor)-III 설계를 모방한 것으로 보이는 함형으로 설계·건조·시운전 등 사업 전반에 걸쳐 러시아의 기술 지도에 따라 사업이 진행된 것으로 알려지고 있다.

중국 해군은 Type 093에 이어 Type 093의 설계에 기반한 것으로 보이는 새로운 함형인 4척의 Type 094(SSBN)[133] 건조계획도 추진하고 있다. Type 094는 사정거리 8,000km를 목표로 하는 JL-2 미사일(CSS-NX-5)을 탑재할 것이다. JL-2 미사일이 개발 중에 있고 아직 완성되지 않았기 때문에 Type 094 계획의 완료는 JL-2 미사일의 완성과 때를 같이 할 것으로 예상된다.

4척 중 선도함은 2001년 이래 후루다오 조선소에서 이미 건조하고 있는 것으로 보이며 2005년에 진수되고 2008년에 취역 예정이다. Type 094 잠수함의 설계 및 건조도 러시아의 기술 지원 아래 이루어지고 있을 것이라는 추측이 지배적인 가운데 일부 미국 언론은 Type 094 잠수함이 러시아의 기술 지원 아래 추진되고 있음과 미국 중앙정보국(CIA)이 2004년 11월 말에 중국 해군의 핵추진 잠수함 계획(Type-093/094)은 러시아의 기술 지원과 더불어 추진되고 있음을 공개적으로 확인하였다고 밝힌 바 있다.[132]

---

133 Bill Gertz 기자, *The Washington Times*, 2004년 12월 2일.
　　Type 094 SSBN에 관한 기본사양, 모형도, 관련 언론 보도 등 자세한 내용은 http://www.globalsecurity.org/wmd/world/china/type_94.htm 참조(검색일 : 2005.7.14).

오랜 세월 동안 적극적으로 잠수함 전력 증강과 잠수함 기술 향상을 추구하면서 100척이 넘는 재래식 및 핵추진 잠수함들을 모방도 하고 스스로 설계도 하면서 건조해 온 중국 해군이 왜 새삼스럽게 다시 외국 기술에 의존하게 되었는가?

그것은 깊이 살펴보아야 할 일이다. 중국은 소련과의 기술 협력이 단절되었던 1960년 8월 이래 4반세기 동안 소위 '죽의 장막'을 경계로 하여 소련은 물론이고 모든 선진국들과 기술적으로 단절된 세월을 지냈다. 따라서 외국 선진 기술의 도움이 없이 독자적으로 잠수함 기술을 발전시킬 수 밖에 없는 상황이 40여 년 간 지속되었다. 그 사이에 자력에 의한 잠수함 기술 향상과 잠수함 전력 증강에 많은 노력을 쏟아 왔고 상당한 성과를 거두기도 했지만[134] 산적한 기술적인 문제에 부딪히면서 독자적 기술개발의 한계에 도달했을 가능성이 높다.

그것은 중국 해군이 설계하였던 잠수함들이 건조 결과 예외 없이 당초의 작전 요구성능 수준에 크게 미치지 못하는 저조한 함 성능을 드러냈을 뿐 아니라 그로 말미암아 수년 간 취역이 늦어지는 일도 있었고 후속함의 건조가 여러 해 동안 지연되기도 했기 때문이다.

확인된 바가 없어 단언할 수는 없으나, 중국 해군이 자력에 의한

---

[134] 1960년 8월 소련의 군사 고문단과 기술자들이 철수하고 이미 도입 계약이 체결되었던 모든 물자와 설비의 공급도 중단되자 중국의 전력 증강 사업은 일시에 위기를 맞게 되었다. 정부 수준에서는 자주 국방과 자력 갱생 대책 수립에 부심하였고 해군에서는 전국으로부터 2,000여 명의 과학자와 기술자들을 발탁하여 1961년 7월 함정연구원(원장 劉華淸)을 설립했다. 그 후 함정연구원은 핵 잠수함 설계에 이르기까지 모든 해군의 전력 증강 사업에 대한 기술적 산실(産室)로서의 역할을 담당했다.

잠수함 기술 향상 노력 과정 중 극복하기 어려운 기술 장벽 앞에서 잠수함의 독자 설계 및 건조 능력의 한계에 부딪혀 소기의 함 성능 확보에 실패하고 좌절에 직면했을 것이라는 추측을 자아낸다. 그렇지 않고 자력에 의한 잠수함 성능 향상에 어려움이 없었다면, 새삼스럽게 다시 외국 기술에 의존하여 잠수함 전력을 구축할 리가 없었을 것이다.

1980년대 말 소련 연방이 붕괴되고 동서 냉전시대가 종식되면서 철의 장막도 죽의 장막도 모두 사라졌다. 중국이 원하면 다시 러시아로부터 군사기술을 도입할 수 있는 새로운 시대가 도래한 것이다. 바로 그 시점에 중국은 자력에 의한 잠수함 기술의 발전에 한계를 느끼고 기술 발전과 전력 향상의 건실한 장래를 위해서 다시금 외국의 선진 기술에 의존하여야 할 절실한 필요성을 느꼈을 것으로 보인다. 그런 배경 아래서 중국 해군이 킬로급 완성 잠수함의 도입이나 위안(元)급과 Type 093/094 설계에 러시아를 다시 동반자로 삼은 것이라면 그것을 의외의 조치라고 할 수는 없을 것이다.

일반적으로 중국 해군의 잠수함 세력 증강 노력은 잠수함의 전술적 역할보다는 전략적 역할에 무게를 두고 원거리 투사 능력이 있는 강력한 무기를 잠수함에 탑재하는 것에 관심을 집중해 온 것으로 보인다.

중국 해군 잠수함들의 은밀성을 위시한 전투 생존 능력이 어느 수준이 될 것인지는 물론 알려진 바 없다. 속단일 수는 있겠으나 재래식과 핵추진 잠수함 모두 은밀성 분야에서는 러시아의 킬로급 수준을 상회하지는 않을 것으로 보인다. 킬로급은 러시아로서는 앞선 잠수함이나 오늘날 눈부시게 발전하고 있는 서구의 기술에 비하면 은밀성을 포함한 전투 생존 능력에 있어서 우수한 잠수함이라고 보기는 어렵다.[135]

중국 해군이 비록 지금까지 우수한 성능을 확보하지는 못하고 있으나 재래식·핵추진을 가리지 않고 새로운 잠수함을 구매하기도 하고 건조하기도 하며 잠수함 전력 증강에 적극적으로 매진하고 있는 현실은 한국을 위시하여 미국과 일본으로 하여금 심각한 우려를 갖게 한다.

우리보다 훨씬 앞선 군사 과학기술 능력을 보유하고 있는 중국 해군이 모택동을 위시한 당 지도부와 인민 해방군 최고 지휘부의 높은 관심과 지도 아래 오랜 세월 동안 자력으로 잠수함 기술의 향상 노력을 기울였으나 실패를 거듭해 온 끝에 다시금 러시아 기술을 도입하고 있는 사례는 잠수함 기술개발이 선체나 탑재장비나 모두 얼마나 어려운 과제인가를 말해 준다.

중국 해군의 실패를 거듭해 온 경험은 바야흐로 최초의 한국형 잠수

---

135 러시아의 잠수함은 2차 대전 후 1950/1960년대 한때 소련 연방의 방대한 잠수함 수요에 힘입어 세계의 선도적 기술 수준을 달성하였다. 1980년대 이후 소련 연방의 붕괴와 더불어 잠수함의 수요가 격감하였고 지속적인 발주가 이루어지지 못하자 잠수함 건조 조선소들은 물론이고 탑재장비 공급사들도 연쇄적으로 곤란에 부딪혔고 도산과 폐업 사태가 속출하였다.
필연적으로 러시아의 잠수함 기술은 투자가 지속되지 못하여 1980년대를 정점으로 하여 그 후 정체와 퇴보의 길에 접어들었고 탑재장비 공급사들의 부실로 인하여 기존 잠수함들에 대한 부품의 공급조차 원활하지 못하게 되었다.
러시아의 킬로급(Type 877과 636)은 러시아로서는 첨단 잠수함이나 서구의 최신형 재래식 잠수함들에 비하면 기술 수준이 미치지 못하는 것으로 보인다. 킬로급보다 더 앞선 잠수함을 추구하기 위해 설계된 아무르(Amur)급은 구매 희망자가 없어서 파격적인 염가 판매 정책을 선택하지 않는 한 설계가 빛을 보기 어려운 입장에 처해 있다.

함 획득 방식을 결정해야 될 우리 나라로서는 타산지석(他山之石)으로 삼아야 할 귀중한 사례이다.

콜린스급 (HMAS Collins Class, Type-471)의 교훈－호주

　호주 해군(Royal Australian Navy - RAN)은 대양해군을 지향하면서 국민적 성원과 더불어 자국형 잠수함 획득을 오랫동안 꿈꾸어 왔었다.
　1980년대 초에 구성된 호주 해군의 잠수함 획득 사업단은 당시 세계 1, 2위의 재래식 잠수함 기술을 보유하고 있던 독일의 HDW사와 스웨덴의 코컴스사 간의 경쟁을 통하여 코컴스사를 기술 도입선으로 선

【사진17】 호주 해군이 보유한 6척의 콜린스급(Collins Class) 잠수함 중 선도함인 콜린스(73) 함. 3,353톤, 수상 10노트 수중 20노트, 항속거리(속도 10노트 시) 9,000마일, 승조원 42명, 잠수 심도 300m. 전투체계의 대체와 개조가 완료되는 2007년 경에 가서야 완전한 운용이 가능할 것으로 보인다.

【사진18】 콜린스급(Collins Class)의 3번 함 월러(Waller 75).

정하였다. 그 후 코컴스사의 자본 참여 아래 합작회사인 ASC(Australian Submarine Corporation, 일명 Australian Submarine Consortium)를 설립하고 주요 탑재장비 또한 호주내에서의 국산 제작 기반을 활발히 구축하면서 1980년대 말에 야심찬 사업 추진을 개시하였다.

6척 중 선도함(prototype)인 HMAS 콜린스(HMAS Collins 73, 사진17)가 1996년에 취역하자 호주의 국방성과 해군 당국은 솔직한 평가 보고서를 일반에게 공개하였다.[136] 그 결과 콜린스급(Collins Class) 잠수함으로

---

[136] 대개의 경우, 자국의 전력 증강 사업 결과가 부진하거나 실패하였을 때 사업 추진 주체는 그 결과를 대외에 공개하지 않고 덮어 버리는 사례가 일반적이나, 호주 해군의 경우 NAG(Naval Audit Group)의 감찰 보고를 인터넷에 게재하기까지 하면서 주요 결함들을 이례적으로 솔직하게 공개하였다.

부터 도저히 그대로 사용할 수 없는 여러 가지의 결정적 결함들이 노출되었고 그 사실은 장기간에 걸쳐서 호주 언론과 여론의 공개적이고 집중적인 성토의 대상이 되었다.(사진19)

지적되었던 많은 결함 중 가장 심각한 분야는 잠수함의 은밀성과 전투체계 분야였는데 이들은 잠수함에 있어 생명이라 할 핵심 성능 분야이다. 은밀성은 기대치의 최저 수준에도 미치지 못하여 호주 언론들로부터 'rock band'나 'rock concert'(사진19)라 혹평되었다.

전투체계는 당초에 미국 록웰(Rockwell)사에 주문하였는데 계약 이행 능력에서 한계에 부딪혀 도중에 보잉(Boeing)사로 주계약자를 변경하였다. 수중탐지 체계는 프랑스의 탈레스(Thales)사, 전투체계의 각 전시용 콘솔(display console)은 미국의 록히드 마틴(Lockheed Martin)사, 전술 소프트웨어(tactical software)는 호주의 컴퓨터 사이언스(Computer Science)사 등 굴지의 회사들이 분담하였다. 그러나 취역 후에도 전투체계는 사실상 가동이 되지 않았다.

호주 해군은 콜린스급 잠수함의 결함들이 너무나 심각하여 그대로 사용할 수 없다는 결론에 도달하였다. 그래서 5번함 HMAS 쉬안(HMAS Sheean-77)과 6번함 HMAS 랜킨(HMAS Rankin-78)이 아직 건조 중에 있었음에도 불구하고 앞서 건조된 4개 잠수함(Collins-73, Farncomb-74, Waller-75, Dechaineux-76)에 대한 대대적인 개조 개량 작업을 개시하였고 그 작업은 선도함인 콜린스함이 취역한 지 7년이 지난 2003년 3월에야 1단계 작업이 마무리되었다. (사진18)

【사진19】 호주 시드니의 일간지 「*Daily Telegraph*」 1998년 10월 8일자 기사.

"못쓰게 된 잠수함들(DUD SUBS)"이라는 제목 아래 "50억 불의 은밀한 잠수함들이 록(rock) 음악 연주장처럼 시끄러운 잠수함이 되었다(5bn stealth boats loud as rock concert)"라고 혹평하고 있다. 콜린스급 잠수함의 결함은 거의 모든 호주 언론에 의하여 속보 형식으로 장기간 보도가 지속되었다.

"전투체계는 무용지물이고 추진기는 진동과 균열이 심하고 선체에 따라 흐르는 해수가 소음을 높게 하고 잠망경이 진동하고 모든 밸브류는 누수가 심하고 모든 용접은 매우 불량하다."라고 분야별 결함 사항들을 지적하며 "수리에는 10억 불이 소요될 것"이라 언급하였다.

전투체계 분야는 주계약을 보잉 시스템(Boeing System)으로부터 레이티온(Raytheon)사의 CCS MK2 Block 1C Mod 6로 대체하는 것을 근간으로 하여 대폭적 개조가 이루어졌다. Block 1C Mod 6 일부가 아직 미 해군에 의하여 개발 과정에 있으므로 호주 해군은 상당액의 개발비를 분담하는 것으로 알려지고 있다.

전투체계는 2007년에 완성 예정이다. 은밀성 분야는 물론 개조 내용조차 알려지지 않고 있으나 약간의 크고 작은 개선은 이루어지더라도 성공적 수준까지 개선하기는 어려울 것으로 보는 것이 잠수함 설계 전문가들의 일치된 견해이다.

코컴스 조선소 관계자의 견해와 인터넷에 공개된 호주 해군 자체 감사 보고서, 그리고 경쟁자의 입장에서 코컴스사의 호주 해군 사업을 관심 있게 지켜 보아온 HDW 관계자의 견해를 종합해 볼 때 콜린스급 잠수함 획득 사업의 실패에는 몇 가지 분명한 원인이 있었던 것으로 보인다.

우선 잠수함 기술 선진국인 스웨덴의 코컴스사와 제휴하여 ASC를 설립했었으나 호주측의 사업 추진을 담당했던 기술진들이 자기들의 설계 능력을 근거없이 과신하였기 때문에 잠수함 설계기술 후진국임을 스스로 인정하는 바탕 위에서 겸손하게 '배우는 자세'를 갖지 않고 '주도하기'에 주력했던 점이 지적된다.

그에 더하여 처음부터 도달하기 힘든 수준의 과도한 국산화 목표(70% 이상)를 설정하였고, 미국산 어뢰(MK-48 ADCAP)를 사용하여야 한다는 부동의 전제로 말미암아 3,000톤 급 재래식 잠수함과는 상당한 거리가 있는 미국 장비에 지나치게 의존하여 전투체계를 구성하였던 점, 탑재무기(MK-48 어뢰와 sub-harpoon)의 수와 작전 지속일수 등을 감안하더라도 선체를 지나치게 크게 설계한 점, 그리고 전반적으로는 잠수함을 잘 모르는 상태에서 잠수함 설계를 너무 쉽게 생각하였던 점 등이 주요 원인으로 지적되고 있다.

6척의 콜린스급 잠수함은 당초 계획상의 획득 비용 A$ 50억[137]도 이미 과다하였는데 성능 불량으로 인하여 사용하지도 않은 채 성능 개선을 위한 개조에 들어가 상당액의 개조 비용[137]이 추가로 투입됨으로써 동급의 재래식 잠수함 중 최고의 획득비가 투입된 잠수함이 될 것으로 보인다. 또한 2003년 3월에 성능 개량(upgrade)이 일단 종결되었다고는 하나 앞으로 전투체계 분야 등은 Block 1C Mod 6 대체와 일부 감지장비(sensor)의 교체를 포함하여 더 많은 성능 개량 노력과 비용 투입이 요구되고 있는 상황이다.

콜린스급 사업의 개시 초기에 호주 정부는 잠수함 선체는 물론이고 주요 탑재장비의 국산화를 통한 독자적 잠수함 획득 능력 구축에 주력하였다. 이에 따라 잠수함의 설계 능력과 탑재장비의 국산화가 추진되어 상당한 국내 기반이 이루어졌었다. 그러나 세월이 지나면서 호주 해군의 잠수함 추가 발주도 수출도 모두 부진하여 추가 사업이 없자 탑재

---

137 A$ 50억은 US$ 40억에 해당하며 척당 단가는 US$ 6.7억(7,700억 원)으로서 성능 개량에 따라 단가는 훨씬 더 증가할 것으로 보인다. 그것은 10년 후에 획득되는 한국형 Class-214 첨단 AIP 잠수함(1,850톤형)의 2배를 훨씬 상회하는 고가이다. 호주 언론 보도에 의하면 성능 개선 비용만도 A$ 10억이 소요될 것이다.

장비 제작사들의 연쇄적 부실이 불가피해졌다.

따라서 축전지 제작사를 제외한 기타 탑재장비 제작사들은 모두 기술과 장비 제작 기반들을 상실하고 있다. 선체의 설계 기술 역시 같은 사정으로, 축적해 왔던 일정 수준의 설계 기술도 후속 사업이 없이 장기간의 유휴 상태가 지속되면서 유럽의 다른 선진국들처럼 소멸의 길로 가고 있는 현실이다.

이 현상은 호주뿐 아니라 어느 나라에도 예외가 없다. 그것은 유럽의 잠수함 선진국들 모두가 갔었던 길이다. 많은 노력과 투자로 잠수함의 선체 설계와 탑재장비 제작 능력을 구축하여도 국내외의 수주 전선에서 성공을 이루지 못하여 후속 사업이 부진하면 이미 이루어진 국내 능력 기반은 지속적 발전을 이룰 수 없으며 몇 해 견디지 못하고 힘없이 소멸의 길로 가게 된다.

영국의 비커스 조선소가 업홀더급(2,400톤) 잠수함 4척을 설계 건조하였다가 자국 해군이 사용을 기피하고 어떤 나라도 구매에 관심을 보이지 않자, 오랫동안 사용자가 없이 표류하다가 결국 캐나다에 파격적 염가로 투매하였던 사례가 있었다. 화란의 월러스급도 마찬가지였듯이 콜린스급 잠수함도 많은 노력을 하였으나 큰 선체와 높은 가격 그리고 성능 문제 등으로 외국으로의 수출 가능성은 희박하다.[138]

---

138 호주는 정부 차원의 협력과 더불어 콜린스급 잠수함을 한국과 대만을 위시한 잠재적 구매국에 판매하기 위한 노력을 경주하였다. 잠수함을 수출하지 않고는 호주 자국내의 탑재장비 제작사들의 지속적 유지와 지속적 잠수함 계획 추진이 어렵기 때문이었다. 많은 노력을 기울였으나 콜린스급은 아직까지 1척도 수출이 되지 않았고 앞으로의 전망도 밝지 않은 편이다.

세계 재래식 잠수함 시장의 역사를 살펴보면 2,000톤이 넘는 고가의 중(重) 잠수함을 건조했던 나라들 중에 수출 경쟁에서 성공했던 예는 특수한 경우였던 대만의 씨드레곤(Sea Dragon) 이외에 전혀 없다. 중 잠수함의 큰 선체는 부진한 기동성과 은밀성을 위시하여 일반적으로 저조한 성능을 보이는 반면, 초기 획득 비용과 운영 유지비 모두가 비싸므로 가격과 경제성에서 경쟁력이 없기 때문이다. 3,000톤 급의 콜린스 사업은 당초부터 국내외 수주 전망에서는 불리할 수 밖에 없는 사업이었다.

호주 해군은 콜린스급 잠수함으로 훈련을 거듭하여 획득 과정의 혼란에도 불구하고 이들 잠수함은 호주의 주요 무기체계로서 나름대로의 역할을 잘 감당하고 있다. 앞으로 호주 해군은 추가 물량 없이 콜린스급 잠수함 사업(Collins Class program)은 종결하고 새로운 함형을 추구하게 될 것으로 보인다.

호주 해군의 콜린스급 잠수함 획득에 따른 막대한 국고의 투입과 쓰라린 실패 사례는 바야흐로 한국형 잠수함을 꿈꾸고 있는 우리들이 반면교사(反面敎師)로 삼아 진지하게 살펴보아야 할 훌륭한 교육 자료이다.

핵추진 잠수함이냐? 재래식(Diesel + AIP) 잠수함이냐?

2004년 1월 26일, 27일 양일에 걸쳐 「조선일보」는 한국이 4,000톤급 핵추진 잠수함 획득을 추진하고 있다고 보도하였다. 국방부는 즉시 기사 내용을 부인하였다. 3,500톤급 차기 잠수함의 획득을 계획하고는 있으나 추진체계에 관해서는 아직 검토된 바가 없다고 하였다.

주지하는 바와 같이 우리 나라는 역사 속에서 줄곧 이웃 나라들의 침략과 압제를 받아오며 힘겹게 살아왔기에 유사시 일거에 침략국을 압도할 수 있는 강력한 힘, 즉 결정적 무기를 갖기 원하는 국민들의 염원이 의식 속에 잠재하고 있는 것이 사실이다. 그런 배경에 따라 강력한 무기를 탑재한 핵추진 잠수함의 확보를 기대하는 일반 국민들의 정서가 있는 것도 사실이다. 우리는 여기에서 핵추진 잠수함과 재래식(Diesel+AIP) 잠수함을 비교 검토하고 우리 나라의 잠수함 획득 방향을 결정할 때 고려해야 할 점들이 무엇인지 가늠하여 볼 필요가 있다.

우리는 앞에서 우리 나라가 강대국들에게 둘러싸여 있는 지정학적 위치로 말미암아 늘 침략과 압박을 받아온 역사적 사실을 살펴보았고, 앞으로 또다시 침략이 자행된다면 우리가 할 수 있는 최선의 대책은 잠수함의 통상파괴 능력을 앞세워서 상대방 해상교통로를 차단하고 대외 무역을 봉쇄하여 그 나라의 경제와 국가 기반을 위협하는 것임을 심층 검토한 바 있다. 따라서 우리가 앞으로 획득해야 할 잠수함은 핵추진이건 디젤엔진 추진이건 간에 그와 같은 목적을 달성하기에 가장 적합한 잠수함이 되어야 할 것이다.

잠수함을 분류함에는 우선 그 크기에 따라 대형, 중형, 소형으로 분류하고 혹은 잠수함의 고유 임무에 따라 공격 잠수함(Attack Submarine), 순양 잠수함(Cruise Submarine) 초계 잠수함(Patrol Submarine), 연구개발 잠수함(Research Submarine), 보조 잠수함(Auxiliary Submarine) 등으로 분류한다. 그러나 가장 보편적 분류 방식은 어떤 추진체계를 사용하느냐에 따라서 우선 핵추진 잠수함(Nuclear Submarine)과 재래식 디젤 잠수함(Conventional Diesel Submarine)으로 분류하는 것이다. 그 후에 탑재무기나 잠수함의 임무 특성에 따라서 분류는 세분화된다.

우선 배수톤수를 보면 재래식 디젤 잠수함은 대략 3,500톤을 상한으로 하여 4,000톤에 근접할 때 축전지를 비롯한 주요 구성품의 설치성 및 성능 효율이 급격하게 저하하므로 대개 4,000톤을 넘지 않는다.[139]

반면에 핵추진 잠수함은 통상 4,000~19,000톤[140] 으로 재래식 잠수함보다 훨씬 더 크다. 따라서 핵추진 잠수함은 재래식 잠수함보다 더

---

139 러시아의 탱고급(Tango, 3,800톤) 잠수함이 현존하는 가장 큰 디젤 잠수함이다. 태평양 전쟁 당시 일본 해군은 STo급(I-400 계열) 6,560톤의 순양 및 항공정 탑재 잠수함을 건조하였으나 그것은 성공한 잠수함이 아니었다.
140 러시아의 타이푼(Typoon)급 탄도미사일 탑재 잠수함(SSBN, 약 30,000톤)이 현존하는 가장 큰 잠수함이고 미국의 오하이오(Ohio)급 탄도미사일 탑재 잠수함(SSBN, 18,750톤)이 미국에서는 가장 큰 잠수함이다.

많은 무기와 장비의 탑재가 가능하다.

프랑스가 2,650톤의 루비(Rubis)급 핵추진 잠수함을 건조하였는데 그 것은 미국의 툴리비(Tullibee), 스케이트(Skate)급과 더불어 핵추진 잠수 함으로서는 이례적인 경우이다. 루비급은 1983년에 취역하였고 그 이 전인 1960년과 1970년대 취역한 핵추진 잠수함들이 아직 건재하고 있 지만 루비급은 4,000톤급의 새로운 핵추진 잠수함(Barracuda Class)으로 대체될 예정이다. 루비급이 왜 그렇게 일찍 도태되는지는 알려져 있지 않다.

미국 해군은 핵추진 잠수함을 개발하던 1950년대에 툴리비급(2,640 톤)과 스케이트급(2,360톤) 등 3,000톤 미만의 소형 핵추진 잠수함들을 건조한 적이 있었다.

툴리비급은 특별히 대잠 전용으로 설계되었는데 같은 임무 특성을 위하여 같은 시기에 추진되었던 트레셔(Thresher, 4,240톤)급이 훨씬 우수 한 성능을 보임에 따라 1척 건조로 사업이 종결되었다. 스케이트급은 최초의 핵추진 잠수함인 노틸러스(Nautilus, 4,040톤)호와 거의 같은 시기 에 태어났고 핵추진 시설을 노틸러스호보다 더 소형 잠수함에 적용하 여 본 실험적 잠수함이다. 스케이트급은 4척이 건조되었고 핵추진 잠 수함의 초창기에 실험 잠수함으로서 최초의 대서양 잠항 횡단의 성공

---

141 중국의 쑹급 22노트, 한국의 209급 22노트, 일본의 모든 잠수함, 호주의 콜린스급, 독일 212급 등은 20노트.
142 미국의 오하이오급 24노트, 씨울프(Seawolf)급 39노트, 버지니아(Virginia)급 34노트, 로스앤젤레 스(Los Angeles)급 32노트. 중국의 시아(夏)급은 22노트로 핵추진 잠수함 중에서는 가장 느리다.

등 여러 가지 기록적 항해 실적을 수립한 바 있다. 그러나 프랑스의 루비급이나 튤리비급과 같이 핵추진 잠수함이 3,000톤 미만의 소형일 때에는 여러 가지 제한성이 있고 효율의 저조함이 드러나 스케이트급도 4척 이외에 더 건조되지 않았고 1950년대에 사업이 종결되었다.

잠수함의 수중 속력을 보면 재래식 잠수함의 경우에는 다양한 예가 있어 획일적으로 말할 수는 없으나 통상적으로 20~22노트[141]이다. 반면에 핵추진 잠수함은 다소 예외가 있기는 하나 통상적으로 재래식 잠수함보다 훨씬 더 빠른 24~34노트[142]의 높은 속력을 낸다.

잠항 지속능력(underwater endurance)이 잠수함에 있어 얼마나 중요한 항목인가는 앞서 공기불요 추진체계(AIP)의 개발 역사를 통하여 기술한 바가 있다.

그 잠항 지속능력에 있어서 핵추진 잠수함은 재래식 디젤 잠수함에 비하여 압도적으로 월등한 성능을 발휘한다. 핵추진 잠수함의 경우 잠항 지속능력은 거의 무한대라 해도 과언이 아니다. 저속이나 고속이나를 막론하고 필요한 만큼 잠항을 지속할 수 있는 능력이 있다. 이점이 핵추진 잠수함이 갖는 가장 큰 장점이자 또한 핵추진 잠수함이 태어난 핵심적 이유이기도 하다.

이에 반해 재래식 잠수함의 잠항 지속능력은 심각하게 제한된다. 이는 축전지의 용량 때문이다. 축전지의 용량과 잠수함 운용 속도에 따라 차이가 있기는 하나 일반적으로 디젤추진 잠수함은 주기적으로 반드시 부상하여 디젤엔진을 가동하고 축전지를 다시 충전하여야 한다.

이때 적에 대한 노출 위험을 감소시키기 위하여 수면까지 근접하게 부상하여(snorkel depth) 공기통(snorkel)만 수면 위로 내어 놓는 방법이 있으나, 이 역시 어느 정도는 부상해야 가능하다. 디젤 잠수함은 저속 운항을 하면 잠항 지속능력이 증가하고 고속 운항을 하면 축전지의 소모가 가파르게 증가하므로 잠항 지속능력이 급격히 감소된다.

이 취약점을 극복하기 위해, 앞에서 자세히 기술하였듯이 여러 나라에서 각고의 개발 노력 끝에 근년에는 연료전지 등 AIP가 개발되어 개량된 재래식(Diesel + AIP) 잠수함은 디젤엔진과 축전지에 의한 종전 방식으로 3〜4일, AIP 추진방식으로 16〜17일 간 잠항하여 20일에 근접하는 잠항 지속능력을 보유하게 되었다. 이것은 획기적 발전이다.

그러나 잠항 지속능력에 관한 한 핵추진 잠수함은 재래식 잠수함을 압도하는 우위를 갖는다.

잠항 지속능력과 더불어 모든 잠수함 운용자들이 갖기를 원하는 또 하나의 중요한 잠수함 능력에는 최고 속도 지속능력(top speed endurance)이 있다. 이것도 잠항 지속능력에 버금가는 중요한 능력이다. 잠수함이 수중에서 어뢰나 미사일 공격을 감행하면 그때까지 드러나지 않았던 자함(自艦)의 존재와 위치가 알려진다.[143] 표적함이 격침이 되고 주위에 다른 적 세력이 없으면 다행이나, 표적함 공격에 실패하거나 또는 성공하였더라도 주위에 다른 적 세력들이 있을 경우 자함은 적에 의한 집요한 역공격에 직면한다. 이때 자함은 생존을 위하여 현 위치에서 가능한 한 빨리 그리고 멀리 이탈하여야 하므로 자함의 수중 최고속도 지속능력은 생존 여부를 가늠하는 요소가 된다.

이때 핵추진 잠수함은 몇 시간이라도 필요한 만큼 수중에서 고속 항진을 계속하여 안전 해역으로 이동할 수가 있다. 반면에 재래식 잠수함은 최고 속력이 20~22노트 정도이고 또 최고 속력으로 항진할 수 있는 능력이 잠수함에 따라 차이는 있으나 대개 1~2시간 정도로 제한된다. 고속 항진에 따른 급격한 축전지의 소모 때문이다.

핵추진 잠수함의 월등한 잠항 지속능력과 최고 속도 지속능력은 모든 잠수함 승조원들이 열망하는 매우 중요한 성능 조건들이고, 두 조건 모두가 핵추진 잠수함이 재래식 잠수함에 비하여 월등하다.

그러나, 그 무엇보다도 잠수함에 있어서 생명이라 할 가장 중요한 성능은 앞에서 누차 강조한 바와 같이 은밀성(stealthiness)이다. 잠수함에 있어서 은밀성과 바꾸거나 비교될 수 있는 다른 가치는 존재하지 않는

---

143 잠수함의 우수성과 신뢰성에 못지 않게 중요한 것이 탑재무기의 우수성과 신뢰성이다. 잠수함이 적에게 어뢰나 미사일 공격을 감행한다는 것은 그때까지 지켜온 자신의 은밀성을 포기하고 자기의 존재와 위치를 드러내는 것이다. 따라서 잠수함이 어뢰를 발사한다면 그 어뢰는 반드시 적함을 격침하여야 한다. 탑재무기의 성능이 미흡하거나 신뢰성이 부족하여 발사를 하였어도 적함을 격침하지 못하면 자함의 존재와 위치가 노출되어 적의 공격에 직면하게 된다. 잠수함에 있어 탑재무기, 특히 어뢰의 우수성과 신뢰성은 함의 안전 및 승조원의 생명과 직결되는 심각한 사항이다. 따라서 성능과 신뢰성에서 미흡함이 있는 어뢰를 잠수함에 탑재한다는 것은 금기 사항으로 탑재무기는 가능한 한 최상의 우수성과 신뢰성이 보장되어야 한다.

다. 아무리 강하고 큰 핵추진 항공모함이나 핵추진 잠수함도 단 한 발의 어뢰로 격침이 될 수 있으므로 해저에서 은밀하게 접근하여 어뢰를 발사하고 사라지는 '조용한 잠수함' 앞에서는 무력할 수 밖에 없다.

잠수함의 은밀성은 함 자체와 잠수함의 행동으로 인하여 발생되는 각종 신호들(signatures, 표5)에 의하여 도전을 받는다.

여러 가지 신호 중에서 잠수함의 은밀성을 해치는 주범은 역시 방사 소음(radiated noise)이고, 그 중에서도 잠수함 자체의 구조와 작동으로 말미암아 발생하는 구조적 소음(structureborne noise)이 항상 문제이다. 다른 신호도 다 마찬가지이나, 특히 구조적 소음과 선체의 유체역학적 압력으로 발생하는 신호를 최소화하는 일은 잠수함 설계요원들이 끊

신호(Signatures)	탐지장비(Detection device)
방사 소음(radiated noise)	수동 소나(passive sonar)
음향 반사(sound reflection)	능동 소나(active sonar)
전기화학적 반응(electro-chem.effects)	전압 감지기(voltage sensor)
유체역학적 압력(hydrodynamic pressure)	압력 감지기(pressure sensor)
자장 교란(magnetic field disturbance)	자기 감지기(magnetic sensor)
레이다파 반사(radar reflection)*	레이다파 감지기(radar sensor)
온도 반응(temperature effect)*	적외선 감지기(infrared sensor)
육안 식별(optical visibility)*	잠망경, 망원경(periscope, telescope)

【표 5】 잠수함의 각종 신호와 그에 대한 탐지장비들. *표시의 3개 신호는 잠수함이 부상할 때와 양강 마스트(hoistable mast)나 잠망경(periscope)을 사용할 때에 한하여 탐지된다.

임없이 추구하는 핵심적 기본 메뉴들이다.

오늘날 재래식 잠수함은 소음을 위시한 각종 방사신호를 잠수함 선진국들의 거듭된 연구개발과 성능 개선 노력에 힘입어 획기적으로 줄여서 고도의 은밀성을 확보하고 있다. 예컨대 212급 잠수함의 경우 해저에서 4~6노트의 경제속도에서 작전을 할 때 해수 자체의 자연적 유동소음 외에는 거의 소음이 나지 않는 정숙도[144]를 유지한다. 이런 잠수함은 탐지하고 공격하기가 매우 어려울 수 밖에 없다. 그 반면, 같은 재래식 잠수함이라 하더라도 호주의 콜린스급은 소음이 지나쳐서 '록콘서트(rock concert)'라고 혹평되기도 했다. 그것은 설계 및 건조 능력 수준의 차이와 잠수함의 크기에 따라서 잠수함의 성능에 얼마나 큰 차이가 있게 되는지를 밝히는 좋은 예이다.

잠수함 설계의 기본은 축소 지향이므로 같은 성능 수준에서는 가급적 더 작게 설계하는 것이 설계의 요체임은 앞에서 논하였다. 그것은 은밀성과 연관이 된다.

핵추진 잠수함은 처음에 태어날 때부터 비교적 큰 선체에 강력한 추진동력과 고속 기동능력을 앞세운 무기체계이다. 따라서 핵추진 잠수함은 은밀성이나 정숙도에 관한 한 당초부터 구조적으로 불리한 무기체계이다. 원자로에서 고압의 증기를 생산하여 고출력의 거대한 터빈을 구동시키고 감속기어를 거쳐 추진축에 동력을 전달하게 되는데 이

---

144 해수 자체의 자연적 유동소음(natural waterborne noise) 이외에 잠수함 자체의 방사소음과 잠수함의 항진으로 말미암아 발생되는 소음은 거의 영(zero)에 근접하는 정숙도를 말한다.

때 터빈과 감속기어는 매우 높은 기계적 소음을 발생시킨다. 이 터빈과 감속기어를 비롯하여 추진기(screw) 등 각종 구동장치(moving system)들 모두가 크고 강력하므로 많은 소음과 진동을 발생하는데, 이 소음과 진동을 감소시키고 함 외로 방사하지 않게 차단하는 작업이 핵심요소이나 그것이 결코 쉽지 않다는 데에 문제가 있다.

이상과 같은 구조적 소음(structureborne noise) 외에도 핵추진 잠수함의 거대한 선체와 높은 속력은 항해시에 필연적으로 바닷물에 대한 높은 유체역학적 소음(hydrodynamic noise)을 발생시킨다.

결론적으로 핵추진 잠수함은 잠수함의 생명인 은밀성에 있어서는 재래식 잠수함에 비하여 열등한 입장에 있다.[145]

잠수함 획득 비용과 운영 유지비에 관하여 핵추진과 재래식 잠수함을 구체적이고 실증적으로 비교하는 것은 정확한 비용 자료가 가용하지 않으므로 매우 어려운 일이다. 다만 핵추진 잠수함이 일반적으로 재래식 잠수함에 비하여 몇 배 더 크고 무장 능력도 비교가 되지 않게 강력하므로 훨씬 더 비쌀 것임은 쉽게 짐작할 수가 있다.

이모저모로 공개된 미 해군과 다른 선진국 해군의 핵추진 잠수함

---

145 미 해군은 핵추진 잠수함의 열등한 은밀성이 기본적으로 심각한 문제임에 착안하여 전략 핵추진 잠수함인 탄도미사일 발사용 핵 잠수함(SSBN) 이외에 씨울프급, 로스엔젤레스급 그리고 최근 개발 중인 버지니아급 등의 중소형 급 전술 핵추진 잠수함(SSN)의 정숙도 향상에 지속적으로 지대한 투자와 노력을 경주하였고 상당히 긍정적 결과를 거두고 있는 것으로 알려지고 있다. *Jane's Fighting Ships*, 2002~2003, pp. 637, 803.
146 「월간조선」, 2004년 8월호, p. 258.

획득 가격을 보면 가히 천문학적인 고가이다. 한 월간지가 잠수함 사업에 대한 심층 보도를 한 바가 있는데[146] 그 보도에 따르면 핵추진 잠수함 중에서도 최소형이라 할 수 있는 4,000톤급도 척당 획득 비용이 1조 2,000억 원이 소요된다고 했다. 그렇게 본다면 4,000톤급 핵추진 잠수함 한 척 획득 비용은 214급 AIP 잠수함 3~4척 획득 비용과 맞먹는다.

한편 핵이 가는 곳에는 어디나 기술적 안전과 환경 관련 문제가 따르듯 핵추진 잠수함은 아직까지 환경 파괴 문제와 안전 사고에 대한 두려움으로 늘 관심의 초점에서 벗어나지 못하고 있다. 중국 해군의 탄도미사일 발사용 시아급 핵추진 잠수함(SSBN, 6,500톤) 1척의 손실 사례는 앞에서도 언급된 바가 있다.[147] 그 반면 재래식 잠수함은 안전이나 환경 관련 문제에 관한 한 이렇다 할 어려움이 없다.

잠수함의 획득에 관한 국제 정치적 규제 환경 상황을 볼 때, 만약 오늘날 우리 나라가 핵추진 잠수함의 획득을 추진하려 한다면 그것은 매우 어렵고 복잡한 문제가 될 것이다. 우리 나라는 일찍이 1973년 3월에 '한·미 원자력협정'을 체결한 바 있고 1975년 4월에 NPT에 가입한 후 곧이어 같은 해 11월에 IAEA에 가입하였다. 그리고 1992년 2월에 한반도 비핵화 선언을 하였다.

북한의 핵무기 개발에 대한 지대한 관심과 저지 노력이 전세계의 이

---

147 *Jane's Fighting Ships*, 2002~2003, p. 116.

목을 한반도에 집중시키고 있는 현실 아래서 설혹 저농축 핵연료를 사용한다 하더라도[148] 우리가 핵추진 잠수함의 획득을 추진한다는 것은 매우 복잡한 문제를 야기하게 될 것이다.

2004년 9월 초 한국의 한 연구기관이 2년 전에 겨우 1g 미만인 극소량의 우라늄 농축 실험을 했었던 사실이 알려지자 그 일이 일파만파(一波萬波)가 되어 전세계가 떠들썩하면서 복잡한 사태가 벌어졌다. 이웃나라 일본을 비롯한 각국에서 비상한 관심과 경계심을 보였다. 정부에서 군사 목적으로 핵을 개발할 의사가 전혀 없음을 새삼스럽게 천명했음에도 불구하고 IAEA 특별사찰단에 의해 세 번이나 정밀조사를 받는 등의 심각한 상황이 벌어진 사실을 상기할 필요가 있다.

현재 전세계에서 핵추진 잠수함은 핵무기 보유국인 동시에 세계 5대 군사 강국인 안전보장이사회 상임이사국(미국 · 영국 · 프랑스 · 러시아 · 중국)만이 보유하고 있다.[149] 그것이 오늘날 세계를 지배하고 있는 힘의 균형이고 힘의 질서이다. 이는 핵추진 잠수함의 보유가 비용이나 기술 문제를 넘어서 정치적으로 그리 간단한 문제가 아님을 시사한다. 일본이나 독일 등 선진국들은 충분한 능력이 있음에도 핵추진 잠수함이나 핵무기 근처

---

148 「월간조선」, 2004년 8월호, p. 270 : 한국의 핵추진 잠수함은 국제적 압력을 피하기 위하여 20% 미만
　　(19.75%) 저농축 우라늄 사용을 검토 중이라 보도하였다.

149 위의 책, p. 260 : 보도에 의하면 이미 핵무기 보유국인 인도가 핵추진 잠수함의 확보를 구상 중이며
　　최초의 핵 잠수함이 곧 건조될 예정이라 한다.

에는 얼씬거리지도 않는다. 이것은 무심하게 보아 넘길 일이 아니다.

위에서 논의한 바와 같이 핵추진 잠수함 보유국이 핵무기 보유국과 일치하는 것은 우연의 결과로 보일 수도 있지만, 사실 그것은 필연인 측면이 더 강하다. 핵추진 잠수함은 군사 무기이고 거기에다 비기성(秘器性)이 중요하므로 핵연료와 폐연료 처리 과정에 대한 IAEA의 사찰을 받을 수가 없다. IAEA의 사찰을 받아야 한다면 그것은 비기성의 상실을 의미하기 때문에 잠수함으로서의 가치에 심각한 손상을 받는 것이다. 따라서 핵추진 잠수함의 연료와 폐연료 처리의 전 과정은 IAEA의 사찰이 배제된 가운데서 이루어질 수 밖에 없다.

실제로 현존하는 모든 핵추진 잠수함의 핵연료와 폐연료 처리 과정은 IAEA 사찰이 배제된 가운데 사용국이 독자적으로 수행하고 있다.

핵추진 잠수함을 포함한 군사용 목적의 핵연료와 폐연료에 대한 IAEA 감시의 눈이 차단된 것은 NPT 체제에 하나의 심각한 틈(NPT loophole)이 있음을 의미하므로 관계 전문가들은 이에 대한 안전 조치 강화의 필요성을 지속적으로 지적하고 있다. 그러나 가시적 미래에 핵추진 잠수함이나 기타 군사 목적의 핵 사용이 IAEA 감시 대상에 포함될 가능성은 전혀 보이지 않는 것이 오늘날의 현실이다.[150]

핵연료와 폐연료를 IAEA 사찰이 배제된 가운데에서 자의적으로 처리한다는 것은 해당 국가가 마음먹기에 따라 연료나 폐연료를 핵무기

---

150 「신동아」, 2004년 3월호, p. 330.

제조 목적으로 사용할 수 있는 길을 열어 놓는 결과가 된다.[151] 그러므로 오늘날 핵추진 잠수함 보유국들이 핵무기 보유국들인 것은 필연적 결과라 해도 과언이 아니다.

핵추진 잠수함을 가지게 되면 그 보유 국가의 의사에 따라 이런저런 방법을 통하여 핵무기를 개발하고 보유할 수도 있게 된다는 사실이 핵추진 잠수함의 도입을 더욱 어렵게 한다. 왜냐하면 사용하는 연료의 농도와 관계없이, 또한 해당 국가의 참된 의지와는 관계없이 핵추진 잠수함을 보유한 국가는 핵추진 잠수함에서 끝나는 것이 아니라 필연적으로 핵무기를 개발할 가능성이 높은 '잠재적 핵무기 개발국'으로 분류될 수 밖에 없기 때문이다.[150]

그럴 리는 만무하지만 만약 우리 나라가 어쩌다가 그런 입장에 처하게 된다면 한·미 관계를 위시한 국제적 외교 관계와 경제, 안보 등 다방면에 걸쳐서 입게 될 국가적 손실은 감당할 수 없는 심각한 수준이 될 수도 있을 것이다.

오늘의 현실 속에서 만약 우리가 핵추진 잠수함의 획득을 추구한다면 그것은 우방국들, 그 중에서도 특히 미국의 정치적 군사적 동의와 기술적 협력 속에서만 가능할 것이다. 만일 우리가 미국을 위시한 우

---

151 핵에 관한 한 일단 사용했던 연료의 폐연료봉도 그것을 다시 농축·재처리하면 무기급(weapon-grade)의 고농축 핵연료를 얻을 수 있다. 북한의 폐연료봉이 관심의 초점이 되고 폐연료봉의 봉인을 제거하는 것이 크게 문제가 되었던 것도 그 때문이다. 같은 맥락에서 IAEA의 사찰이 없는 상태에서 저농축 우라늄을 사용한다는 것은 그것으로 언제든지 농축·재처리하여 무기급 고농축 핵연료를 얻을 수 있으므로 핵무기 제조 가능성의 의심을 배제할 수가 없다.

방국들의 반대를 무릅쓰고 핵추진 잠수함의 확보를 강행한다면 우리는 핵추진 잠수함의 확보에서 얻는 국가적 이익보다 몇 배, 몇십 배 더큰 국가적 손실에 직면할 가능성이 매우 높은 것이 현실이다.

더욱이 우리가 만약 핵추진 잠수함의 획득을 추구한다면 그것은 동북아 지역에서 핵추진 잠수함 획득의 도미노 현상을 초래할 가능성이 높다. 우선 잠재적 실력이 있으면서도 자제하고 있는 일본이 가만히 있지 않을 것이다. 그리고 중국과의 높은 긴장 속에서 우수한 재래식 잠수함을 확보하기 위해서 끊임없이 그 길을 모색하고 있는 대만이 아예 핵추진 잠수함의 확보를 추진할 가능성이 크다고 보아야 한다.

그렇게 되면 이미 핵추진 잠수함을 보유하고 있는 중국이 방관하고 있지 않을 것이다. 그들은 보다 더 강력한 핵추진 잠수함의 확보에 박차를 가할 것이다. 동북아 지역에서 일단 누군가가 핵추진 잠수함을 새롭게 획득하여 빌미를 제공하고 난 후에는 그런 도미노 현상을 저지하기가 매우 어렵게 될 것이다.

우리가 만약 핵추진 잠수함을 확보하여 힘의 비교 우위를 추구하려 한다면 결과적으로 주변 국가들에게 동기 부여를 하게 되어 그들로 하여금 더 강력한 핵추진 잠수함들을 갖게 함으로써 원하지 않는 군비 증강 경쟁에 휘말리면서 힘의 비교 열세를 더욱 심화시키는 엉뚱한 결과를 초래할 수도 있다. 반면 우리가 재래식 잠수함을 획득하게 된다면 필요한 국제적인 협력과 기술 지원을 받으며 별다른 어려움없이 목표를 이룰 수 있을 것이다.

마지막으로 핵추진과 재래식 잠수함 획득에 관련된 매우 중요한 점 한 가지만 더 검토하여 보자.

우리가 만약 재래식(Diesel+AIP) 잠수함 중에서 현존하는 세계 최고 수준의 첨단 성능을 가진 잠수함 획득을 추구한다면 우리는 그런 잠수함을 획득할 수 있을 뿐만 아니라 그 과정을 통하여 첨단 설계기술 습득을 위한 공동설계와 설계실습 기회를 만들어 우리의 설계기술을 획기적으로 향상시킬 수 있을 것이다.

반면에 우리가 핵추진 잠수함을 추구한다면 위에서 언급한 대로 우리의 목적 달성을 위한 원만한 국제 협력을 성취하기가 어려울 뿐만 아니라 선진 설계기술을 실습을 통하여 배울 기회를 얻는 것도 어렵게 될 것이다.

따라서 우리는 한 척의 재래식 정규 잠수함도 설계해 본 경험이 전혀 없이 그리고 해외 선진 기술의 협력도 없이 핵추진 잠수함을 설계 건조하는 데에 따른 어려움과 위험 부담을 안게 될 것이다.

예를 들어 209급이나 214급 잠수함은 수출형 모델로 독일 HDW가 설계하였고 성능보증(performance guarantee)도 완벽하게 HDW가 책임지는 것이었다. 그러므로 그 잠수함들은 설계대로 성실하게 건조하여 잘 운용만 하면 되었다.

그러나 핵추진 잠수함은 수출용으로 설계된 예가 없고 국가 간에 수출이 이루어진 적도 없다. 다시 말하면 중국 해군의 Type-093과 094 외에는 핵추진 잠수함 획득에 관해 국가 간의 협력유형(協力類型)이 이렇다 하게 이루어지지 못하고 있다. 따라서 한국 고유의 함형을 우리가 설계하고 건조하여야 하는데, 이 경우에 외국 선진 기술과의 기술 협력이 이루어질 수가 있을지는 의문이다. 결국 국제 간의 이해와 정치적 견제로 인하여 기술 협력이 어려울 것으로 보아야 할 것이다.

그렇다면 핵추진 잠수함의 경우에는 설계, 건조, 시험, 함 성능보증 등 전과정에 걸쳐 사업의 주체인 한국 기술진이 스스로 모든 위험을 부담한 채 정면 대결하여 나가지 않을 수 없게 될 것이다. 따라서 만약 우리가 핵추진 잠수함을 추구한다면 설계실습을 통해서 첨단급 은밀성을 지닌 잠수함의 설계기술을 전수받을 기회는 전혀 없게 된다.

다시 말해 국제 협력을 통해서 잠수함 설계 등 선진 기술의 협력을 받고 기술을 습득하여 설계기술을 향상시킬 수 있는 기회가 상실된다는 사실이 핵추진 잠수함의 추구가 오늘날의 현실 아래에서는 궁극적으로 국익에 부합하지 못하는 중요한 이유 중에 하나이다.

일본은 잠수함 역사가 태평양 전쟁 이전으로 거슬러 올라가서 이미 100년이 넘지만 재래식 디젤 잠수함을 발전시키면서 8~10년 주기로 모델을 개선할 때마다 조심스럽게 200~300톤 정도로 배수톤수를 증가시키는 신중한 접근을 해 오고 있다.

중국의 경우[152] 중국 해군이 재래식 잠수함으로 밍급과 쏭급, 핵추진 잠수함으로 한급과 시아급을 자체 설계로 건조해 오다 근년에 들어 다

---

152 *Jane's Fighting Ships*, 2004~2005, pp. 116~121.

시 러시아로부터 재래식 잠수함 킬로급 12척을 구매하고 핵추진 잠수함 Type 093과 094를 러시아의 기술에 의존하여 설계한 사례는 앞에서 서술한 바 있다. 중국 해군이 잠수함 설계기술을 위시한 잠수함 능력 향상 과정에서 보이고 있는 신중함은 많은 실패와 시행착오의 결과이다.

우리보다 기술 수준이 높고 경험도 많은 일본과 중국이 잠수함 획득에서 보여주고 있는 신중한 모습은 한 번도 정규 잠수함을 설계해 본 경험이 없는 우리가 차기의 한국형 잠수함 사업을 추진함에 있어 깊이 살펴야 할 또 하나의 교훈이라고 보아야 할 것이다.

우리가 잠수함을 앞세워서 성취하고자 하는 궁극적 목적, 즉 유사시 침략국에 대한 해상교통로 봉쇄를 통해서 침략국의 경제와 침략 의지를 압박하고 분쇄하는 작전을 위해서는 소형 전술 핵잠수함(SSN) 못지 않게 은밀성이 높은 재래식 AIP 잠수함이 유용할 수 있다.

AIP 잠수함도 작전 지속일수(operational endurance)가 50일은 넉넉히 되고 태평양 해역을 무대로 해서 종횡무진으로 활약하는 데에 아무런 문제가 없다. 더군다나 현격한 가격 차이로 인하여 핵추진 잠수함 한 척의 획득 비용이면 앞에서 밝힌 바와 같이 AIP 잠수함 3~4척을 획득할 수 있으므로 우리의 목적을 달성함에는 핵추진 잠수함에 비하여 척수에 있어서 같은 예산으로 3~4배 더 큰 세력을 이룰 수 있는 AIP 잠수함이 훨씬 더 유용할 것이다.

따라서 만약 일반 국민들 사이에서 핵추진 잠수함이냐 재래식 잠수함이냐 하는 질문이 있다면 그 질문에 대한 오늘의 답변은 단연 재래식 잠수함이다.

그럼에도 불구하고 우리는 핵추진 잠수함을 선망하고 언젠가는 핵추진 잠수함을 꼭 갖게 되기를 기대한다. 주변국에 비하여 늘 약하기만 해 왔던 우리 나라가 강력한 핵추진 잠수함을 보유하는 것은 참으로 좋은 일이고 그것을 싫어하고 반대할 국민은 없을 것이다.

그러나 오늘날 우리의 현실에는 핵추진 잠수함의 획득을 추구하기에는 극복하기 어려운 너무나 많은 정치·외교적, 기술적 문제들이 산적해 있다. 핵추진 잠수함도 어뢰 한 발에 침몰되므로 은밀성은 역시 중요하다.

우리는 재래식 잠수함 설계 능력 양성을 통하여 은밀성 높은 잠수함을 설계할 실력을 꾸준하게 높이고 있다가 국제적 여건이 달라지고 준비도 성숙해지면 언젠가는 핵추진 잠수함을 자력으로 획득할 수 있게 될 날이 올 것이다.

그 날을 기다리면서 지금은 설계 능력 향상에 주력하며 태평양에서 가장 조용하고 강력한 첨단급 성능의 재래식 잠수함 부대를 발전시키는 일에 국가적 힘을 모을 때이다.

우리가 가져야 할 한국형 잠수함 획득의 '정도(正道)' [153]

우리는 이미 세계적 수준의 잠수함 건조와 운용 실력을 쌓아 왔다. 또한 소수의 인원이기는 해도 잠수함 설계강의도 이수한 바 있다.

이제 우리에게 필요한 것은 212 및 214급 수준의 '싸우면 이길 수 있는 첨단 잠수함'을 창출할 수 있는 설계 능력이고 따라서 우선해야 할 일은 강도 높은 잠수함 설계실습 교육의 이수를 실현하는 것이다. 그리하여 최소한 300명의 우수한 설계 요원을 양성하는 것이다. 잠수함 설계 능력을 심도 있게 습득하기 위한 가장 빠르고 바른 길(正道)은 다음과 같은 계획을 세우고 그 계획과 절차에 따라 앞서가는 선진 기술과 어깨를 나란히 하여 잠수함을 같이 설계하는 방식의 공동설계와 설계실습 및 함 성능 보장 과정을 몇 차례 반복하여 이수하는 것이다.

1) 수요군의 주관 아래 우리가 원하는 잠수함의 성능 수준(그것은 반드시 214급의 첨단 재래식 잠수함 성능 수준과 동급이거나 그 이상의 성능 수준이어야 한다)의 ROC / TLR을 우선 확정한다.

2) 정부는 차기 잠수함의 설계 및 건조를 주관할 국내 주계약자(조선소 또는 KSC-Korean Submarine Consortium)를 선정한다. 그리고 정부와 그 국내 주계약자 간에 잠수함 공급에 관한 본계약(prime contract)

---

[153] 이 장(章)에서 언급된 '바른 길(正道)'은 물론 필자의 사견이다. 총체적 잠수함 능력의 핵심인 잠수함 설계 능력의 획기적 향상 대책은 수요군과 기타 관계 국가 기관에서 관심을 가져야 할 핵심 과제이다.

을 체결한다.

3) 국내 주계약자는 잠수함의 설계 및 건조를 독자적으로 추진한다. 단, 잠수함 설계 분야에 한하여 국내업체는 잠수함 선진국 설계팀을 복수로 초청하여 냉철하고 객관적인 경쟁을 유발시킴으로써 공동설계를 통한 설계기술 전수에 가장 기여가 될 해외의 선진 잠수함 조선소를 선정한다.

4) 국내 주계약자는 경쟁에서 선정된 해외업체를 상대로 공동설계를 통한 설계기술 이전과 필요시 기타의 부수 물자나 용역의 공급을 위한 하도급 계약(sub contract)을 체결한다.

5) 계약 내용에 따라서 모든 설계는 단계별(design phase)로 해외업체와 국내업체 요원들이 공동으로 작업하며 설계 노하우(know-how)와 노화이(know-why)에 관한 현장 설계실습을 수행한다.[154] 그리하여 하나의 함형을 설계할 때마다 100여 명의 각 분야별 설계 전문요원을 육성하여 2~3회의 설계 기회를 통해 설계강의와 실습을 이수한 정예 설계요원 300명을 점진적으로 육성, 확보한다.

6) 주계약자는 당해 해외업체에게 당초에 확정된 ROC/TLR 및 기술 사양서(technical specification)에 따른 함 성능보증(performance guarantee) 의무를 부과한다.

7) 건조 및 시운전시에는 필요한 최소 인원의 해외 업체 전문요원의

---

154 기술 전수 요원은 주로 장래성이 있는 30대 초반의 젊은 엔지니어들로 구성하여 장차 20년은 잠수함 설계와 성능 개량에 기여할 수 있는 근무 조건을 조성한다.

협력과 감독을 받아 하나의 함형(class)을 완성한다.

8) 5~6년 간격으로 함형을 개선하며 위의 절차를 최소한 2~3회 반복한다.

- 1차 모델[155]은 국내 조선소가 주계약자로서 정부와 수요군에 대하여 함 성능보증과 기타 계약상 전반적 책임을 지고, 해외 하도급 업체는 국내 주계약자에 대하여 함 성능보증 책임을 지는 것은 물론 주된 설계작업을 하고, 우리 설계요원은 배우는 목적을 극대화하는 수준에서 설계에 참여하여 공동 설계자의 입장으로 설계를 같이 수행한다.

- 2차 모델[155] 역시 국내 조선소가 주계약자로서 우리 요원이 주된 설계 작업을 담당하되 해외 요원의 설계 협조와 더불어 공동설계 형식을 취하고, 함 성능보증 책임은 국내업체가 진다.

- HAT(Harbour Acceptance Trial)와 SAT(Sea Acceptance Trial)[156]도 위에서 언급한 방침에 따라서 1차는 해외업체 책임하에 추진하고 우리 요원은 배우는 일에 전념한다. 2차 모델의 시험(trial)은 외국 요원의 도움 아래 우리 요원이 책임지고 추진한다.

- 3차 모델 설계시에는 우리 요원들이 설계와 시운전 및 함 성능보증 책임을 전담하고 해외 협력업체 요원은 필요한 부분의 감독(supervision) 임무만 수행한다.

---

155 1차, 2차 및 3차 모델은 모두 새로운 설계를 요구하는 새로운 함형이어야 한다.
156 항내에서 정박 상태와 외해(外海)에서 항해를 하면서 실시하는 함 성능 수락 가능 여부에 관한 시험.

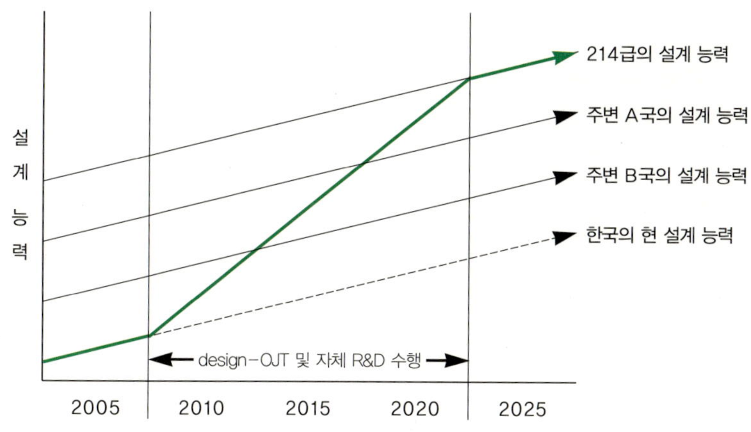

【표 6】 점진적 신형 잠수함 설계 및 설계실습을 통한 잠수함 설계 능력 향상 방안

한국과 선진국 간의 잠수함 설계기술 제휴

- 3개 모델, 3회의 공동설계(OJT)
- 핵심 분야 know-how, know-why 습득
- 성능보증(외국 : 1차, 한국 : 2, 3차)
- 한국 : 기술적 이익, 외국 : 경제적 이익

- 3차에 걸친 KSX 설계로 국내 설계 능력 획기적 향상
- 214급 동등 또는 그 이상의 한국형 잠수함 x척 전력화
- 1~3차 사업으로 최소한 300명의 설계요원 육성 확보
  세계 일류급 잠수함 능력에 근접 도전
- 우수 전력 확보, 잠수함을 수출용 전략 상품화

새로운 모델의 잠수함(각 모델당 3척) 설계 현장실습을 그에 수반하는 자체의 연구개발 노력과 더불어 2회 이상 실시하면, 우리 나라 기술진의 설계 능력은 【표 6】에서 보는 바와 같이 단기간에 크게 향상될 것이다. 이는 그러한 절차 없이는 앞으로 수십 년 간 독자적으로 많은 R&D 비용을 투입하며 애를 써도 자력만으로는 도저히 도달하기 어려운 높은 수준이 될 것이다.

우리는 여기에서 설계실습에 관계되는 두 가지 핵심적 요점들(critical points)에 대하여 생각해 보아야 한다.

첫째, 우리 나라의 설계팀이 선진국 설계팀과 어깨를 나란히 하여 공동설계를 하고 설계실습을 2회 이상 수행하면 우리 나라 설계요원들의 설계 능력이 선진국의 능력에 근접하는 수준까지 향상이 이루어 질 수 있느냐 하는 문제이다.

이 문제에 대하여 획일적으로 "그렇다" 또는 "아니다" 식으로 대답하는 것은 어려운 일이다. 그것은 기술을 주는 자와 받는 자의 자세와 수용 태도, 기술을 배우는 자의 수용 능력, 기술 전수 환경 등 다양한 조건에 따라 영향을 받기 때문이다. 다른 모든 지식과 기술이 그렇듯 잠수함 설계기술도 2~3회의 설계실습을 통해서 문자 그대로 100%의 기술 전수가 이루어진다는 것은 있을 수가 없다.

설계기술의 전수가 성공적으로 달성되기 위해서는 설계실습을 통하여 배울 수 있는 것은 최대한 배우고 그 후에 배운 것을 바탕으로 하여 자기류(自己類)의 적극적 연구개발이 뒤따라서 그 배운 바를 성숙시키고 승화하는 단계가 필수적이다.

앞서 여러 차례 강조한 바와 같이 우리 나라 사람들은 잠수함 건조와 운용 분야에서 뛰어난 적성과 잠재력을 보여주었다. 기회가 주어지기만 하면 설계 분야에서도 우수한 역량을 발휘하게 될 것을 확신한다.

둘째, 선진 설계기술을 배우되 누구로부터 배울 것이냐의 문제이다. 그 답은 분명하다. 누구든지 우리들의 설계 능력 향상에 실질적으로 더 기여가 되는 상대를 우리가 선정하여야 하고 그로부터 기술을 배워야 한다. 우리는 앞에서 독일의 HDW가 재래식 잠수함 설계기술에 있어 다른 나라의 수준을 훨씬 앞지르는 독보적 능력을 구축하여 온 사실을 살펴보았다.

따라서 앞선 기술인 HDW로부터 설계 능력을 전수받는 것이 가장 바람직할 것이다. 그러나 앞선 설계기술 못지 않게 중요한 요소는 설계 능력 전수의 수용 태도와 기술 전수 의사이다. 아무리 기술이 앞서 있어도 기술의 문을 완강히 닫아 버리고 기술적 알맹이는 내놓지 않고 전수를 거부한다면 우리에게는 아무런 실익이 없다. 오히려 기술 수준은 일부 못 미치더라도, 기술 전수에 대하여 개방적이고 긍정적인 상대가 설계기술을 더 효과적으로 전수해 줄 수도 있다.

러시아 · 프랑스 · 이태리 · 화란 등도 오늘날 잠수함 설계기술 경쟁에서 뒤지기는 했지만 모두 우리보다는 훨씬 앞서 있는 잠수함 선진국들로서 우리로서는 설계기술을 배울 수 있는 훌륭한 상대들이다. 우리는 독일 기술로 잠수함을 건조해 왔기 때문에 제3의 기술을 도입할 때 용어, 산업 기준, 기술적 접근 방식 등의 차이에서 오는 애로와 혼란이 있을 것이나 물론 그것은 극복 가능한 문제이다.

결과적으로 더 많은 것을 배울 수 있게 해 주는 상대가 우리에게는 훨씬 더 유익한 상대이다. 세계에서 가장 앞선 설계기술을 배우는 것은 물론 우리가 지향하여야 할 일차적 목표일 것이다. 그러나 우리는 기술 선진국의 기술 수준과 그 기술의 전수를 수용하는 자세 두 가지를 종합하여 가장 유익한 기술 전수 상대를 냉철하게 비교하고 우리에게 보다 더 유익한 상대를 선정하여야 할 것이다.

우리가 앞으로 십수 년 내에 【표 6】의 예시와 같이 주변 A, B국의 잠수함 설계 능력을 추월하고 214급 수준의 우수한 잠수함을 설계하고 건조하는 능력에 근접할 수 있게 된다면 어느 정도의 국가 재정을 투입해서라도 그 사업을 적극 추진해야 할 것이다.

가져야 할 우수한 잠수함의 획득을 어렵게 하는 장애 요소들

앞에서 제시한 과정을 차근차근 밟아 나간다면 우리는 앞으로 15~20년 사이에 태평양에서 '가장 조용하고 가장 강력한 잠수함'을 독자

적으로 설계, 건조, 운용하는 재래식 잠수함 강국이 될 수 있을 것이
다. 그러나 그 길을 어렵게 하는 많은 장애 요소들이 있다.

첫째, 2000년 말에 있었던 KSS-II 잠수함 사업에 대한 정부 재가 과
정에서 자리잡게 된 인식, 즉 "잠수함 설계기술은 이미 전수(傳受)가 끝
났고 우리는 잠수함 설계기술을 보유하고 있다"는 그릇된 인식이 걸림
돌이다.

전술한 바와 같이 KSS-II 사업을 추진할 때 주요 항목으로 '설계기술
습득'이 제시되었다. 그래서 협상 과정에서 설계기술 문제가 주요 사항
으로 다루어졌다. KSS-II 사업 추진 목적이 신예 AIP 잠수함 3척을 획
득하고 이에 더하여 잠수함 설계기술을 확보하는 것이었다.

그러나 앞에서 상술한 바와 같이 당시 경쟁 기종으로 우리 정부가 지
목하였던 HDW의 214급이나 DCN의 스코르핀급은 모두 설계가 일찍
이 완료되어 있던 기존 함형(proven hull design)이었다.

설계기술 이전의 핵심인 설계실습은 설계실습 현장에서 새로운 함형
을 설계하는 과정을 통해 선진 기술과 함께 참여하여 각 단계에 필요
한 기술을 배우는 것이다. 그런데 KSS-II 사업에서 정부가 선정하였던
2개의 잠수함 경쟁 함형은 그 설계 과정이 이미 모두 완료되어 있는 상
태였으므로 실제로 설계를 하면서 전수하는 설계실습은 원천적으로
불가능하였고 그래서 불가피하게 이론교육인 설계강의만 이수하게 된
것이다.

따라서 공식적 입장은 "설계교육을 이수하였다", "독자 설계 능력을 확보하였다"로 되어 있으나 사실은 그와 전혀 다른 것이 현실이다. 더 많은 인원이 설계강의를 추가로 이수하고 그들 모두가 새로운 한국형 함형(model)을 설계하면서 그 설계 현장에서 몇 차례에 걸쳐 실습을 해야만 설계 이론뿐 아니라 실제 설계 능력을 쌓을 수 있고 진정한 독자적 설계 능력에 접근하였다고 말할 수 있는 것이다.

설계교육을 이수하였고 설계 능력은 이미 확보되어 있다는 설계 능력에 대한 피상적 인식이 우리 나라의 잠수함 설계기술 발전을 저해하는 가장 심각한 요인이다.

둘째, "차기 한국형 잠수함은 현재의 국내 기술로 설계할 수 있다"는 과도한 의욕과 기술적 자신감이 걸림돌이다.

앞에서도 지적한 바 있지만 우리는 정규 잠수함을 설계해 본 적이 전혀 없다. 물론 설계실습을 이수한 바도 건조 후의 함 성능 보장 경험도 없다. 다만, 소수의 인원이 HDW에서 설계강의 만을 받았을 뿐이다. 이런 상황에서 국내 기술로 214급에 버금가는 우수한 차기 한국형 잠수함을 설계할 수 있겠는가? 물론 아닐 것이다.

앞 장에서도 상술한 바와 같이, 오늘날 우리 나라의 우수한 조선 기술 능력을 바탕으로 하여 우리 기술진이 잠수함을 독자적으로 설계 건조하려 한다면 어떻게 하던 가능하긴 할 것이다. 그러나 그 잠수함 성능은 현실적으로 우리 기술진이 가지고 있는 능력의 한계를 벗어나기가 불가능하다. 따라서 이미 우리 해군이 운용 중인 209급 잠수함보다 뒤지는 저성능 수준을 넘어서기가 어려울 것이다.

한편 '첫술에 배부른 법 없다'는 속담처럼 기술의 발전을 위하여 국내 기술진이 모험(risk)을 감수하면서 우선 설계를 해 보아야 배우고 발전하지 않겠느냐는 반론이 제기될 수도 있다. 그 반론은 일반적으로는 타당성이 있으나 잠수함에 있어서는 그렇지 않다. 그것은 우리가 앞으로 짧은 기간 안에 세계 정상급 잠수함 설계를 실습을 통해서 배우는 계기가 없이 우리들의 노력만으로 경쟁력 있는 첨단급 잠수함을 설계할 수 있게 된다는 것은 기대하기 어려운 일이기 때문이다.

그렇게 노력했던 서구와 중국·호주 등 여러 잠수함 선진국들이 독일을 제외하고는 사실상 모두 실패했던 생생한 경험이 앞에서 깊고 넓게 논의되었다. 설계실습을 통해서 우선 배울 수 있는 것은 최대한 배우고 나서, 그 후에 국내 기술진이 연구개발을 계속하는 가운데 모험을 감수하면서 설계를 감행하는 것은 그 다음 단계에서 필연적으로 해야 할 일이다.

하나의 함형을 완성하기 위해서는 착수로부터 완성까지 15년 이상의 긴 세월이 걸리고, 또 많은 비용과 노력이 소요된다. 이런 점에서, 설계실습의 단계를 거치면서 배우고 스스로의 능력을 끌어올리는 준비가 없이 실험적으로 단독 설계를 감행한다면 그것은 결과적으로 국가적 손실을 초래할 뿐 결코 현명한 일이 아니다.

자력에 의한 기술 개발이나 국산화는 노력하여 추구해야 할 목표이고 지나친 조심성은 과감한 국내 기술 개발의 걸림돌이 되기도 하고 때로는 퇴보를 자초하기도 한다.

그러나 장기간에 걸쳐 많은 재정이 투입되는 잠수함 설계기술을 습득함에는 우리 기술진들의 배우는 자세를 앞세우는 신중하고 겸손한 접근이 절실하게 요망된다.

셋째, 우리 나라에서는 오래 전부터 아무 근거도 없이 3,000톤 급의 큰 잠수함을 선호하는 분위기가 있어 왔고, 그에 따라 턱없이 큰 선체의 한국형 잠수함을 획득하는 방향으로 사업이 추진될 잠재적 위험성이 늘 존재하고 있고 그것이 큰 걸림돌이다.

3,000톤 급 중형(重型) 잠수함이 우리 나라의 잠수함 계획에서 최초로 표면화된 것은 209급 2차 사업이 발주되었던 1989년이었고 그 후부터 3,000톤 급의 중(重) 잠수함의 판촉 노력은 국내 일각(一角)에 의하여 강도 높게 계속되었었다. 그 결과 해를 거듭하면서 마치 "다음에 획득해야 할 잠수함은 반드시 3,000톤이어야 한다."는 식으로 3,000톤 급 중(重) 잠수함을 획득하자는 주장은 끈질기고 뿌리 깊게 확산되어 왔다.

왜 3,000톤 급인지 합리적으로 밝혀진 바도 없고, 3,000톤 급 잠수함의 사양이나 성능 제원 등이 구체화된 적도 없다. 그것은 잠수함을 잘 모르는 이들이 일반적으로 생각하는 것처럼 잠수함이 더 크면 더 강력할 것이라는 틀린 생각과, 그에서 비롯된 "크고 강력한 잠수함을 획득하자"는 식의 잠수함에 대한 일반적 오해에서 비롯된 인식으로 보인다.

잠수함에 대한 가장 기초적 상식이지만, 잠수함은 같은 성능 수준에서는 더 작으면 작을수록 더 우수하고 더 유리하다. 같은 성능 수준에서 잠수함이 더 작을 때 더 은밀하고 따라서 더 강하고 더 우수한 공격력과 전투 생존 능력을 갖는다는 뜻이다.

잠수함에 있어 선체가 크면 클수록 세 가지의 결정적 결함이 따른다.

첫째, 큰 선체는 회전반경의 증가와 더불어 민첩한 기동성의 발휘가 제한되고 따라서 당연히 둔중한 잠수함이 된다.

둘째, 더 큰 선체는 불가피하게 더 큰 출력과 그에 걸맞은 더 큰 추진기를 구동하고 더 많은 방사소음(radiated noise)을 포함한 각종의 신호(signatures)를 발생하고 그에 더하여 피탐(被探) 면적이 증가되어 적에게 탐지될 가능성이 증가한다. 또한 피격(被擊) 면적도 증가되어 상대방의 어뢰나 기뢰 공격에 희생될 가능성도 증가한다. 따라서 특히 재래식 잠수함의 경우 커지면 커질수록 잠수함의 생명이라고 할 은밀성과 전투 생존성이 손상되어 취약한 잠수함이 된다.

셋째, 더 큰 선체는 필연적으로 더 많은 자재와 건조 비용을 필요로 하게 되어 초기의 획득 가격이 비싸고 유류 소모를 위시하여 생명 주기 전반에 걸쳐 높은 유지 비용이 소요되므로 비싼 잠수함이 될 수 밖에 없고 따라서 상품으로서의 경쟁력을 상실한다. 과거 반세기 동안 1,100~1,400톤의 209급 잠수함이 세계 시장을 석권해 온 반면 2,000톤 이상의 잠수함들은 영국의 업홀더(Upholder, 2,400톤)급이나 화란의 월러스

(Walrus, 2,800톤)급 또는 호주의 콜린스(Collins, 3,353톤)급과 같이 추가 건조와 판매 전선에서 모두 부진하였던 사실들이 이를 입증한다.

일반적으로 3,000톤 급 중(重) 잠수함 2척 획득 비용이면 2,000톤이나 그 미만의 중(中) 잠수함 3척을 획득한다. 오늘날 세계 재래식 잠수함 시장을 석권하고 있는 양대 산맥인 독일의 HDW나 프랑스의 DCN 모두 2,000톤 미만의 중형(中型) 잠수함 만을 제시하고 있다. 2,000톤이 넘으면 은밀성과 전투 생존성을 위시한 제반 함 성능에서 원하는 수준을 달성하기 어렵기 때문이기도 하지만 보다 더 현실적 이유는 2,000톤보다 더 커지면 과중한 재정 부담으로 자국 해군을 위시한 구매자의 구매의욕을 위축시켜 잠수함을 판매할 시장(market)이 제한되기 때문이다.

같은 성능 수준에서 선체가 커지면 모든 면에서 불리해지는 반면, 더 많은 무기를 탑재할 수 있는 것과 또 한 가지 나아지는 것이 있는데 그것은 승조원의 거주 환경이다. 앞에서도 언급된 바와 같이 잠수함에서 거주 환경의 향상은 승조원의 생존성 감소와 관계가 있다.

우리 나라는 잠수함 운용의 역사가 짧고 더군다나 잠수함이 실전에 참전하여 적함들을 격침하기도 하고 자함이 적함의 공격으로 격침되기도 하여 잠수함과 더불어 승조원들이 생명을 잃은 경험이 전혀 없다. 따라서 생존성에 대한 우선적 고려에 앞서 조금이라도 더 나은 거주성의 확보에 더 치중하게 될 가능성이 있다. 가급적이면 더 나은 거주환경을 확보하여야 하나 그로 인하여 잠수함이 커져서 전투 생존성을 훼손하는 것은 경계하여야 한다. 당직 요원에 해당하는 삼분의 일의 승조원은 아예 침대도 없이 컴팩트한 독일 해군의 206급 설계 등에서 잠수함의 생존성을 최우선으로 존중하는 경험 많은 선진국들의 선례를 우리는 잘 살펴보아야 한다. 생존성과 거주성, 그것은 선택의 문제이나 거주성보다는 생존성이 물론 더 중시되어야 한다.

우리는 209급과 214급 잠수함의 건조 경험이 있고 그 잠수함들의 완벽한 건조 도면들을 가지고 있다. 또한 지난 날 KSS-II 획득사업의 진행을 통하여 DCN사 스코르핀급의 성능 제원과 사양에 대한 일부분의 정보들도 확보하고 있다. 214급에 비하여 스코르핀급이 AIP나 함 성능 전반에 걸쳐 현저히 미치지 못하기는 하나, 214급과 스코르핀급은 모두 오늘날 현존하는 재래식(디젤+AIP) 잠수함 중에서 가장 은밀하고 공격력과 전투 생존성에서 우수한 첨단 잠수함으로 평가된다.

이런 상황 아래서 우리가 최초로 한국 고유형 잠수함을 개발함에 있어 214급을 모범적 표준(bench-marking)으로 삼는다면 그것은 당연하며 만약 그렇게 하지 않는다면 오히려 그것이 이상한 일이다. 또한 우리가 214급 잠수함의 성능 수준을 최초의 한국형 잠수함 KSX에서 재현해 낼 수만 있다면 그것은 크나큰 성공이라고 보아야 할 것이다.

항속거리(cruising range), 작전 지속일수(sea endurance), 잠항 지속일수(underwater endurance), 잠항심도(diving depth), 무기탑재 수량(weapon load), 승조원의 수 등 잠수함의 크기 및 임무와 관계되는 주요 성능치들을 볼 때 214급은 당당한 대양작전용 잠수함(ocean going submarine)이다.

따라서 한국형 잠수함 KSX의 크기를 생각할 때, 탑재무기의 수량 이외에는 214급보다 훨씬 더 증가된 성능 수준이 별로 요구될 것 같지 않다. 탑재무기는 잠대지 미사일을 위시해서 미사일과 어뢰를 더 많이 탑재한다 하더라도 그 무기 모두를 수평발사 방식으로 설계한다면 무기 수량의 증가에 따른 함 용량의 증가는 수십 톤에서 100여 톤을 넘지 않을 것이다.

우리가 214급이나 스코르핀급 등의 첨단급 중형(中型) 잠수함보다 조금이라도 더 큰 중형(重型) 잠수함을 획득하려 한다면 그 첨단 잠수함들보다 더 높은 성능 수준을 달성하기 위하여 필연적으로 선체가 커질 수밖에 없는 분명한 이유가 있어야 할 것이다. 크기에 상응하는 성능 수준의 뚜렷한 증가가 없이 선체만 턱없이 커지는 것은 물론 있을 수가 없다.

우리는 1,200톤에 불과한 209급이 태평양에서 RIMPAC을 통하여 종횡무진으로 활약하며 우수성을 과시했던 사실을 기억해야 한다. 그것은 209급이 선체가 작고 기동성과 은밀성이 탁월하기 때문에 가능했던 결과였다. 1,700톤인 스코르핀급이나 1,850톤인 214급도 이미 상당히 큰 잠수함들이다. 우리가 214급을 벤치마킹한다면 탑재무기의 추가 등 요구성능의 증가에 따라 100~200톤 정도의 증가는 생각해 볼 수 있겠지만, 3,000톤이나 3,500톤이라는 것은 사실상 우리가 장차 추구할 한국형 잠수함 KSX와는 거리가 먼 허황한 숫자이다.

잠수함은 3,000톤 급이 설계하기에 가장 용이하여 잠수함 설계교육

과정(submarine design school)에서 초심자를 대상으로 한 설계 강의를 할 때 일반적으로 3,000톤을 모델로 한다. 우리가 그렇게 요구하기도 하였지만 우리 설계요원들이 HDW에서 설계 강의를 수강할 때에도 역시 3,000톤 급 일반 잠수함을 대상으로 하여 교육을 받았다. 그것은 관행에 의한 표본적 설계교육이었을 뿐 우리가 가져야 할 잠수함이 3,000톤이라는 것은 물론 아니다.

다시 말하지만, 같은 성능 조건들을 구비하고 있을 때, 잠수함의 우수성과 생존성은 선체의 크기와 역비례한다. 같은 성능 급이라면 더 작은 잠수함이 현저히 더 강하고 우세하다. 같은 요구성능의 잠수함을 설계할 때, 우수한 설계자는 더 작게 설계하나, 미숙한 설계자는 더 크게 설계한다. 그것이 설계 능력의 차이다.

여러 가지 정황으로 보아 우리는 214급의 첨단급 중(中) 잠수함을 벤치마킹하는 것이 당연한 반면 호주의 콜린스급이나 일본의 오야시오급 등 중(重) 잠수함을 벤치마킹할 이유는 없다.

잠수함 설계에 앞서 있는 선진국의 잠수함 설계 과정을 보면 주어진 함 성능을 실현하는 조건 아래서는 무게 1톤이 아니라 단 0.1톤의 감소를 위해, 그리고 압력선체(pressure hull) 직경 1m가 아니라 단 0.1m의 감소를 위해 많은 노력을 경주한다. 그것은 그 축소 지향의 설계 작업이 잠수함의 성능은 물론이고 승조원들의 생존성과 직결되기 때문이다. HDW사가 214급을 설계할 때 209급의 압력선체 직경은 6.2m인데, 214급에서 그 직경을 훨씬 더 키워야 할 필요에 따라 많은 검토와 신중한 고려가 있었으나 증가 폭을 줄이고 줄여서 결국 6.3m로 결정하여 0.1m 증가에 그쳤었다.

우리가 추구하는 한국형 잠수함은 우리의 요구성능을 구비하는 조건 아래서 가장 작은 선체를 가진 은밀하고 매서운, 그리고 건조비와 운영비가 저렴하고 경제성이 높은 우수한 잠수함이다. 우리가 아무 근거도 없이 오래 전부터 떠도는 '크고 강력한(?) 잠수함' 선호 의식에 밀려서 턱없이 큰 잠수함을 획득하게 된다면, 그것은 재정 지출도 과다 해질 뿐 아니라 우리의 국익과 잠수함 전력 증강 측면에서는 크나큰 불행이고 잠수함을 통하여 약소국에서 강소국으로 도약하기를 소망하는 간절한 염원을 무색하게 하는 매우 안타까운 일이 될 것이다.

절대로 그렇게 되지 않아야 할 것이다.

'크고 강력한 잠수함을 획득하자' 라는 그릇된 인식과 맞물려 미사일의 수직발사대(VLS-Vertical Launching System)를 한국형 잠수함에 탑재하여야 한다는 주장도 오래 전부터 있어 왔다. '강력한 잠수함' 을 원하는 의식이 뿌리인지는 모르겠으나, 그것은 잠수함의 선체를 더 크게 하고 우수성을 저해하는 또 하나의 문제이다.

필자가 알기로는, 오늘날 어느 잠수함 선진국도 재래식 잠수함에 수직발사대를 탑재한 예는 없다. 잠대지 미사일을 탑재하여도 수평발사 방식이 여러 모로 단연 바람직하기 때문이다. 미사일의 규격이나 성능상 수평발사는 불가능하고 오직 수직발사만 가능하다면 그 미사일은 일단 재래식 잠수함용으로 사용하기에 부적합하다고 보아야 할 것이다. 수직발사대는 전략 핵잠수함이나 일부 핵추진 잠수함 등 그것을 사용하지 않으면 안될 경우에만 사용된다. 핵추진 잠수함도 가능하기만 하다면 수직발사대의 사용을 피하고 수평발사 방식을 선택한다.

영국 해군이 트라팔가(Trafalga, 5,200톤)급 전술 핵잠수함(SSN)을 건조할 때 미 해군 이외의 해군으로서는 최초로 Block ⅢC급 토마호크(Tomahawk) 잠대지 미사일을 탑재하였는데 많은 검토 끝에 수직발사 방식을 피하고 어뢰 발사관을 통한 수평발사 방식을 선택했던 것은 좋은 예이다. 그 외에도 러시아의 아쿨라(Akula, 9,100톤)급, 씨에라(Sierra, 8,100톤)급, 빅터-Ⅲ(Victor-Ⅲ, 6,300톤)급, 나아가서는 오스카-Ⅱ(OscarⅡ, 18,300톤)급 등 기라성 같은 핵잠수함들이 모두 수직발사대를 외면하고 어뢰 발사관을 통한 수평발사 방식을 선택하고 있다.

핵추진 잠수함도 그렇지만, 재래식 잠수함에서 수직발사대를 철저히 외면하는 것은 은밀성과 전투 생존성을 생명으로 하는 재래식 잠수함의 경우 수직발사대의 사용이 유익함은 없고 기동성, 은밀성, 전투 생존성 등 여러 모로 유해한 요소만 많기 때문이다.

우리가 추구하는 한국형 잠수함이 '은밀성, 공격 능력, 전투 생존성'에 최고의 우선 순위가 주어지는 공격 잠수함이라면 다른 요소들은 그것에 조화되고 부합하도록 조정되고 선택되어야 할 것이다.

최초의 한국형 잠수함 KSX에 수직발사대를 탑재할 계획이 있다면 그것은 반드시 재고되어야 할 것이다. 필자가 검토한 바에 의하면, 예컨대 214급 잠수함에 수직발사대 섹션(VLS section, 2×3, 6기)을 설치할 때 선체는 4.5m 더 길어지고 용적은 최소한 130~150톤이 증가한다. 이것은 잠수함의 입장에서 볼 때 엄청난 변화이고 민감한 함 성능에 심각한 지장을 초래하는 부정적 요소이다. 이와 같은 이유로 잠수함 건조와 운용 경험이 있는 나라들은 은밀성을 생명으로 하는 재래식 잠수함에 수직발사대는 절대로 탑재하지 않는다.

잠수함에서의 미사일 수중 발사는 미사일의 규격과 관계없이 일찍부터 어뢰 발사관을 통하여 수평으로 발사하는 방식이 광범위하게 개발되고 사용되어 왔다. 스윔 아웃(swim out)과 푸쉬 아웃(push out) 방식이 도입되었고 오늘날에는 워터 램(water ram) 방식이 개발되어서 미사일의 수중 발사는 훌륭하게 이루어지고 있다. 어뢰 발사관을 통한 수평발사 방식이 수직발사 방식보다 은밀성을 위시한 전반적 함 성능에 훨씬 더 친화적인 것은 재론의 여지가 없다.

한국형 잠수함은 참으로 많은 국민적 기대를 모으는 사업이다. 주변국의 위협에 대하여 역사상 최초로 보복다운 보복 능력과 전쟁 억지력을 구비하는 무기를 획득하는 사업이기 때문이다. 이 사업에는 우수한 성능의 잠수함을 확보하고 우리 자신의 능력으로 우수한 잠수함을 설계할 수 있는 설계 능력을 확보하는 두 가지 중요한 목표가 있다. 이 목표들을 훼손하는 일은 그 어떤 것도 과감히 배제하여야 할 것이다.

최초의 한국형 잠수함은 수직발사대를 탑재한 3,000톤 급의 크고 전투 생존성이 낮은 고비용의 잠수함이 아니라, 해묵은 3,000톤 급 잠수함의 징크스로부터 벗어나 선체가 훨씬 더 작고 은밀한 2,000톤 내외의 중형(中型) 저비용 잠수함이 되어야 할 것이다. 그 후에 그 컴팩트 (compact)한 선체와 설계 능력을 기반으로 하여 무기의 발달, 요구성능의 향상 등으로 꼭 필요하면 은밀성을 유지하면서 점진적으로 조심스럽게 선체를 조금씩 키워 나아갈 수 있을 것이다.

재래식 잠수함으로서 "크고 강력한 잠수함"은 없고 반면에 "컴팩트하고 은밀한 잠수함"이 강력한 것이므로 앞으로 우리가 정녕 어떤 잠수함을 어떻게 추구하여야 하는가를 원점에서부터 새삼 담담한 마음으로 살펴야 할 것이다.

요컨대, 컴팩트하고 은밀성이 높음으로 인하여 강력할 수 있는 중(中) 잠수함을 선호하기 보다 십수 년 전부터 유령처럼 지속되어 온 3,000톤 급의 큰 잠수함과 수직발사대를 선호하는 의식, 그리고 큰 잠수함에 수직발사대를 탑재하면 강력한 잠수함이 될 것으로 기대하는 오해가 심각한 걸림돌이다.

넷째, 첨단급 잠수함 설계기술을 보유하고 있는 외국의 상대가 어떤 조건하에서도 설계기술 이전만은 절대 불가하다는 입장을 취한다면 그것이 큰 걸림돌이 될 것이다. 설령 해외 선진업체가 설계기술 이전에 긍정적으로 응해 오더라도 경제적 가치, 즉 금전적 이익을 취하면서도 막상 기술적 가치, 즉 핵심 설계기술의 이전은 이모저모로 기피하거나 소극적으로 대응해 올 가능성이 바로 그 걸림돌이다.

한국이 장차 수출시장에서 경쟁자가 되리라고 예상한다면 어느 나라든 자기 고유의 첨단기술 이전을 기피하게 마련이다. 이것은 잠수함뿐 아니라 모든 기술 이전에 공통으로 적용되는 현상이다. 우리는 이 문제에 대하여 상호이익(win-win)이 될 지혜로운 대비가 필요하다.

우선 상대방에게 매력 있는 상업적, 기술적 조건들을 제시하여야 할 것이다.

또한 계약조건을 엄격히 하는 것이 중요하다. 최소한 금전적 대가를 지불하는 것에 상응하는 기술적 대가를 얻을 수 있도록 계약조건을 분명하게 구체화하고, 그것이 이루어지지 않을 때에는 대금 지불 유보나 환불 등 모든 대응책의 강구가 필요하다.

줄 것은 주고 받을 것은 받는 협상, 즉 경제적 가치를 주고 기술적 가치를 받는 협상이 되어야 하므로 고도로 지혜로운 사업의 추진과 협상 기법이 요구될 것이다.

다섯째, 잠수함의 효용성에 대한 인식 부족과 사업 집행의 연속성 결여가 걸림돌이다.

우선 잠수함이 우리 나라에 대한 미래 불특정 위협에 대처하기 위한 가장 경제적이고 효과적인 게릴라적 무기체계라는 사실과 장차 우리 나라의 방위에 어려움이 닥친다면 잠수함 전력이 결정적 역할을 하게 될 것이라는 사실에 대한 이해와 공감대가 형성되어 있지 않은 것이 문제이다.

그와 같은 인식이나 공감대가 수요군인 해군을 중심으로 하여 일부

자리잡고 있기는 하나 정부의 정책 결정자들에게 확신을 심어주기에는 역부족이다. 따라서 사업의 추진을 뒷받침할 사업계획의 수립이나 예산 배분에서 잠수함 사업은 늘 응분의 우선 순위를 부여받지 못해 온 실정이다. 최근에 이르러 잠수함 전력 증강의 우선 순위가 전향적으로 발전하고 있는 것은 매우 고무적인 현실이다.

한편 정책 결정 과정 측면에서 볼 때 그 동안 많은 노력과 검토를 거쳐서 이루어진 계획들이 정권이 바뀌고 주요 직위의 책임자들이 바뀌면 새로운 담당자의 뜻에 따라 그 계획은 아무런 저항도 없이 삭제되기도 하고 변경되기도 하는 일이 종종 있어 왔다. 우리 나라에서는 앞으로 1년 후 또는 수년 후에 잠수함 사업이 어떻게 될 것인지에 관한 예측이 사실상 어렵다. 그것은 계획이 있다고 하더라도 그 계획이 언제라도 바뀔 수 있기 때문이다.

이런 현상은 잠수함 기술의 건전한 발전에 심각한 타격을 주는 요인이다. 앞으로의 사업 전망이 분명하여도 물량 부족으로 어려운 터에 앞 일을 예측할 수 없으니 잠수함의 선체나 또는 주요 탑재장비의 제작이나 개발을 위하여 많은 자금을 투자할 기업이 어디 있겠는가.

어느 나라를 막론하고 이런 토양 위에서는 잠수함 기술이 건전하게 발전할 수가 없다. 잠수함은 선체도 중요하지만 탑재장비가 낙후하면 그 잠수함 역시 필연적으로 낙후되기 마련이다.

이웃 나라 일본은 매년 1척씩 잠수함을 건조하면서 선체는 물론이고 탑재장비 공급사들이 안심하고 기술개발에 전념할 수 있는 확실한 토대가 마련되어 있다. 계획이 확실하고 계획에 대한 신뢰가 있기 때문이다. 그것은 정부의 몫이다. 일본의 사례를 보면서 우리는 왜 그렇게 잘 할 수 없을까 하는 자괴감(自愧感)과 더불어 부러운 마음을 금할 수가 없다. 반면에 호주의 경우 애써 이루어 놓았던 잠수함 국산화 기반이 일거리가 없어 장기간의 유휴 기간을 거치면서 모두 소실되고 있다.

우리 나라도 민간 부문에서 투자와 개발이 가능하도록 계획이 잘 수립되어야 하고 수립된 계획은 사람이 바뀌어도 신뢰성 있게 지속될 수 있도록 정부 차원에서도 많은 노력이 기울여져야 할 것이다.

여섯째, 잠수함 사업에 관한 국내업체 간의 과도한 경쟁과 협력 부진이 큰 걸림돌이다. 잠수함 관련 조선소들 간의 경쟁적 협력 관계가 매우 아쉽다.

마지막으로 한 가지만 더 덧붙인다면, 우리 국군은 창군 이래 반세기 동안 미국을 위시한 선진국들의 군사력 발전 방식을 보면서 배워 왔기에 군 육성에 관한 사고의 틀(frame of reference)이 선진 강대국들이 하고 있는 정규전력 구축에 치우치는 경향이 있어 그것이 심각한 걸림돌이 되고 있다.

주변국들이 세계적인 강대국인 상황에서 상대적으로 약한 우리 나라가 미래의 불특정 위협에 대비하는 전력이 주변국들과 대칭적 방식의 전력만으로는 어려울 것이라는 점은 앞서 지적한 바 있다. 따라서 우

리는 대칭적 정규전력 양성과 병행하여 우리의 환경에 적합한 맞춤형
전력 즉, 비대칭 전력 육성에도 각별한 노력과 투자가 이루어져야 할
것이라는 점도 앞서 강조하였다.

이 점에 있어서 우리는 이스라엘이나 스위스와 같이 주변국들의 위
협에 늘 노출되어 있는 약한 나라이면서도 자기 나라의 형편에 적합한
맞춤형 전력을 훌륭하게 양성해 온 좋은 사례들을 귀감으로 삼아 한국
고유의 방위력 육성에 보다 더 주력하게 되기를 기대한다.

21세기 한국 안보의 지렛대
'한국형 잠수함 KSX' 미리 보기

지금까지 우리는 강대국들의 틈바구니 속에서 앞으로 있을 불특정
위협에 대비한 미래 지향적 생존 전략으로 첨단급의 우수한 재래식 잠
수함 세력을 확보하여야 할 당위성과 그 길에 대하여 검토하였다.

장차 우수한 잠수함 부대의 성취를 바라는 비전이 현실화되었을 때,
그 때를 마음 속에 그리면서 '한국형 잠수함 – KSX' 의 실체를 미리
한번 살펴보자.

1. 한국형 잠수함 KSX는 주변국 최신예 잠수함보다 전투 생존 능
   력 즉 은밀성과 공격력이 앞선 xxxx톤 급의 컴팩트(compact)한

중(中)형 재래식(Diesel+AIP) 잠수함이다. KSX로 구성된 한국의 잠수함 부대는 태평양 해역에서는 가장 조용한 잠수함으로 구성된 정예 부대이다.

2. KSX는 우리 손으로 설계 건조한 한국 고유형이고 어뢰와 기뢰, 그리고 잠대함(潛對艦) 미사일에 더하여 역시 우리가 개발한 사정거리 xxx km의 잠대지(潛對地) 순항 미사일 xx 기를 탑재하여 수중에서 수평 발사하는 공격 잠수함이다.

3. KSX는 국가가 위기에 직면하면 통상파괴 작전을 통하여 도발 상대국의 해상교통로를 철저하게 봉쇄한다. 또한 KSX는 주변국 잠수함보다 우수한 은밀성과 탐지 및 공격 능력으로 유사시 적의 잠수함 활동을 견제 및 차단하고 적의 강력한 수상함 세력도 바다의 게릴라로서 수중에서 공격하여 한반도 주변 해역에 대한 적의 장악 기도를 분쇄한다.

4. KSX는 전술 잠수함이다. 그러나 KSX는 육상의 전략 거점을 공격하는 타격 능력을 보유한 전략무기로서의 역할과 주변 강대국의 도발 의도를 견제하여, 전쟁을 억지하고 평화를 유지하는 전략적 지렛대 역할을 수행한다.

5. KSX는 그 성능 개량에 있어 '정체'가 없고 지속적으로 '향상'되어 주변국 잠수함에 대한 성능 우위를 항시 유지한다.

6. KSX 잠수함 기지는 정비 및 훈련 시설과 더불어 모두 복수로 분산되고 요새화 또는 지하화된다.

7. KSX는 잠수함 생명주기[157]와 연관시켜서 평시 적정 세력인 xx척 보유를 목표로 한다. 따라서 xx척 목표를 달성한 후에는 매년 1척을 퇴역시키고 신조함 1척을 취역시킨다.

8. 국내 잠수함 조선소들은 매년 교호로 1척씩 KSX 잠수함을 건조하며 수요군과 유관 기술연구소들 및 탑재장비 제작사들과의 긴밀한 협조 아래 잠수함 성능향상 계획을 주도하고 유사시를 대비한 구체적 양산 계획과 잠재력을 갖춘다.

---

157 본서 p. 213, 각주 119참조.

8 | 싸우면 이기는 한국형 잠수함 KSX의 확보, 그것은 무엇을 의미하는가?

그것은 역사상 처음으로 갖는, 침략에 대한 확실한
보복 및 반격 능력이자 전쟁 억지 능력이고
약소국(弱小國)으로부터 아니면 "No!"라고 말할 수 있는
강소국(强小國)으로 도약하는 전략적 지렛대이다.

한국의 잠수함 부대는 한국에 도전해 오는 주변 강대국의 해상교통로를 차단하기에 충분한 잠재 능력을 보유한다.

우리가 다시 주변 강대국의 무리한 요구와 힘에 눌리고 굴종이 강요되고 결과적으로 무력 침공을 해 오면 그 침공 장소가 육지나 하늘이나 바다 중 그 어디라도 우리 잠수함은 상대국의 해상교통로 봉쇄 작전에 돌입한다. 한편 잠대지 미사일은 동시다발 형태로 상대국의 핵심부를 공격하여 정치적, 경제적, 심리적 타격을 가하면서 상대국을 압박한다.

KSX는 상대 국가의 뛰어난 정보 및 탐지 능력이 미치지 못하는 수중에서 은밀하게 활동하여 그 어디라도 도달할 수 있다. 각국의 수도를 위시한 전략적 요충지는 거의 예외 없이 바다로부터 300km 이내의 거리에 위치하고 있으므로 KSX는 수중에서 상대국의 육상 요충지를 공격할 수 있다. 따라서 앞서 언급된 바와 같이 KSX는 비록 재래식 잠수

함인 전술적 무기이나 전략무기의 역할도 수행한다.

상대국은 그들의 잠수함, 대잠 구축함, 대잠 항공기, 대잠 헬기 기타 모든 대잠 작전 능력과 정보 능력을 총동원할 것이나, KSX의 높은 은밀성은 상대국의 집요한 탐지 노력에도 불구하고 조용히 작전을 계속하며 목적을 이루어 나간다.

통상파괴는 해상교통로와 무역의 봉쇄로 이어지고, 식량, 에너지 등 전쟁 물자와 생필품 수출입의 부진은 군수지원과 국가 경제의 기반 붕괴로 이어진다. 특히 에너지와 주요 전략 물자들의 대외 의존도가 심각한 수준에 놓여 있는 동북아 국가들의 현실로 볼 때 해상교통로의 봉쇄는 비교적 단기간 내에 즉각적이고도 가공할 경제 붕괴의 결과를 가져올 것이다. 경제의 붕괴는 전쟁 수행 능력의 상실을 초래하여 도발 국가는 아무리 강대국이라도 수주 또는 수개월 이내에 비틀거리며 한국에 대한 군사적 압력을 지속하기 힘든 상황에 직면할 것이다.

방위력을 위한 투자 대 효과 면에서 볼 때 KSX는 가장 투자 효과가 높은 경제적 무기체계 중의 하나이다.

강력한 잠수함 부대를 갖는다는 것은 단군 개국 이래 우리 역사상 처음으로 우리 나라가 이웃 나라의 군사적 도발에 대응할 수 있는 확실한 보복과 반격 능력을 갖추게 됨을 의미한다. 또한 아무 대책 없이 앉아서 당하기만 하던 약소국(弱小國)으로부터 과감하게 대응하는 강소국(强小國)으로 확실하게 변모함을 의미한다.

강력한 잠수함 부대의 확보는 미래의 불특정 위협에 대처하는 가장 강력한 전쟁 억지력의 확보이고 평화 유지의 길이다.

싸우면 이길 수 있는 한국형 잠수함 'KSX'는 미래 한반도 방위의 전략적 지렛대가 될 것이다.

강력한 중형(中型) 잠수함 KSX를 획득하며
잠수함 설계요원 300명을 양성하자

단군 개국 이래 한반도에서 일어난 많은 전쟁은 모두가 주변국의 침략으로 이루어졌고 우리가 이렇다 하게 이웃 나라를 침략한 예는 전혀 없다. 역사상 대륙 세력인 중국, 만주 그리고 몽골과 해양 세력인 일본에게 있어 한반도는 줄곧 정복과 수탈의 대상이었다.

그들과의 힘의 비교 열세를 도저히 극복할 수가 없어서 우리 나라는 계속 침략을 당하며 억눌린 역사를 살아왔고 그 많은 난리로 우리의 어진 조상들이 겪었던 고초는 이루 형언할 수가 없었다.

20세기 전반기의 한때에는 나라와 민족으로서 존립할 힘을 잃고 비틀거리며 세계 역사의 무대에서 사라질 뻔하기도 하였으나, 선조들의 피땀어린 노력으로 끈질기게 민족의 명맥을 유지해 왔다.

그 와중에 우리 민족의 소망따위에 관심을 갖기에는 너무 멀리 있었던 강대국들 간의 이해로 말미암아 국토와 민족이 분단되어 동족끼리

60년 가까이 서로 총구를 겨누며 대립하고 있다. 그 사이에 북녘 땅은 자유도, 인권도, 먹을 것도, 땔감도 모두 형편 없는 동토로 변하였다.

다행히 남녘 땅은 지도자의 탁월한 비전과 국민의 근면성으로 이룩한 자본주의 시장경제의 성공으로 라인강의 기적에 비교가 되는 한강의 기적을 이루면서 역사상 처음으로 절대 빈곤에서 벗어나 세계 11위권의 경제력을 가진 잘 사는 나라를 이루어 내었다.

북한의 일인 독재 공산체제가 붕괴되고 남북통일이 되어 남한의 기술, 자본, 시장 개척 능력과 북한의 잘 교육된 노동력이 기능적으로 협력하여 한강의 기적에 이어지는 대동강의 기적을 이루어 나가게 되기를 기원한다. 그래서 중국의 충격(China shock)을 넘어서는 제2의 경제 도약을 일으키며 우리 민족이 동북아와 세계 무대에서 자유민주주의와 시장경제를 토양으로 하는 건실한 선진 국가로 훨씬 더 높게 도약할 날이 오기를 간절히 기원한다.

오늘날 경제가 최고의 국가 목표로 부각되고 모든 국가적, 국제적 움직임의 최우선 관심과 동기가 경제 문제인 것 같은 시대에 우리가 살고 있다. 그러나 정작 우리에게 가장 심각하고 막중한 것은 안보와 국방 문제이다. 교육도 문화도 경제도 모두 사람답게 잘 사느냐 못 사느냐의 문제이지만, 안보와 국방은 생존의 문제로 우리 민족의 존립 그 자체 즉, 사느냐 죽느냐를 판가름하는 절대적인 명제(命題)이기 때문이다.

역사상 수많은 침략과 유린을 당하며 살아왔고, 역사는 반드시 되풀이 된다는 진리 앞에서 오늘 당장 우리의 안보 현실을 살펴 볼 때, 우리는 남북 간의 대결에만 치중하여 온 결과로, 주변국과의 군사적 긴장 관계에 들어 간다면 "이렇게 대처하겠다"라고 자신 있게 말할 수 있는 뚜렷한 대책이 보이지 않는다. 그것이 오늘날 우리의 현실이다.

그것은 일본·중국·미국·러시아 등 우리 주변국들이 한결같이 경제력, 정보력, 군사력에서 모두 우리를 압도하는 세계적 강대국들인 상황 아래서 우리의 군사력 구축은 주변국들이 하고 있는 것과 같은 맥락의 대칭적 정규전력 양성에 주력하고 있기 때문이다.

국가 경영과 국가적 방위력 구축 차원에서 정규전력의 양성은 기본적인 필수 요건이다. 우리는 정규전력의 양성에 꾸준히 최선을 다하여야 한다. 그러나 그것만으로 다가올 주변국의 훨씬 앞선 힘의 도전에 우리가 어떻게 대처할까를 물을 때 우리는 답답한 현실을 실감하지 않을 수가 없다.

오늘날 무섭게 발달하고 있는 정보전 환경 속에서 정규전력은 절대적 힘의 우위를 확보함이 요구되고 열세한 힘으로는 생존할 여지가 없다. 정보력을 앞세운 강력한 힘은 우리는 저들을 보지 못하나 저들은 우리를 보고 있고, 우리가 도달할 수 없는 저 멀리에서 저들은 우리를 궤멸시킬 수 있기 때문이다.

그렇다면 오늘날과 같은 정보전과 과학전의 시대에, 가까운 이웃 나라들의 월등한 군사력과 정보전의 탐색 능력에 항시 노출되어 있는 우리가 지향하여야 할 전력은 어떤 것이 되어야 하는가. 그것은 기존의 정규전력에 병행하는 비대칭 전력, 상대방의 막강한 정보력을 피해 갈 수 있는 전력, 적은 투자로 결정적 견제력을 구축할 수 있는 전력, 즉 게릴라 전력이다.

오늘날의 5개 전장(戰場)인 우주, 공중, 지상, 해상, 수중 가운데 강대국의 정보망으로부터 그나마 자유로운 전장으로 남아 있는 곳은 오직 수중 뿐이다. 수중에서 활약하는 군함, 즉 잠수함은 은밀성을 생명으로 삼는 태생적(胎生的) 게릴라전 무기이다. 아무리 막강한 정보력과 군사력을 보유한 강국들도 광활한 해저에서 소리도 내지 않고 종횡무진으로 암약하는 조용한 잠수함 앞에서는 거의 속수무책으로서 이렇다 할 대책이 없다.

1, 2차 세계대전 당시 독일 해군의 잠수함(U-boat)은 영국을 위시한 연합국 해군 함정과 상선단에 대한 무차별 공격을 가하여 통상파괴를 통한 해상교통로 봉쇄 작전을 펼쳤다. 그 결과 영국 주축의 연합 해군은 압도적으로 강한 해군력으로 대서양에서의 수상 제해권을 장악하고 있으면서도 U-보트의 공격으로 실질적 제해권을 상실하면서 상상을 초월하는 피해를 입었다.

뿐만 아니라 자원 빈국인 섬나라 영국은 무역로가 봉쇄되어 전쟁 수행 능력을 거의 상실하였고 두 번의 전쟁 모두 미국의 참전과 도움이 없었더라면 도저히 버틸 수가 없어서 항복의 위기가 가시화되는 막다른 궁지로 몰렸을 것이다.

이와 마찬가지로 역시 자원 빈국인 섬나라 일본에게도 해상교통로 (SLOC – Sea Lane of Communication)는 국가의 젖줄이고 혈관이고 생명선이다. 중국 역시 대륙 국가이기는 하나 육상 통상로는 물량 면에서 사족(蛇足)에 불과하다. 모든 대외 무역은 그 절대적 유통량을 해상교통로에 의존하고 있어 중국 역시 해상교통로는 국가적 젖줄이고 혈관이고 생명선임에는 일본과 크게 다를 바 없다.

우리 나라도 국가의 경제와 국민의 삶에 기본이 되는 식량, 에너지, 수출입 물자 등 주요 전략 물자 수송의 99%가 바다를 통하여 이루어지고 있으므로 해상교통로는 다름아닌 우리들의 생명선이다. 동북아 3개국은 모두 해상교통로의 취약성이 바로 국가 경제와 국가 안보의 취약성으로 이어지는 공통성을 가지고 있다.

국가 경제력도 정보력도 군사력도 훨씬 열세에 있는 우리로서 주변국이 우리에게 다시 군사적으로 위협을 가하여 온다면 우리는 게릴라적 대응책을 강구하지 않을 수가 없다. 정규전력에 의한 1 : 1의 대칭적 대응으로는 도저히 대책이 없기 때문이다. 앞으로 있을 국제 간의 분쟁은 육지보다는 바다에서 일어날 것이라고 보는 견해가 유력하다.

바다에서의 게릴라적 무기체계는 수중에서 암약(暗躍)하며 은밀성을 생명으로 하는 잠수함이다. 결국 잠수함에 의한 통상파괴와 해상교통로 봉쇄를 통하여 육지나 바다나 하늘로 침입하는 침략국의 존립 그 자체를 위협하며 반격을 가하는 능력이 최선의 방어와 전쟁 억지 대책이다. 해상교통로 봉쇄는 침략국의 경제를 붕괴시키고 곧 그것은 전쟁 수행 능력과 더불어 국가의 붕괴를 초래한다.

사실 그길 이외에는 아무리 살펴보아도 막강한 힘으로 다가오는 인접국들의 잠재적 군사 위협에 대한 확실한 대응책이 보이지 않는다.

은밀하고 전투 생존성과 공격 능력이 우수한 재래식(Diesel+AIP) 잠수함 xx척을 확보하면, 1, 2차 대전에서 힘의 열세에도 불구하고 교전 상대국인 영국을 항복 직전까지 몰고 갔었던 대서양에서의 독일 U-보트 신화를 우리는 태평양에서 한국 잠수함으로 재현할 수 있을 것이다.

국가가 위기에 직면하면 우리의 잠수함은 독일 U-보트의 통상파괴를 통한 해상교통로 봉쇄에 더하여 상대방의 육상 요충지를 수중에서 공격함으로 독일 U-보트보다 훨씬 더 전략적 억제력을 발휘하면서 효과적인 견제와 역공을 상대편에 펼칠 수 있을 것이다.

국가의 존망을 좌우하는 그와 같은 역할을 수행할 우수한 잠수함을 우리는 장차 우리의 힘으로 획득할 수가 있다. 거기에는 우리 나라 기술진의 잠수함 설계 능력을 앞으로 10~20년 이내에 세계 정상급에 가깝도록 끌어올리는 획기적 조치가 선행되어야 한다. 그것은 우선 치밀한 계획 아래 수행되는 사업의 추진과 몇 차례 반복 실시되는 설계 실습(design-OJT)의 과정을 통해서 성취할 수 있다. 우리는 300명의 우수한 잠수함 설계 인력 확보에 목표를 두고 착실하게 그 목표에 접근해 나아가야 한다.

다시 말해 건실한 잠수함 능력의 확보를 위해서는 다소 우회하는 것 같지만 선진 설계기술을 실습하고 우수한 설계 인력 확보를 통하여 습득하는 것이 매우 중요하다. 총체적인 잠수함 능력의 핵심은 잠수함 설계 능력이고 우수한 잠수함 능력 구축을 위한 설계실습과 설계 인력 확보의 중요성은 아무리 강조하여도 지나친 바가 없다.

우리의 이웃 나라들은 한국이 강력하고 은밀한 잠수함 부대를 갖는다면 한국의 다른 모든 무기체계들보다 잠수함을 가장 두려워할 것이다. 그리고 한국의 잠수함에 대한 대응책 수립에 많은 재정과 노력을 투입하면서 절치부심(切齒腐心)할 것이다. 그것은 그들의 막강한 정보력과 군사력으로도 대응하기 어려운 잠수함이 갖는 특유의 게릴라적 특성 때문이다. 또한 한국의 잠수함이 해상교통로 봉쇄 작전에 돌입할 때 식량과 에너지 수급 문제를 위시한 그들의 경제가 단시간 내에 치명적 타격을 입을 것이기 때문이다.

우리의 잠수함은 따라서 이웃 나라들의 잠수함보다 같은 성능 수준에서는 더 작은 선체를 가진 민첩한 중형(中型) 잠수함으로서 은밀성을 위시한 전투 생존성 그리고 공격 능력에 있어 반드시 앞서는 우수한 정예 잠수함이어야 한다. 잠수함 하나만은 반드시 이웃 나라의 잠수함보다 확실하게 앞선 성능과 전력을 확보하여야 한다.

우리는 매년 지출하고 있는 국방비 중에서 충분히 지출할 수 있는 수준의 재정을 투입하므로서 강력한 잠수함 부대를 건설할 수 있다. 전체적 방위비의 투자 규모로 보아서는 잠수함 분야의 투자는 두드러지게 크지는 않겠으나 막상 이웃 나라와의 분쟁이 발발하면 많은 투자로 확보한 다른 각종의 무기와 전투력이 수행하는 것보다 훨씬 더 큰 역할, 결정적 역할을 그 잠수함 부대가 수행할 것이다. 그것은 앞서 말한 해상교통로 봉쇄를 통한 도발 국가의 경제력과 전쟁 수행 능력을 근간으로부터 조여들어가는 가공할 역할을 의미한다.

이율곡은 10만 양병론의 주장으로, 그리고 충무공 이순신은 거북선의 개발로 다가올 국난에 대비하였다. 당쟁과 국론의 분열로 이율곡의 10만 양병론은 빛을 보지 못하였고 임진왜란과 정유재란 때 전국의 육지가 거의 초토화되다시피 전화의 피해가 컸다. 우리 나라 남해의 복잡한 수로와 물때에 대한 예리한 사전 조사와 더불어 거북선과 화포를 개발하며 수전에 대비하였던 용의주도한 준비성에 힘입어 충무공은 일본 수군에게 결정적 타격을 안겨 주어 침략군이 해전에서 붕괴한 것은 물론이고 육전에서도 전의를 잃게 한 크나큰 구국의 역할을 수행하였다.

유사시에 나라를 지킬 구체적인 대비책 수립에 최선을 다하지 않고 다가오는 미래를 후손들에게 물려줄 수는 없는 일이다.

21세기를 맞고 있는 서북 태평양(동북아) 해역은 지난 반세기 동안 소강 상태가 지속되어 왔으나 이 해역에서의 미군 역할의 변화 가능성, 영유권 분쟁, 해저자원 문제, 해마다 그 힘을 더해 가고만 있는 주변국들의 군사력, 특히 해군력의 증강, 우경화, 패권주의 지향성 등으로 언제 무슨 일이 발생할지 알 수 없는 정치적, 군사적 불확실성의 내일을 향해 가고 있다.

오늘날 주변국의 해상교통로를 봉쇄할 수 있는 조용하고 강력한 잠수함 전력의 확보 이외에 과연 우리에게 더 경제적이고 확실한 대 주변국 전쟁 억지와 유사시 위기 대처 방안이 달리 있는가?

평상시에는 전쟁 억지 전력으로 평화 유지에 기여하고, 유사시에는 국가와 국민을 위기로부터 구할 수 있는 우수한 잠수함 부대의 획득을 구체화하고 실현하는 일을 하여야 한다. 그 일은 첨단급 설계 능력을 설계실습을 통하여 배우는 것과 300명의 정예 설계요원을 양성하는 일로부터 시작되어야 한다. 그 일은 결코 용이한 일이 아니다. 그러나 그것은 우리가 현재 우리의 국력으로 넉넉히 할 수 있는 일이고, 또한 반드시 이룩하여야 할 일이다.

지금까지 우리는 전통적 약소국(弱小國)으로 이웃 나라의 잦은 공세와 침략으로 시달려 왔지만, 이제부터는 우수한 잠수함 능력을 양성하여 단군 개국 이래 한 번도 가져보지 못했던 매서운 대 침략국 대응 보복력을 구축하고, 강소국(强小國)으로 도약하여 이웃 나라들과 더불어 당당하게 평화와 번영을 지켜나가야 할 것이다.

그렇게 하여야만 21세기 초엽의 이 시대를 살고 있는 우리들이 우리 나라를 이어서 짊어지고 갈 다음 세대들에게 "우리가 꼭 해야 할 그 일을 우리는 해내었다"라고 자랑스럽게 말할 수 있지 않겠는가?

참고도서(미국, 독일, 한국편)

■ **미국편** (저서명 / 저자 / 발행년도 / 내용)

초창기 – 1차 세계대전

- *The Fleet Submarine in the U.S. Navy* / John D. Alden / 1979 / 잠수함 설계와 건조에 관한 초창기의 역사
- *Submarine Boats* / Richard Compton-Hall / 1984 / 수중 잠수함전의 초기 역사
- *The Submarine Pioneers* / Richard Compton-Hall / 2000 / 초기의 잠수함 개척자들
- *U.S. Submarines Through 1945* / Norman Friedman and Jim Christley / 1995 / 그림으로 보는 1945년까지의 미 해군 잠수함 설계 발전 과정
- *John P. Holland, 1841~1914* / Richard Knowles Morris / 1998 / 현대 잠수함 개발의 선구자 Holland의 이야기

2차 세계대전 이후

- *Silent Victory* / Clay Blair / 1975 / 일본에 대한 미 해군의 잠수함전
- *Unrestricted Warfare* / James F. DeRose / 2000 / 무제한 잠수함전
- *Submarines at War* / Edwin P. Hoyt, Bowfin / 1983 / 미 해군 잠수

함의 은밀한 작전 및 전투 역사

- *Through Hell and Deep Water* / Charles A. Lockwood and Hans C. Adamson / 1956 / Sam Deadly 함장의 지휘 아래 이루어진 구축함 킬러 USS Harder함의 눈부신 활약상

- *War Beneath the Sea* / Peter Padfield / 1998 / 2차 대전 중의 대서양과 태평양에서의 잠수함전

- *Submarines of the Imperial Japanese Navy* / Dorr Carpenter and Narman Polmar / 1986 / 2차 대전 기간 중 일본 해군 잠수함 작전 역사

- *Submarine Commander* / Paul R. Schratz / 1988 / 2차 대전과 한국전쟁에서의 잠수함전

- *U.S. Submarines Since 1945* / Norman Friedman and Jim Christley / 1994 / 그림으로 보는 1945년 이후의 미 해군 잠수함 설계와 개발 역사

- *The Rickover Effect* / Theodore Rockwell / 1995 / 리코버 제독의 핵잠수함 세력 구축에 관한 inside story

- *Twentieth Century War Machines – SEA* / Christopher Chant and Illustration by John Bachelor / 1999 / 초기부터 2차 대전후까지의 잠수함 개발 및 전쟁사

- *Submarine Design and Development* / Norman Friedman / 1984 / 잠수함 설계와 잠수함의 발전사

- *SSN* / Tom Clancy / 2000 / 잠수함전에 관한 전략적 지침서

- *Underwater Warriors* / Paul Kemp / 1996 / 대전 중의 midget급 잠수함 작전

- *Submarine, the Ultimate Naval Weapon* / Drew Middleton / 1976 / 궁극적 해군 무기체계로서 잠수함의 과거와 현재 그리고 미래에 대한 조망

■ **독일편** (저서명 / 저자 / 발행년도 / 언어 / 내용)

- *Der Kieler Brandtaucher* / Klaus Herold / 1993 / 독일어 / Wilhelm Bauer가 설계, 건조한 Brandtaucher함의 역사 자료

- *Die Deutschen U-Kreuzer und Transport U-Boot* / Eberhard Rössler / 2003 / 독일어 / 해전에서 잠수함의 개발, 작전, 영향과 국제적 잠수함 세력 발전상

- *Die Neuen Deutschen U-Boot* / Eberhard Rössler / 2004 / 독일어 / 최신 Class 212A에 이르기까지의 독일 해군 잠수함 발전 역사

- *Die U-Boot des Kaisers* / Joachim Schröder / 2003 / 독일어 / 전략적 측면에서 본 1914~1918년의 잠수함 역할

- *Die U-Flotille der Deutschen Marine, von 1957 bis Heute* / Hannes Ewerth / 2001 / 독일어 / 독일 잠수함 전단 발전사, 1957~2001년

- *Kampf und Untergang der Deutschen U-Boot-Waffe* / Gerhard Kopp / 1998 / 독일어 / 독일 잠수함 세력의 전투와 침몰사

- *Silent Fleet* / Hannes Ewerth / 2003 / 영어 / 독일과 스웨덴이 설계 건조한 신예 비핵 잠수함 개발 실태

- *Submarine Design* / Ulrich Gabler / 2000 / 영어 / 잠수함 설계 기본에 대한 개략적 서술과 잠수함 설계의 현실

- *Ten Years and Twenty Days* / Karl Dönitz / 영어 / 1935~1945년 중 독일 잠수함 활약상에 관한 잠수함 부대장, 해군 사령관, 그 후 히틀러의 후임으로 총통을 역임했던 칼 되니츠 제독의 회고록

- *The Type XXI U-Boat* / Fritz Kohl & Eberhard Rössler / 1991 / 영어 / 풍부한 scale line drawing을 수반한 독일 잠수함 XXI형에 대한 설계 분석

■ **한국편** (저서명 / 저자 / 발행년도 / 내용)

- 『10년 20일』 / Karl Dönitz 저, 안병구 역 / 1995 / 독일편 *Ten Years and Twenty Days* 참조. 독일 잠수함 부대 지휘관이 본 대서양에서의 2차 대전 잠수함 작전.

- 『잠수함 탐방』 / 김혁수 저 / 1999 / 잠수함 개발 역사와 잠수함의 내부 구조, 작전 등에 관한 기초적 소개.

- 『태평양 잠수함전』 / Peter Padfield 저, 이진규 역 / 2000 / 미국편 *War Beneath the Sea* 참조. 대전 중 대서양에서의 잠수함전은 『10년 20일』 에서 상세히 기술되어 있어 역자는 태평양 잠수함전 부분만을 번역 수록.

- 『U-보트 비밀일기』 / Geoffrey Brooks 저, 문근식 역 / 2002 / 원 제목 *Hirschfeld, The Secret Diary of a U-boat*, 독일 U-boat 승조원 Wolfgang Hirschfeld의 흥미진진한 전쟁 중의 비밀 일기.

- 『원자력 잠수함의 아버지 리코버 제독』 / Theodore Rockwell 저, 해군 잠수함 전단 번역 / 2003 / 미국편 *The Rickover Effect* 참조.

- 『U-333』 / Peter Kremer 저, 최 일 역 / 2004 / 히틀러의 후계자 칼 되니츠 제독과 U-보트 이야기. 종전까지 생존한 몇 안 되는 독일 잠수함 함장 (U-333)으로서, 후기에는 되니츠 제독의 참모로서 치열하고 파란만장한 삶을 살다 간 Peter Kremer의 전쟁 경험담.

정의승(鄭義昇)

1939년 강원도 강릉 출생. 서울대학교 문리과대학에 입학했으나 중퇴 후 다음해 해군사관학교에 입교, 1963년 해군 소위로 임관한 이래 14년간 해군장교로 복무했고 1977년 중령으로 예편하였다.

예편 후 독일 엔진 제작사인 MTU사 한국사무소에서 근무하던 중 1983년에 독일 잠수함과 그 기술 도입을 위해 학산실업주식회사를 설립하였고, 이를 계기로 오늘날까지 '잠수함 입국'에 대한 강한 신념을 가지고 관련 기업인의 입장에서 우리 나라의 잠수함 전력 증강 노력에 줄곧 참여해 왔다.

특히 그는 1997년에 설립한 (재)한국해양전략연구소 이사장으로 현재까지 일하고 있으며, 동 연구소를 통해 해양력, 해양사상 고취, 한반도 안보, 국제정치, 해양법 등의 연구 활동에 진력해 오고 있다. 또한 사회복지 문제에 대한 남다른 관심을 갖고 10여 년 전부터 사재를 털어 (재)열림장학재단과 (사)하늘샘터 등의 공익법인을 설립 운영하면서, 어려운 후학들과 탈북 청소년 및 소외 계층을 돕는 일에도 헌신하고 있다.

상훈으로 월남 무공훈장, 대통령 표창(사회봉사 부문), 교육부총리 표창(장학 부문) 등을 받은 바 있다.